公路施工作业区交通安全保障技术

钟连德　侯德藻　武珂缦　周　建　王　芳　等　编著

人民交通出版社

内 容 提 要

本书在“十一五”国家科技支撑计划课题成果的基础上编写而成。全书共分为八章，主要内容包括：概述、公路施工交通安全管理、公路施工作业区通行能力和服务水平、公路施工作业区交通安全技术、施工作业区交通组织设计、特殊区段施工作业区的交通安全保障技术、夜间施工作业区交通安全保障技术、新技术在施工作业区交通管理中的应用。

本书可供交通安全科研人员、交通管理与设计人员、公路工程技术人员学习和参考。

图书在版编目(CIP)数据

公路施工作业区交通安全保障技术 / 钟连德等编著
. —北京：人民交通出版社，2012.8
ISBN 978-7-114-10021-5

Ⅰ. ①公… Ⅱ. ①钟… Ⅲ. ①道路施工—施工现场—交通运输安全—安全管理 Ⅳ. ①U415.12②U491.4

中国版本图书馆 CIP 数据核字(2012)第 195295 号

书　　名：公路施工作业区交通安全保障技术
著 作 者：钟连德　侯德藻　武珂缦　周　建　王　芳　等
责任编辑：吴有铭　李　农　田克运
出版发行：人民交通出版社
地　　址：(100011)北京市朝阳区安定门外外馆斜街 3 号
网　　址：http://www.ccpress.com.cn
销售电话：(010)59757973
总 经 销：人民交通出版社发行部
经　　销：各地新华书店
印　　刷：化学工业出版社印刷厂
开　　本：787×1092　1/16
印　　张：16.5
字　　数：395 千
版　　次：2012 年 8 月　第 1 版
印　　次：2012 年 8 月　第 1 次印刷
书　　号：ISBN 978-7-114-10021-5
定　　价：80.00 元
(有印刷、装订质量问题的图书由本社负责调换)

丛书编委会名单

主任委员 李　华

副主任委员 成　平　王　太　王笑京

主　　编 李爱民　唐琤琤

编　　委 （按姓氏笔画排序）

王　炜　王　琰　邓　涛　冯明怀　刘兴旺　刘洪启
孙传姣　邬洪波　吴大元　吴京梅　吴春耕　张　帆
张建军　张铁军　张高强　张巍汉　李长城　李春风
李　健　李　琳　杨盛福　汪双杰　狄胜德　陈永耀
陈国靖　陈　瑜　侯德藻　姜　明　赵娜乐　钟连德
姬为宇　郭忠印　郭　艳　高海龙　矫成武　蒋树屏
韩　直　蔡团结

序　言

汽车作为人类工业文明的伟大发明之一，拓展了人类的生活空间，提高了人类的生活质量，解放和发展了生产力，促进了现代经济的发展和繁荣。但在人类发明和使用汽车已有百年历史的今天，以汽车为主要载体的现代道路交通却无法回避这样一个事实：道路交通事故已成为影响人类生命和健康的重要因素。据世界卫生组织预计，如果不立即采取有效行动，到2030年，交通事故将成为威胁人类的第五大“杀手”。采取积极有效措施，减少交通事故导致的死亡和受伤，已成为世界各国政府的共识。

文明因生命而传承，世界因生命而精彩。在以科学发展观为主题的我国社会主义现代化建设总体战略中，“以人为本”是核心，“安全发展”是重要理念。改革开放30多年来，我国经济实现了高速增长，社会面貌发生了翻天覆地的变化，城市化进程不断加快，机动化水平快速提高，这些都决定了我国的人、车、路、环境、管理等影响道路交通安全的因素比任何国家都要复杂。如何在加快建设适度超前的道路运输网络、支撑经济和社会持续稳步发展的同时，实现道路交通的安全发展，为广大人民群众提供安全、高效的交通环境和运输服务，是我们面临的一项严峻挑战。

为有效降低道路交通事故率，科技部、公安部、交通运输部三部门联合组织开展了国家级重大科技支撑项目——《国家道路交通安全科技行动计划》一期研究，重点实施了《重特大道路交通事故综合预防与处置集成技术开发与示范应用》项目研发工作。这一项目以前所未有的科研资源投入和大规模的示范应用，开创了我国道路交通安全科技研发与应用的新局面。该丛书是在归纳总结科技行动计划一期项目，由交通运输部负责的课题二《山区公路网安全保障技术体系研究与示范工程》研究工作基础上编写的，是项目的重要成果之一。丛书由课题承担单位交通运输部公路科学研究院组织编写，凝聚了交通运输行业50家项目参与单位、300多名科研人员的智慧与心血。

理论研究的生命力在于指导工作实践。丛书从人的因素出发，围绕山区公路重特大交通事故的预防和人员生命保障，对公路设计、交通安全设施设置、公路安全运营管理、恶劣气象条件下的公路通行保障、施工区安全管理、公路网交通安全风险评估等技术进行了研究，全面介绍了我国山区公路交通安全技术的最新发展和安全保障综合解决方案，既是一套理论研究专著，又是一套先进实用的工具书，具有重要的指导意义和实用价值。希望这套丛书的出版发行，能够为公路交通行业广大建设者和管理人员提供有益的借鉴，促进我国山区公路交通安全保障技术水平迈上一个新台阶。

冯正霖

二〇一二年三月

丛书前言

自人类进入汽车社会以来，道路交通事故就如影随形，道路交通安全问题已经成为当今世界一个严重的社会问题。为了遏制道路交通事故的发生，降低道路交通事故的危害，人类做出了不懈的努力。进入21世纪，国际社会对道路交通安全问题愈发重视，在全球范围内掀起了提高道路交通安全性的新高潮。但是遏制道路交通事故发生、缓解道路交通安全压力仍是一项长期、漫长和艰巨的任务。

与世界各国相比，我国的道路交通安全问题显得尤为严重。统计数据显示，2001年至2003年我国连续3年交通事故死亡人数超过10万人，占全世界交通事故死亡人数的10%以上，高居世界第一，而同期的汽车保有量只占世界的2%。自2003年开始，我国政府首次全面部署道路交通安全工作，逐步形成了政府统一领导、有关部门各司其职、齐抓共管、综合治理、标本兼治的工作格局，采取了一系列系统性和针对性措施，在短时间内遏制了我国道路交通事故高发的态势，使我国道路交通安全形势得到迅速改善。截至2011年，道路交通事故六大指标已连续7年大幅下降，2011年我国道路交通事故死亡人数已降至6.2万余人，比最高峰2002年降低了43%。虽然道路交通安全形势逐步好转，但由于影响我国道路交通安全的诸因素还没有发生根本性的改变，交通事故仍然存在伤亡惨重，万车死亡率居高不下，重特大交通事故特别是群死群伤的特大恶性事故时有发生的特点，这与改善民生的要求，与发达国家的情况相比还存在较大差距。

国际经验表明，科技进步和新技术应用是解决道路交通安全问题的重要手段。为构建安全和谐的道路交通环境，充分发挥科技创新对交通安全保障的重要支撑作用，2008年2月18日，科技部、公安部和交通部正式在人民大会堂共同签署《国家道路交通安全科技行动计划》合作协议，旨在动员和集成相关科技、产业和政府资源，通过科技创新建立和完善我国道路交通安全保障技术、措施和标准体系，提升道路交通可持续发展能力，以全面提高我国道路交通安全保障水平。它标志着我国最大规模的一次道路交通安全科技合作行动正式全面启动。

《山区公路网安全保障技术体系研究与示范工程》课题是《国家道路交通安全科技行动计划》第一期项目《重特大道路交通事故综合预防与处置集成技术开发与示范应用》的重要组成部分。课题从我国交通安全问题最严重的山区公路网出发，但不局限于山区公路，围绕重特大交通事故的预防和人员生命保障，对公路设计、交通安全设施设置、公路安全运营管理、恶劣气象条件下的公路通行保障、施工区安全管理、公路网交通事故风险评估等技术进行了研究，目的是在充分分析我国山区公路网交通安全的现状和特点的基础上，通过自主创新和山区国省干线安全保障技术的集成应用，形成可用、实用的山区公路网交通安全保障成套技术及装备，组织大规模的示范工程，提高山区公路网对交通事故的主动和被动防护能力，并在此基础上形成一系列标准、规范和技术指南，以促进整个交通行业安全水平的提升。

《山区公路网安全保障技术体系研究与示范工程》课题在科技部、交通运输部和公安部三部委的高度重视下，调动了在各相关方向有专长的科研单位、高校、企业及交通运输行业主管单位等50家单位、300余位研究人员参加研究、示范工程建设及标准规范制修订工作，取得了丰富的研究成果，并通过"产、学、研、用"相结合的方式，保证研究成果达到了"实际、实用、实效"的要求。本丛书是对"山区公路网安全保障技术体系研究与示范工程"课题成果的总结，是《国家道路交通安全科技行动计划》项目的重要成果之一。本丛书从驾驶行为、道路安全设计、路侧安全及防护、速度管理、公路网交通事故风险评估与安全管理、恶劣气象条件下公路运行安全保障、施工作业区安全管理等方面，介绍了我国山区公路交通安全技术的最新发展和安全保障综合解决方案，为公路行业的运营管理及交通安全改善工作提供指导，有助于进一步提升山区公路交通安全保障能力，具有重要的指导意义和实用价值。

丛书有幸得到交通运输部冯正霖副部长的题序，感谢冯正霖副部长对丛书的指导和认可。正如他在序言中所说，"在以科学发展观为主题的我国社会主义现代化建设总体战略中，'以人为本'是核心，'安全发展'是重要理念。""如何在加快建设适度超前的道路运输网络，支撑经济和社会持续稳步发展的同时，实现道路交通的安全发展，为广大人民群众提供安全、高效的交通环境和运输服务，是我们面临的一项严峻挑战。""希望这套丛书的出版发行，能够为公路交通行业广大建设者和管理人员提供有益的借鉴，促进我国山区公路交通安全保障技术水平迈上一个新台阶。"

丛书在编写过程中，得到了交通运输部公路局李华、成平、李春风、李健，交通运输部科技司赵冲久，交通运输部公路科学研究院周伟、王笑京、高海龙、蔚晓丹等领导的鼎力支持，得到了交通运输部杨盛福、中交第一公路勘察设计研究院有限公司陈永耀、交通运输部公路科学研究院陈国靖等专家的热情指导，交通运输部公路科学研究院等50家课题参加单位领导、同仁给予了大力配合，在此表示衷心的感谢！丛书中参阅了大量的国内外文献，引述文献已尽量予以标注，但难免存在疏漏，在此对各文献作者一并致谢！

在今后一段时期内，我国仍将处于机动化水平快速提高的进程中，机动车数量和居民人均出行量将进一步快速增长，道路交通安全形势仍然不容乐观，改善道路交通安全的压力和难度将逐步增大，保障道路交通安全的任务仍十分艰巨。希望通过我们大家的共同努力，为我国交通安全事业的发展贡献微薄之力。

前　　言

伴随着我国公路里程和汽车保有量的快速增长，以及货车超载严重的现状，很多较早建成公路的路面以及交通设施等都不同程度地遭到了破坏，而20世纪90年代初期修建的四车道高速公路交通量日趋饱和，已不能适应高速公路的运行质量要求，国内已经完成或者正在进行改扩建的高速公路项目达十多项。公路的施工作业变得越来越频繁，并成为常发性交通拥挤以及造成各类交通事故的重要原因。

公路改扩建、大中修及养护施工作业区的通行效率和交通安全问题越来越受到人们的重视，好的安全保障技术措施能使交通流运行平稳、有序，最大限度地减少因施工对交通造成的压力和群众出行的不便，保证施工人员和驾乘人员的安全。由于种种原因，公路施工作业区的安全研究在我国开展得比较晚，施工区的相关标准规范还不成熟，在实际应用中由于管理人员不重视和条件所限不能完全按照标准规范的规定执行，加之没有实际调研数据，缺乏对实施效果的评价和总结，因此在公路施工作业区的研究方面，尤其是交通安全保障技术方面落后于欧美等发达国家。

本书是在“十一五”国家科技支撑计划课题“山区公路网安全保障技术体系研究与示范工程”(课题编号:2009 BAG13A02)和“国家高速公路安全和服务技术开发与工程应用示范”(课题编号:2009 BAG13A03)，以及西部交通科技建设项目“山区公路养护施工作业区交通组织及安全技术研究(课题编号:2007 318 223 36)等科研课题成果的基础上，综合国内外相关文献资料，立足我国国情进行编写的。本书的编写有助于丰富公路施工作业区安全保障技术体系，服务于工程设计和施工技术人员，使其作为施工区交通组织管理的参考，同时也可以为《公路养护安全作业规程》等标准规范的修订提供依据。

本书共分为八章，第一章简要介绍了施工作业区的定义、类型划分，以及施工作业区的交通安全管理现状和存在的问题。第二章介绍了公路施工作业区安全管理的相关法律、法规和技术标准，以及相关安全管理改善措施。第三章主要介绍了高速公路改扩建施工作业区的通行能力和服务水平分析方法。第四章介绍公路施工作业区交通安全技术，包括速度控制技术、作业区的标志标线和防护设施的设置技术等。第五章介绍了施工作业区的交通组织技术，包括微观层面的作业区布局、宏观层面交通分流和交通行为管制三个方面。第六章主要介绍了隧道、桥梁等特殊区段作业区的交通安全保障技术。第七章介绍了夜间施工作业区的安全保障技术。第八章简要地介绍了目前ITS技术在施工作业区交通管理中的应用。

本书内容丰富，涉及面广，有多位课题研究人员参与编写。第一章和第二章由钟连德、王芳执笔，第三章由周建、钟连德执笔，第四章由钟连德、武珂缦执笔，第五章由钟连德、侯德藻执笔，第六章由武珂缦执笔，第七章和第八章由钟连德执笔。全书由钟连德、王芳统稿。

由于编者水平有限，书中难免会有欠缺和错误，恳请读者和专家予以指正。在编写过程中，参考了大量的文献，在此向文献的作者致谢。

目　　录

第一章 概 述

改革开放30多年来，伴随着我国公路里程和汽车保有量的快速增长，加之货车超载严重的现状，很多较早建成公路的路面以及交通设施等都不同程度地遭到了破坏，公路的施工养护作业变得越来越频繁。另一方面，我国东部地区经济发展速度快，高速公路交通量增长速度已远远超过了各种需求预测模型推算的公路运营期间的交通量水平，大部分20世纪90年代初期修建的四车道高速公路交通量日趋饱和，已不能适应高速公路的运行质量要求。鉴于高速公路通道资源的不可再生和减少用地以利可持续发展的要求，以及高速公路沿线业已形成的产业带的交通需求，都要求对高速公路进行改扩建，以提高服务水平，适应经济建设发展的要求。如广佛高速公路1997年即开始了国内第一条“四”改“八”的高速公路扩建工程，随后又有佛开高速公路、广三高速公路、广深高速公路等提上扩建日程。浙江省杭甬高速公路1997年建成通车后，仅4年就已无法满足交通需求，不得不按简易八车道扩容。随后辽宁省沈大高速公路历时27个月，于2004年8月完成了全长348km的八车道改造扩建工程。目前，正在改扩建的高速公路还包括佛开高速、连霍高速、京津塘高速等10余条高速公路，高速公路改扩建，将成为未来10多年新的建设热点。

公路施工作业区的广泛存在已经成为常发性交通拥挤以及造成各类交通事故的重要原因。施工作业区的交通安全问题越来越受到人们的重视，好的交通安全保障技术措施能使交通流运行平稳、有序，最大限度地减少因施工对交通造成的压力和群众出行的不便，保证施工人员和驾乘人员的安全。由于种种原因，公路施工作业区的安全研究在我国开展得比较晚，施工作业区的相关标准规范还不成熟，且在实际应用中由于管理人员不重视和条件所限不能完全按照标准规范的规定执行，加之没有实际调研数据，缺乏对实施效果的评价和总结，因此在公路施工作业区的研究方面，尤其是交通安全保障技术方面比较落后。

我国对公路施工作业区交通安全保障技术的研究起步较晚，目前尚未形成完善的技术体系。《公路工程技术标准》(JTG B01—2003)第一章“总则”中规定“在改扩建工程实施过程中，应减少对既有公路的干扰，维持通车路段的服务水平可降低一级”，但相关的配套标准条文因无研究成果支持而无法落实。2004年颁布的交通部行业标准《公路养护安全作业规程》(JTG H30—2004)虽然对养护施工区的关键参数进行了定义，但这些定义主要以理论推导为基础，并单纯从保障交通安全的角度得出，对宏观交通组织技术，以及施工条件下公路通行能力降低等方面缺少专门的研究和规定，实际应用的合理性和适用性也有待进一步论证。

第一节 公路施工作业区组成和类型

一、施工作业区的组成和相关定义

施工作业区应具有开放性、传递性和移动性。作业区对上下游交通的影响是开放性的，很难以封闭区域来研究;施工作业的影响也是互相传递和制约的;短时的施工作业还具有移动性,且其对交通流的影响具有波动性。因此,符合作业区定义的活动还应该有所延伸,合理的作业区范围应从第一块警告标志开始,结束于施工终点标志。设置施工作业区最基本的目的有两个:保证道路的通而不畅、保证施工人员及施工设备的安全。

美国《统一交通控制设施手册》(MUTCD)中规定:绝大多数的施工控制区都可以划分为4个区域,即前置警告区、过渡区、施工活动区和结束区,如图1-1所示。

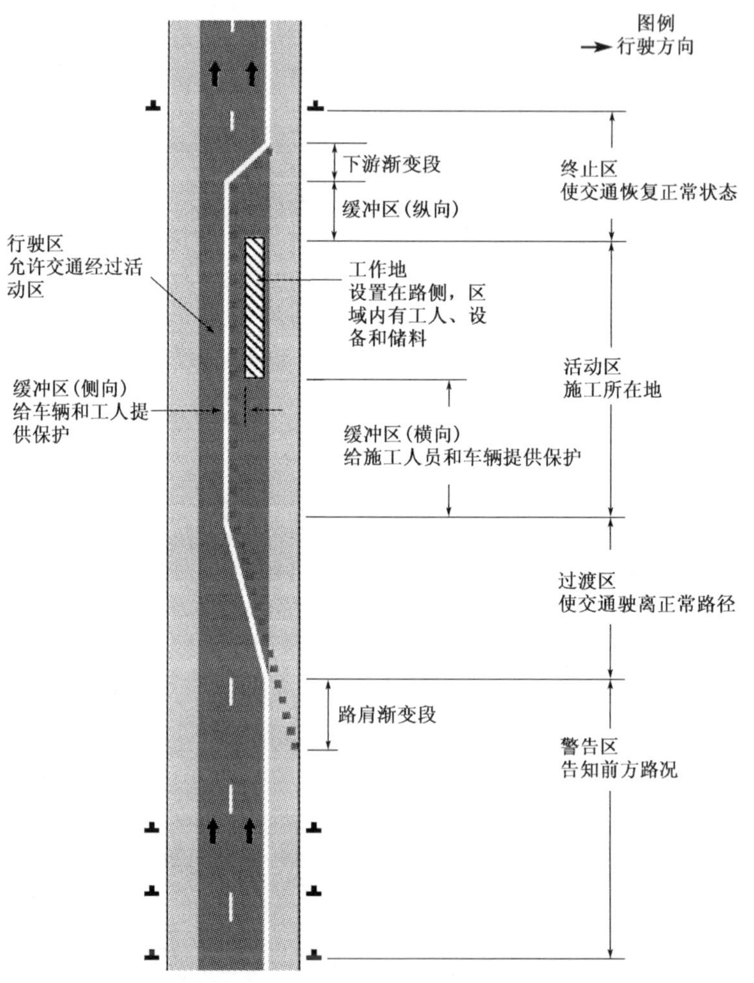

图1-1 美国典型施工控制区的布局(外侧车道封闭)

前置警告区:用于警告驾驶员前方有施工区域,提醒驾驶员谨慎驾驶。可以用警告标志、闪烁的警示或一系列设施的组合明确前置警告区的位置。第一块警告标志的前置距离,在高速公路上最少为800m,在城市道路条件下,取以km/h计限速值的0.75~1.5倍(单位为m),速度越高,所用倍数越大。只用一块前置警告标志时,城市道路低速条件下,最小前置距离可以为30m,有多块前置警告标志时,前置距离可参见表1-1。在一般公路上,第一块警告标志的前置距离(单位为m)应当是以km/h计限速值的1.5~2.25倍。

前置警告标志间距离建议表　　表 1-1

道路类型	标志间的距离(m)		
	A	B	C
市区(限速低)	30	30	30
市区(限速高)	100	100	100
一般公路	150	150	150
高速公路	300	450	800

注:A 表示从施工控制区的过渡区起点或开始控制点到第一块标志的距离;B 表示第一与第二块标志间的距离;C 表示第二与第三块标志间的距离。顺行车方向,第三块标志为驾驶员能够看见的第一块标志。

如果施工区远离正常行驶道路,如路外施工作业等情况下,警告区可以省略。

过渡区:用于引导车辆驶出正常行驶车道,安全地进入施工区段。在移动施工条件下,过渡区应当能够随施工区移动。

过渡区一般包括行车道宽度渐变段,渐变段的长度应当符合一定的要求。当渐变段位于立交匝道、交叉口、曲线段或有其他影响因素时,应当在一般长度的基础上进一步调整长度。渐变段一般以一系列的渠化设施、道路标线及道钉等进行标示,这些设施也是引导车辆驶出或驶入正常行车道所必需的。渐变段一般包括路肩渐变段、行车道变化渐变段、结束端渐变段等类型。美国的标准中还特别强调:过长的渐变段并不一定获得较好的实际应用效果,因为过长的渐变段往往导致驾驶员行动迟缓,并有鼓励驾驶员延迟变换车道的倾向。美国有关研究中,对驾驶员在施工区域的驾驶行为进行了观测,结果进一步证明了上述结论。

渐变区长度按表 1-2 确定。

渐 变 段 长 度　　表 1-2

限速值(km/h)	渐变段长度 L(m)	限速值(km/h)	渐变段长度 L(m)
限速不超过 60	$L=\frac{WS^2}{155}$	限速超过 70	$L=\frac{WS}{1.6}$

注:L——渐变段长度;

W——横向偏移距离,m;

S——车速,可以是限速值、施工作业区前部正常路段运行车速 85%分位数速度或期望的运行速度,km/h。

用于形成渐变段的交通设施(如交通锥)等的布设间隔最大不得超过以 km/h 计速度值的 0.2 倍(单位为 m)。施工作业区结束端渐变段的交通设施间隔可取为 6.1m。如因施工需要将一条车道改为双方向交通共用时,应当在双向交通共用车道设置渐变段,长度不宜过大,最大为 30m,渠化设施布置间距可为 6.1m。除此之外,当双方向交通共用一条车道时,应当设置旗手或在视距不良处设置临时信号灯或者设置减速让行或停车让行标志来控制交通。

施工活动区:施工活动所在的区域,一般包括工作区、交通区和缓冲区。缓冲区是可选项,包括纵向缓冲区和横向缓冲区两种,主要用于隔离工作区与交通区或用以提供一定的安全空间,缓冲事故车辆的碰撞,避免更大的伤害或损失。无论是施工人员、施工车辆还是施工材料、设备都不能在缓冲区中出现。纵向缓冲区位于交通流的上游,其长度可按 1-3 表确定。

上游缓冲区长度的规定　　表 1-3

速度(km/h)	长度(m)	速度(km/h)	长度(m)
30	35	80	130
40	50	90	160
50	65	100	185
60	85	110	220
70	105	120	250

横向缓冲区的大小按照实际情况,由专业人员确定。

MUTCD 属于国家层面上的标准规范,除此之外,美国其他一些州参考 MUTCD 中的相关规定,结合本州自身的特点,也制订了各州的道路施工区布局指导手册和指南。

关于公路施工作业区的各组成部分和定义,我国的规定与美国的 MUTCD 中相关内容大同小异。2004 年颁布的行业标准《公路养护安全作业规程》(JTG H30—2004),将公路养护维修作业区分为警告区(S)、上游过渡区(L_S)、缓冲区(H)、工作区(G)、下游过渡区(L_X)和终止区(Z)共计 6 个区域,如图 1-2 所示。对各个区域长度的取值也有相关建议。

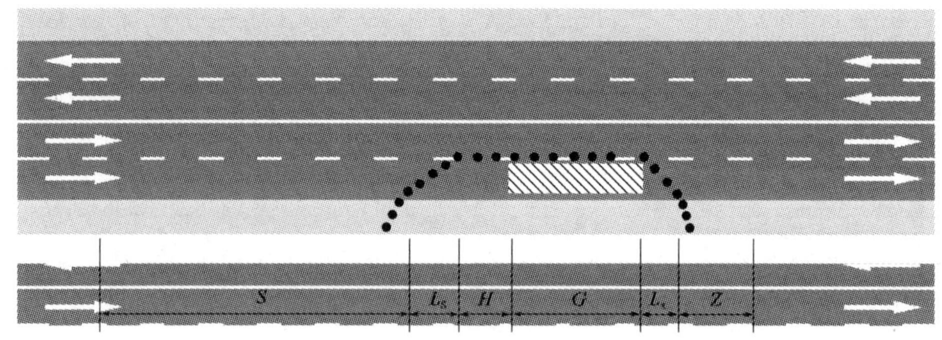

图 1-2　车道封闭时的作业控制区

我国关于作业控制区及其各组成部分的定义和具体说明如下:

施工作业区(Work Zone):通常也被称作施工区,是服务于占道作业,用交通安全设施设置的交通控制区域。作业区由警告区、上游过渡区、缓冲区、工作区、下游过渡区、终止区全部或部分组成。

警告区(Warning Area):从作业控制区起点设置施工标志到上游过渡区之间的路段,用以警告车辆驾驶员已经进入维修作业路段,按交通标志调整行车状态。

上游过渡区(Upstream Transition Area):保证车辆平稳地从封闭车道上游横向过渡到缓冲区旁边非封闭车道的路段。

缓冲区(Buffer Space):上游过渡区与工作区之间的路段,用以分隔上游过渡区和作业区,为工程操作提供安全保障。

工作区(Activity Area):施工作业施工操作区域。工作区长度应根据施工作业的需要而定。

下游过渡区(Downstream Transition Area):保证车辆平稳地从工作区旁边的车道横向过渡到正常车道的路段。

终止区(Termination Area):设置于工作区下游调整车辆运行状态的路段。

本书在后续施工作业区优化布局研究部分,主要针对上述几个区域进行研究。

二、施工作业区类型划分

所依据的划分标准不同,施工作业区的划分类型也有所区别。通常可以按照作业时间和作业空间两个控制指标进行划分。

1. 按占用道路时间长短进行划分

将公路施工作业划分为若干个时间段,针对每个时间段采取相同或类似的公路施工安全防护措施和交通组织措施,而鉴于世界各地条件不同,各国按时间标准进行划分的种类也略有差别。

1)加拿大安大略省划分标准

公路施工区分短期施工和长期施工两部分。

长期施工是指施工时间超过 24h 的施工。短期施工是指施工时间超过 30min,但小于 24h 的施工。

短期施工还分“非常短时间施工”和“短期施工”两部分。非常短时间施工是指施工时间小于 30min 的情况。

短期施工主要是指静态的养护、建设,需要独立工作空间,需要施工人员或设备连续地占用。

移动式施工是指作业地点随时变动的施工,在空间上连续变化,需要施工人员与设备连续移动。

非常短时间施工、短期施工和长期施工均为静态施工,移动施工则是动态施工。

2)美国 MUTCD 划分标准

美国 MUTCD 指出,作业时间是影响公路养护作业安全设施种类及数量的决定性因素。根据作业时间长短,将公路养护作业划分为五种类型,分别为:

(1)长期固定施工作业区:在一个作业点施工时间超过 3d。

(2)中长期固定施工作业区:在一个作业点施工时间超过 1 白天而不大于 3d,或者夜间作业持续时间超过 1h。

(3)短期固定施工作业区:在一个作业点单日内白天施工时间超过 1h。

(4)短期作业:在一个作业点施工时间不超过 1h。

(5)移动作业:施工作业连续和间歇式地移动的工况。

2. 按占用行车道情况进行划分

美国 NCHRP Project3-41 是一本关于施工作业区速度限制程序的报告(Procedure for Work Zone Speed Limits)。该报告中根据施工占用行车道的情况将作业区划分为 7 种类型(表 1-4),并针对不同的类型选择不同的限速值。

NCHRP Project3-41 报告规定的施工区的类型 表 1-4

<table>
<tr><td>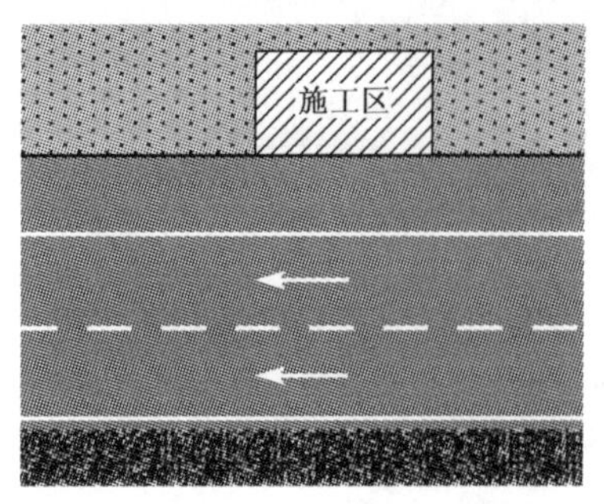
类型 1:路外作业,施工区距行车道边缘距离在 2m 以上</td><td>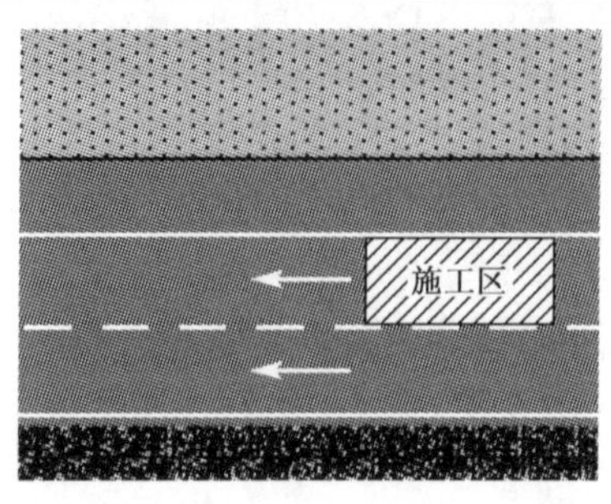
类型 5:车道封闭作业,需要封闭一个车道,但并不断绝交通的作业</td></tr>
<tr><td>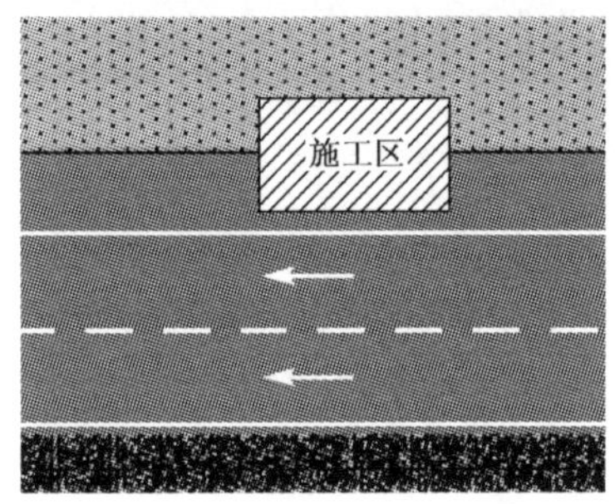
类型 2:路肩作业,施工区距行车道边缘距离在 2m 以内,0.5m 以上</td><td rowspan="2">
类型 6:临时断交作业,需要临时断绝某方向交通,而改以便道通行的作业</td></tr>
<tr><td>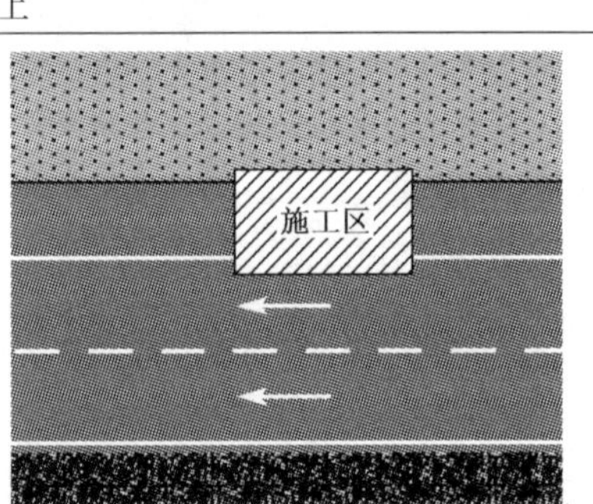
类型 3:侵入行车道作业,施工区侵入行车道内 0.5m 以内</td></tr>
<tr><td>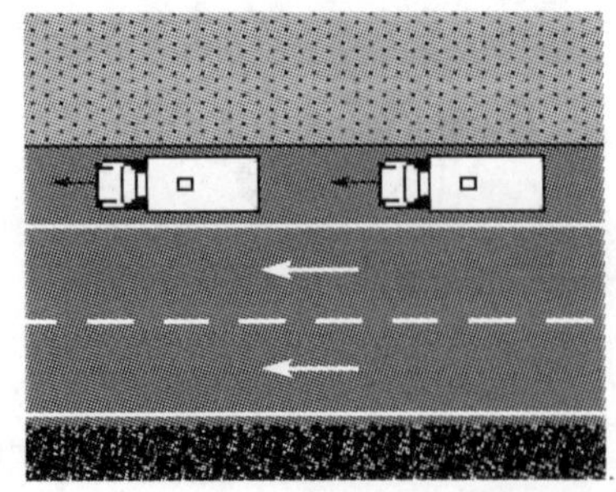
类型 4:路肩短时或移动作业,位于路肩上的移动或短时静态作业</td><td>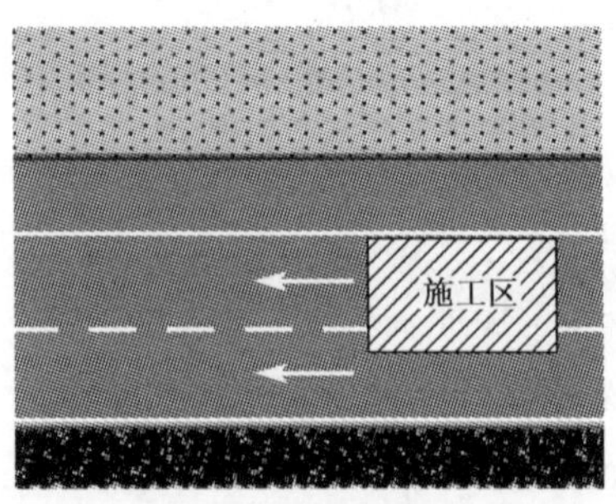
类型 7:占用一条以上车道的作业,多车道道路上,施工区宽度超过车行道宽度的作业</td></tr>
</table>

国外这种按作业时间长短和按占用车道情况的施工作业区类型划分方法，具体明确，有效指导了国外的公路养护安全保障工作。

在国内，按照时间划分施工作业的国家标准尚未出台，而某些省份的公路局已经意识到该问题的重要性，编写了更具有工程指导性的公路养护安全作业相关标准，如山东省交通厅公路局组织编写的地方公路养护操作规范，将公路养护作业划分为固定作业、临时施工和移动施工。

目前，我国公路施工安全作业的主要指导标准为《公路养护安全作业规程》JTG H30—2004。该规程的养护控制区布置方法是以长期作业为基础进行编写的，对应的控制区布置图也是以长期作业为基础绘制的，其在公路长期作业中的适用性毋庸置疑，但其在较短时间的作业中适应性较差。实际养护工程中，较短时间的养护作业多凭借经验，由此出现了五花八门的养护安全防护措施，与正规化的交通控制措施相距甚远，由此带来的安全隐患不容忽视，故很有必要出台一套能够充分区分短期养护与长期养护特点的指导标准。

第二节　我国公路施工作业区管理现状及原因分析

一、施工作业区管理现状

一方面，我国施工作业区的相关标准规范不够完备；另一方面，作业区管理人员漠视交通安全，实际应用中不能遵照既有标准和规范的规定执行，施工作业区的交通安全管理尤显落后。相对而言，高速公路的改扩建和大中修的交通组织管理要好于高速公路的养护施工管理，受制于缺少相关标准和规范的指导，只是改扩建过程中的交通安全保障技术措施较为缺乏。而高速公路的养护施工作业区的管理要优于普通公路施工作业区的管理，如京津塘高速、京沪高速公路临沂段管理处等，经过长期摸索，已经形成了一套适合于自身道路交通环境特点的施工作业区交通安全保障技术，这些管理经验都将对施工作业区的规范化管理和施工作业区标准规范的修订提供重要的借鉴和参考。但一些低等级公路的施工作业区的安全设施和安全管理则往往达不到标准和规范最基本的要求。

综合来看，我国公路施工作业区目前存在的主要问题包括：标志和安全防护设施的使用不符合作业规程，标志设施破损现象突出，交通组织存在安全隐患，驾驶员和施工人员安全意识薄弱，现场交通秩序混乱，以及其他方面的一些安全问题。

1. 交通标志

我国施工作业区布局存在的主要问题是：标志设置不准确，指示不符合施工作业区实际道路情况(图 1-3)，设置间隔过大，限速标志没有逐级下降，以及施工警告标志版面大小、材料、字体等均不符合标准规范等(图 1-4)。多数养护施工作业区路段交通标志破损严重，可视性效果差，且没有按照规定高度和位置摆放交通标志。如图 1-5 中的方向诱导标和限速标志，仅用锥形桶支撑放置在路侧，限速标志已损坏，且让机动车辆以 5km/h 的限速通过施工作业区也是很不现实的，而将几块标志设置在施工作业区的同一断面也必然起不到应有的效果。养护单位自制简易标志非常常见，除上述已经提及的标志大小和内容不符合相关规范标准要求外，如图 1-6 所示，夜间无任何反光效果，夜间行车时安全问题严重。

a)

b)

图 1-3　标志设置不准确

a)

b)

c)

图 1-4　标志不符合标准

a)

b)

c)

d)

图 1-5　标志设置不符合标准

a)

b)

图 1-6 标志内容和尺寸、设置位置不规范

此外,美国 MUTCD 中对设置旗手的程序(位置、方向等)以及旗手的手势说明都很详细。MUTCD 规定:通常情况下旗手应该手持“停车/慢行”的标志牌,只有在紧急情况下才使用红色的旗帜。国外的旗手设置都比较规范(图 1-7)。我们国家的基本情况是,施工作业区相关标准和规范中缺少对设置旗手的规定和程序,尽管有些施工区设置了旗手,但旗手们大多未经过任何培训,旗语非常不规范,驾驶员很难理解其含义,因而不能起到良好的效果,如图 1-8 所示。

a)

b)

图 1-7 国外的旗手

2. 安全防护设施

除标志、标线外,施工区中使用的主要安全设施还有锥形交通路标、公路防撞桶、施工警告灯、移动式标志车、可变信息板、夜间照明设施等。另外,车载式防撞垫(TMA)和移动式安全护栏等在国外也有比较成熟的研究和应用,而我国在这一领域基本上属于空白。我国目前大多数施工区主要使用路栏、锥形交通路标、防撞桶等防护设施,而这些设施更多是起警示作用,其防护作用比较小,一旦驾驶员由于疏忽而冲入施工区,不能从根本上保证施工人员和驾乘人员的安全。

对于低等级公路而言,最大的问题是缺乏有效的警告和防护设施,一些西部山区公路的施工作业区,无任何安全设施的情况比比皆是,如图 1-9 所示,对驾驶员最根本的警示作用都达不到,更不用说防护。双车道公路进行半幅封闭施工、半幅通行的路段是比较常见的施工组织形式,通常情况下通行车道与施工车道之间并没有有效的隔离,或是隔离设施简陋,如采用自制的木三角架、拉一根彩旗绳等,或者直接使用石头和钢管架将工作区围挡起来,如图 1-10 所示。这种安全设施既不能起到保护施工作业人员和施工机械的作用,同时也不能起到保护通行车辆和驾驶员的作用。

a)

b)

图 1-8 旗语不符合规范

a)

b)

图 1-9 无任何警告和防护等安全设施的作业区

对于高速公路而言,最大的问题在于防护设施设置不当和防护能力不足。边通车、边施工情况下的高速公路改扩建或者大中修,通常交通量较大、车速较高,因此除了必要的警示设施外,还需要在关键点段设置具有一定防撞能力的防护设施。调研发现,我国在这方面做得还很不到位。

一方面,很多特殊的"防护设施"被应用于施工作业区的安全管理中,如图 1-11 所示,在缓冲区放置一道或者两道沙袋墙来以防车辆进入。客观地说,这种防护方式根本不能起到应有的作用,也无任何缓冲和导向能力,不但对车辆的拦截能力有限,而且容易造成误入工作区的车辆和驾乘人员的伤害。

另一方面,尽管施工作业区中设置了安全防护设施,但是这些防护设施的防护能力不足,如普通水马中未注入沙子和水,水泥防撞墩未链接设置等(图 1-12),而车辆一旦闯入正在施

a)　b)　c)　d)　e)　f)

图 1-10　不符合规范的简易隔离设施

工的工作区，必将导致车毁人亡的重特大事故发生。

锥形交通路标（俗称交通锥）作为重要的警告隔离设施通常被用在施工作业区中，用以阻挡或分隔交通流。从实际使用效果来看，《道路交通标志和标线》（GB 5768—2009）中规定的布设间距过大（10～20m），当施工区内排队车辆较多时，一些不遵守规定的驾驶员经常穿过锥形桶绕到施工区内或者对向车道行驶，给交通安全造成了极大的隐患。实际应用表明，过渡区锥形交通路标的间距以 2m 为宜，而缓冲区和工作区的间距以 3m 为宜。针对锥形交通路标在货车经过时经常被带（刮）倒的情况，如图 1-13 所示，建议适当增加其重量，并派养护人员进行定时的检查、清理，以免影响车辆的正常通行。

a)

b)

图 1-11　施工区内沙袋挡墙

a)

b)

图 1-12　不符合规范的简易隔离设施

a)

b)

图 1-13　施工区隔离设施

3. 交通组织

施工作业区科学合理的交通组织可以使车辆在施工路段和整个影响区域的路网上有序运行，从而最大限度地节约道路资源，并使车辆的总体运行时间最短，实现研究区域内交通的良性运行。而在交通组织方面我们国家存在的最大问题主要在于，对作业区通行能力影响因素研究不足、过渡区等布局不合理、限速值选取过低、相邻施工作业区间距过近，以及缺乏科学有效的车辆分流策略和应急预案等。以上这些方面的任何一个环节存在问题都会引起施工现场交通拥堵、延误增加，如图 1-14 所示，从而导致道路资源的极大浪费。

4. 其他安全问题

通过座谈和现场调研还发现，施工管理人员对非机动车和行人的通行安全没有足够的重

a)

b)

图 1-14 交通组织混乱导致拥堵

视，非机动车道被各种交通标志和施工车辆占用，严重影响了非机动车的通行，如图 1-15 所示。其他存在的问题还包括：

(1)设备、材料乱堆乱放占用行车道或道路施工车辆未放置明显的施工作业标志。

(2)夜间施工时，没有或缺少红灯警示信号，或标志设置不醒目。

(3)通车便道、临时便道路面不平整，通行条件差，缺乏正确设置便道的措施。

图 1-15 非机动车道被占用

二、存在问题的原因分析

标志和防护设施不规范主要是由于管理部门监管力度不够，对交通安全的防护意识不足。施工单位只注重施工进度，不注重现场管理和道路通行条件维护。而高速公路改扩建和大中修中出现的交通组织问题，更多的是由于交通安全保障技术措施的缺乏所造成的，主要原因可以归结成以下几个方面：

(1)公路养护中没有专项和足够的安全管理经费。

公路施工路段管理办法规定："施工路段管理经费应当在工程建设单位管理经费中列支，建设单位应该在招标文件中明确施工路段相应的管理经费，并督促施工单位专款专用"。此外还规定："因经费不足导致交通控制设施不全，由此产生的民事责任和其他法律后果由建设单位承担"。虽然对施工路段的专项经费安排使用有明确规定，但是很多施工单位存在不落实、不到位的现象。

(2)施工单位缺乏规范的管理措施和监督。

公路养护和施工市场竞争激烈，多数单位低价中标，承担养护施工任务，为了节约成本和施工投入，追求自身利益最大化，在交通标志设置、安全隔离设施选择和交通指挥人员等安全管理方面投入不足，能省则省，致使标志设施破旧但仍在使用，隔离设施简陋，养护施工人员服装不统一，随意乱穿马路，安全意识差，心存侥幸。

(3)建设或养护单位重工程进度和质量，轻安全管理。

许多建设或养护单位没有明确的交通安全管理和组织机构，缺乏专人负责对施工单位的施工安全设施进行监督，使得施工单位在安全方面重视不足。此外，对公路路政部门执行施工路段管理支持、配合不够，有时存在一些误解。

(4)缺乏完善的安全保障技术措施。

欧美等发达国家一般都具备非常详尽的事故资料，基于对施工作业区事故数据的深入分析，制定了完备的施工作业区管理和操作的标准规范，并将其应用于实际的交通安全管理当中，不断地改进和完善这些方法和措施。我国道路建设比较晚，施工作业区的相关标准规范还不成熟，在实际应用中由于条件所限不能完全按照标准规范的规定执行，加之没有实际调研数据，缺乏对实施效果的评价和总结，因此在道路施工作业区的研究方面，尤其是应用研究方面比较落后。

因此，一方面需要加强公路施工安全专项经费管理，对施工单位交通标志和安全设施的使用进行适时监督，做到有法必依。配合路政部门、交警部门做好养护路段的交通组织，做好社会公告和宣传工作，取得周边群众的理解和支持，对暂时的交通不畅和管制给予最大限度的配合。另一方面，要充分借鉴发达国家的已有成果，根据我国公路施工作业区的道路交通环境特点，研究和建立适合我国的公路施工作业区的交通组织方法和安全防护设施、技术，补充完善施工作业区的相关标准规范，做到有法可依。两者相结合才是从根本上解决我国施工作业区交通安全问题的长远之计。

第三节　公路施工作业区交通事故分析及理论

国内外在研究作业区交通安全问题时均是从分析事故数据开始的。由于缺少公路施工作业区实际的交通事故数据，本节的分析综合引用了国内外一些文献和报告的研究成果。

一、交通事故分析

随着我国交通事业的蓬勃发展，在道路施工作业过程中发生的交通事故日益增多。2006年公安部《道路交通事故统计年报》显示，仅仅与路面施工有关的交通事故就高达4 962起，死亡1 530人，伤5 993人。2004年11月上海奉贤区A30高速公路作业区发生重大交通事故，造成10人死亡，15人受伤；同月海南省东方市西线高速公路作业区处发生事故，造成7人死亡，5人受伤；2005年3月哈大公路发生了一起道路施工作业过程中的交通事故，这次事故中有9人死亡；2006年哈同公路施工作业区又连续发生重大交通事故，造成严重后果。

美国施工工作区事故死亡人数在1994年到达阶段性的顶峰828人。随后至2000年前，工作区事故死亡人数呈逐年递减趋势。2000年之后，施工作业区的死亡人数有一个显著的增加，2002—2004年年均1 000多起，总体情况仍不容乐观。从表1-5还可以看出施工作业区死亡人数中，绝大多数发生在改扩建大修施工作业当中(每年75%～85%)。养护施工作业区死亡人数占到了7%～11%，而道路综合管线的维修施工则占到了很小的比例，大概每年1%～2%。其他类型施工作业区死亡人数每年占5%～10%。

统计数据还表明：约55%的工作区死亡事故发生在乡村，25%的致死事故与大型货车有关。由于工作区事故定义、统计、上报的口径和标准的不一致，实际的情况可能比已知的还要糟糕。有分析指出，道路施工建设的工人死亡事故率是其他种类施工作业死亡率的2倍。35%的事故与通过工作区的车辆直接相关。

美国施工作业区交通事故死亡人数(1994—2005) 表1-5

年份	施工作业区类型				
	改扩建大修施工(人)	养护施工(人)	综合管线维修施工(人)	其他(人)	总计(人)
1994	644	96	16	72	828
1995	657	58	8	66	789
1996	575	64	19	59	717
1997	549	81	11	52	693
1998	652	52	15	53	772
1999	740	72	10	50	872
2000	873	92	12	49	1 026
2001	808	96	8	77	989
2002	1 028	84	12	62	1 186
2003	862	79	21	66	1 028
2004	836	99	16	112	1 063
2005	872	98	17	87	1 074

笔者收集到了哈同公路、黑大公路、绥满公路、鹤大公路部分施工作业区的历年交通事故情况，列举分析如下：

1.哈同公路K402+650～K569+507.4施工作业区

2003年7月至2004年10月哈同公路K402+650～K569+507.4段全面改扩建，这期间该段公路存在多处施工作业区，交通情况十分复杂。该段历年交通事故统计见表1-6及图1-16。

哈同公路K402+650～K569+507.4段历年事故统计 表1-6

年份	2000	2001	2002	2003	2004
事故数(起)	31	24	19	53	42

注：数据来于“高等级公路交通安全改善与保障技术研究”哈同公路事故数据。

2.黑大公路K609+882～K644+140施工作业区

2000年5月至2002年8月，黑大公路哈尔滨任家桥至阿城五常界(K609+882～K644+140)段改扩建。该段历年交通事故统计见表1-7及图1-16。

黑大公路K609+882～K644+140段历年事故统计 表1-7

年份	2000	2001	2002	2003	2004
事故数(起)	37	32	45	18	16

注：数据来源于“高等级公路交通安全改善与保障技术研究”黑大公路事故数据。

3.绥满公路K634+703～K433+133施工作业区

2002年5月至2004年10月，绥满公路尚志至阿城段(K634+703～K433+133)改扩建。

该段历年交通事故统计如表 1-8 及图 1-17。

绥满公路 K634+703～K433+133 段历年事故统计 表 1-8

年份	2002	2003	2004	2005
事故数(起)	12	56	31	7
死亡人数(人)	6	10	12	6
受伤人数(人)	5	25	33	10
经济损失(万元)	34.00	67.00	238.48	6.30

注:数据来源于"高等级公路交通安全改善与保障技术研究"绥满公路事故数据。

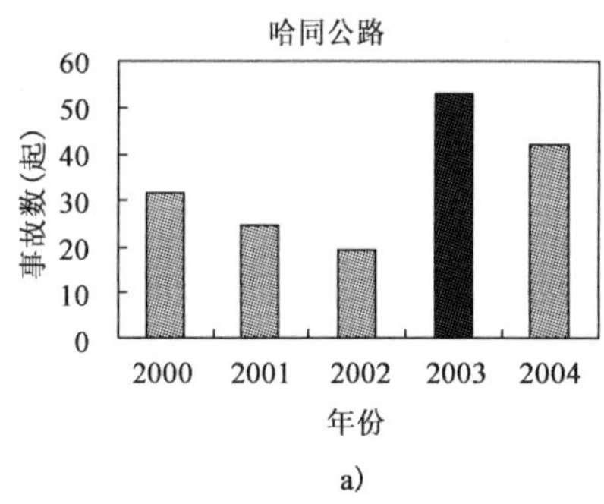

a)

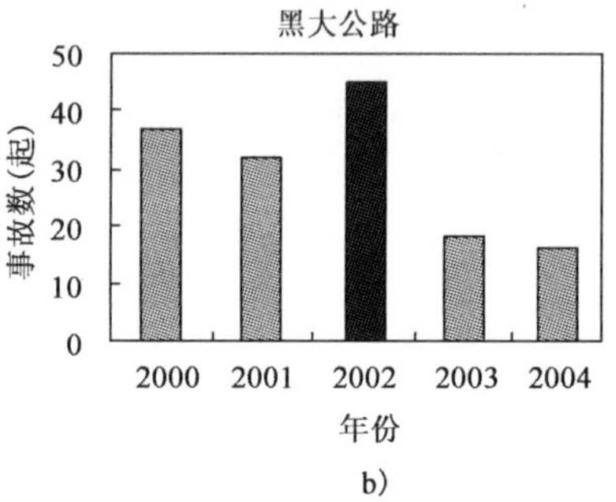

b)

图 1-16 哈同公路、黑大公路事故数柱状图

4. 哈大公路 K535+739～K550+636 施工作业区

2004 年 5 月至 2005 年 11 月，哈大公路哈尔滨至哈肇界段(K535+739～K550+636)路面维修。该段历年交通事故统计见表 1-9 及图 1-17。

哈大公路 K535+739～K550+636 段历年事故统计 表 1-9

年份	2002	2003	2004	2005
事故数(起)	19	17	35	24
死亡人数(人)	5	11	15	29
受伤人数(人)	14	28	50	25
经济损失(万元)	26.75	31.00	70.32	49.10

注:数据来源于"高等级公路交通安全改善与保障技术研究"哈大公路事故数据。

5. 鹤大公路鹤岗至佳木斯段施工作业区

1999 年 9 月至 2001 年 10 月，鹤大公路鹤岗至佳木斯段进行改建。该段历年交通事故统计见表 1-10 及图 1-17。

鹤大公路鹤岗至佳木斯段历年事故统计 表 1-10

年份	1999	2000	2001	2002	2003
事故数(起)	64	85	35	14	3
死亡人数(人)	20	12	3	0	1

续上表

年份	1999	2000	2001	2002	2003
受伤人数(人)	49	81	21	3	14
经济损失(万元)	30.77	27.96	1.27	0.59	2.17

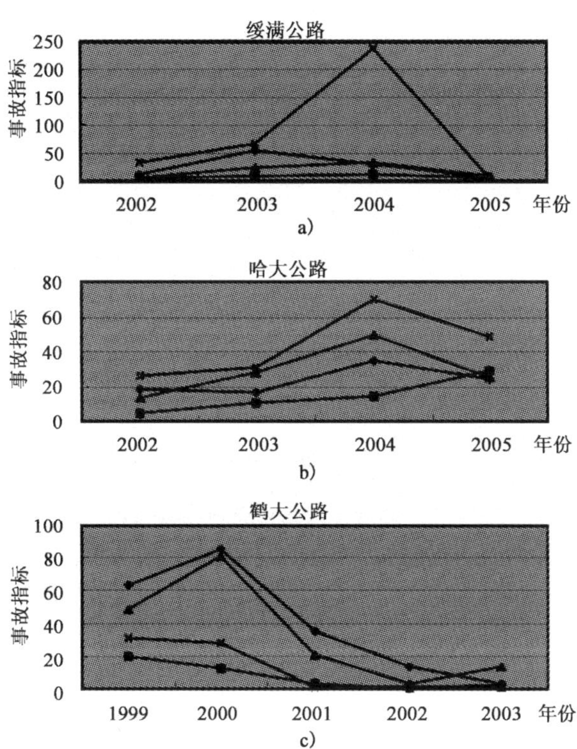

图 1-17 绥满公路、哈大公路、鹤大公路作业区事故四项指标统计图

事故数 死亡人数 受伤人数 经济损失

比较以上数据,各作业区路段施工期间发生的事故平均为非施工期间的 2.7 倍,其中鹤大公路作业区安全状况最差,达 7.2 倍。同时施工期事故的经济损失大于非施工期间,最高为非施工期间的 3.81 倍;施工期间事故严重程度也高于非施工期,死亡人数与受伤人数比最高为 0.58,为非施工期间的 1.54 倍。各公路作业区参数比较,见表 1-11。

各公路作业区参数比较 表 1-11

作业区位置	哈同公路	黑大公路	绥满公路	哈大公路	鹤大公路
α	1.92	2.23	4.71	1.64	7.21
β	—	—	0.44	0.58	0.23
γ	—	—	3.81	1.26	2.01

注:$\alpha=\frac{\text{施工期事故}}{\text{非施工期事故}}$;$\gamma=\frac{\text{施工期事故平均经济损失}}{\text{非施工期事故平均经济损失}}$;

$\beta=$ 施工期平均每起事故死伤人数比。

由以上各条公路历年交通事故统计情况可以看出，在公路施工作业期间发生的交通事故远高于该公路无施工作业期间，同时公路施工作业期间发生的事故危险性较大，死伤事故多发，说明高速公路在施工作业期间的运行安全性较差。

就施工作业区交通事故的空间分布而言，活动区（对应我国为“工作区”）事故比例最大。

施工作业区布局对事故的影响方面，美国辛辛那提大学的 Salem 等人对俄亥俄州州际高速公路施工作业区内的交通事故特征和分布进行了研究。研究表明施工作业区的几个组成部分事故分布是不均匀的。如图 1-18 所示，62％的受伤和死亡事故发生在工作区，13％的事故发生在上游过渡区，该区是施工作业区内第二危险的路段，其次是前置警告区，而施工终止区发生的事故最少。

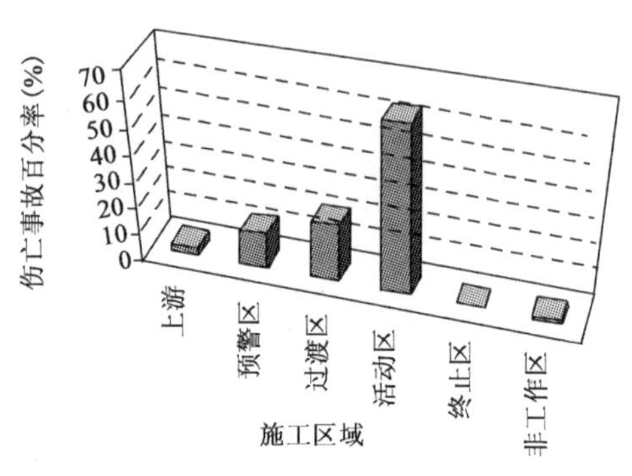

图 1-18　俄亥俄州高速公路施工区事故分布

美国弗吉尼亚州 1996～1999 年道路施工作业区的 1484 份事故案例统计分析结果见图 1-19。主要具有以下特点：

(1)活动区的事故最多，在任何类型的道路上，活动区的事故总数和重伤事故数都最多；终止区的事故数量最少。

(2)不同类型事故的频数依赖于施工区功能区域的位置。预警区的大部分(83％)事故是追尾事故。当车辆从预警区进入过渡区后，同向车辆间的刮擦事故增加而成为数量仅次于追尾的事故类型。当车辆经过与活动区并列的交通区时，追尾和同向刮擦的事故数量减少，而与路外固定物体相撞和成角度碰撞的事故数量增加。

(3)施工区追尾事故较多的情形表明：引发事故的主要因素是速度差。降低速度多样性差异，使车辆保持大致相近的速度行驶的对策能极大地提高施工区的安全性，但这并不意味着降低速度限制就一定能降低速度差。

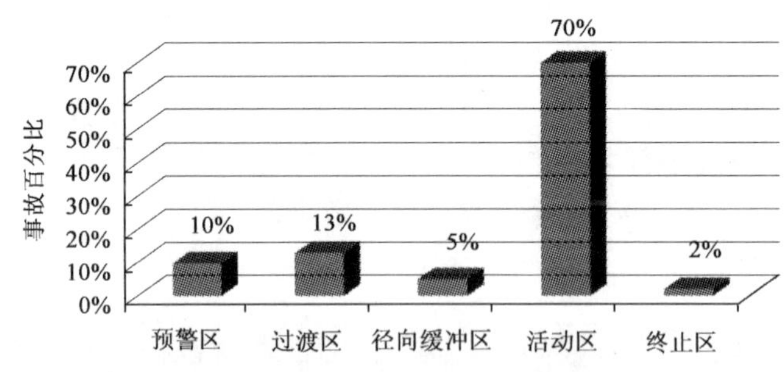

图 1-19　施工区各功能区域事故百分比

施工作业区的事故形态以追尾事故的比例最大。虽然欧洲各国的交通事故统计分析存在着差异，但是东、中、西部的欧洲国家道路施工区的交通事故确实存在一些共同点。统计结果表明：

(1)在高速公路施工作业区发生的事故中，追尾所占比例最大，超过50%，其中英国60%，德国63%。这些事故以及刮擦事故主要发生在白天交通量较大的时候。

(2)另一种常见的事故类型是与固定物体相撞，通常发生在夜间，主要是没有按照规定的速度行驶。

(3)此外，事故严重程度较高的情况是通行车辆与施工作业区工人相关的碰撞事故。

研究同时表明，施工持续时间越长，占用对向车道行驶的车道数越多，发生事故的概率越大。

综合国内外的研究成果，施工区的交通事故主要特点，见表1-12。

公路施工作业区事故特点　　表1-12

事故率	施工期事故率较非施工期高、经济损失大
事故严重性	施工期严重程度高于非施工期，死亡事故的比例明显高于施工之前
事故类型	主要事故类型包括追尾事故、同向刮擦、撞固定物等，其中追尾碰撞的比例最高，占35%～52%
事故时间	晚间事故与施工前相比增加较多
事故地点	交通事故主要发生在工作区、上游过渡区和警告区，其中工作区的事故最多，占70%，终止区最安全

二、公路施工作业区事故致因理论

在安全事故研究的最初阶段，多数学者认为事故的发生完全是由于某种或是多种偶然的或是无法解释的原因造成的。但随着科学技术的不断进步，人们对事故的认识已经有很大提高，可以说每次事故的发生，或多或少地存在偶然性和不确定性，但却无一例外地都能找出各种必然因素的存在。因此，预防和避免安全事故的关键，就在于查找事故发生的规律，识别、发现并且消除致使事故发生的各种必然因素，控制与减少各种偶然因素，使发生事故的可能性降到最小。

下面应用Heinrich多米诺骨牌理论、轨迹交叉理论、能量意外释放理论以及系统安全理论等事故致因理论，从多个角度去分析公路施工作业中的交通事故致因机理。

1. Heinrich的事故致因理论

大部分安全学者认为，工作中物的不安全状态和人的不安全行为同时存在并发生关联就会造成安全事故。美国著名安全学家Heinrich通过对早期的工业安全实践进行总结，并在《工业事故的预防》一书中，首次提出了著名的多米诺骨牌理论(Domino Theory)。该理论认为尽管事故发生是在某一瞬间完成，但安全事故的发生并不是一个孤立的事件，而是由一系列原因事件接连发生而产生的结果，伤害与各原因相互之间都具有连锁关系，就像多米诺骨牌一样，一旦第一张骨牌被推倒，就会导致以后的第二张直至最后一张依次倒下，也即安全事故经过一系列事件连锁反应而发生。Heinrich最初的多米诺骨牌理论，认为安全事故是沿着下面的顺序发生的：人体本身→按照人的意志进行的动作→潜在危险→发生事故→伤害。依照该理论思想，事故发生的本质原因在于操作人员本身，如果操作人员的身体或心理状态处于非正常状态，就有可能导致人的意志或动作出现失误，产生潜在的危险，并导致事故发生，而造成人员的伤亡。后经过发展与完善，Heinrich 提出传统和社会环境、人的失误、人的不安全行为或物的不安全状态及事件是导致事故的连锁原因。同时他还指出，控制安全事故发生的可能性和减少事故伤害及损失的关键所在就是消除人的不安全行为以及物的不安全状态，即在五张骨牌中，如果移去第三张骨牌，则第四张（事故）和第五张（伤害）就不会倒下，也就是说连锁被打断，导致事故发生的过程被中止。事故发生的连锁反应图，见图 1-20。只要消除了人的不安全行为或物的不安全状态，安全事故就不会发生，由此产生的伤亡和损失也就无从谈起。Heinrich 多米诺骨牌理论堪称是安全管理的经典理论，从提出伊始就被广泛应用于安全生产活动中，并对此后的安全生产与管理工作产生了巨大而深远的影响。

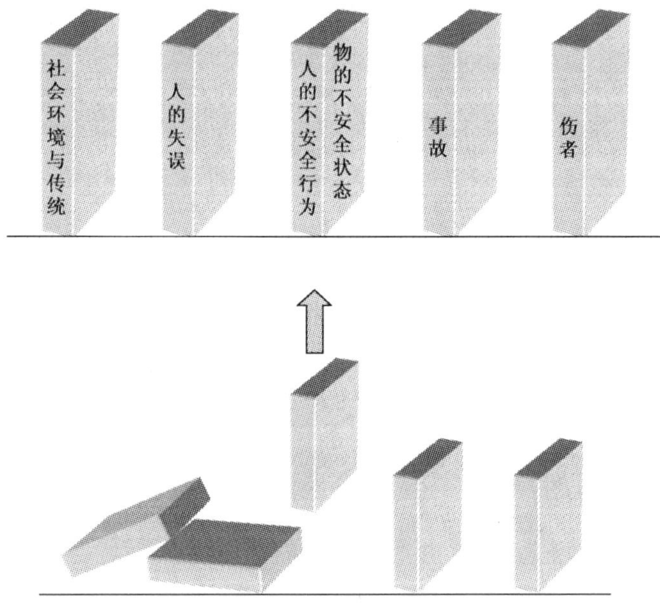

图 1-20　Heinrich 事故因果连锁反应模型图

根据 Heinrich 的事故致因理论，公路施工作业的交通安全管理重点应是防止经过施工作业区车辆驾驶人和施工人员的不安全行为，消除通行车辆、安全设施和施工机械设备的不安全状态，消除中断连锁事件的进程以避免安全事故的发生。因此，应该对驾驶人进行施工警示，使其按规定速度和路线行驶，加强监督和执法；对施工作业区的施工人员进行岗前技术培训和安全教育，增强自身安全意识，确保自身安全，并自觉遵守各项安全规章制度，进行规范化作业。按相关标准和规程设置标志、标线和防护设施，并保证设施性能良好。保证施工车辆机械都处于良好的工作状态，避免造成安全事故或是误工。可以看出，这些安全技术措施与要求都是对这一理论的具体体现。

2. 轨迹交叉理论

在 Heinrich 的事故致因理论的研究基础上，综合考虑其他因素，提出了基于人、物（机）和环境条件，研究事故发生的因果关系的轨迹交叉理论。该理论的基本思想是：伤害事故是由许多相互关联的事件顺序发展而产生的结果，这些事件从总体上概括主要是人和物（机）这两个发展系列，而当人的不安全行为与物（机）的不安全状态在各自发展轨迹中，一旦在一定时空上发生了“交叉”(接触),能量施加到人体上时,伤害事故就会发生。这一理论认为伤害事故的发生不仅取决于人的行为因素,同时还取决于物(机)的状态因素。但在一定的管理与环境条件下,人的不安全行为和物(机)的不安全状态各自存在的同时,并不会立即或直接导致伤害事故产生,而是需要在某些诱发因素的作用下才能发生,如图 1-21 所示。比如,在高速公路上夜间施工作业时,未穿反光安全服的作业人员的不安全行为,与在作业区外开放道路中未减速行驶的车辆的不安全状态同时存在时,当运行车辆误入作业区时与此作业人员发生碰撞(诱发因素),伤害事故发生。一般认为,人的不安全行为与物(机)的不安全状态是导致安全事故发生的直接原因。然而人的不安全行为与物(机)的不安全状态的形成又是受多种因素影响的结果。多数学者认为,在直接原因的背后,往往存在着安全政策制定者和安全监督者在安全管理上的缺陷,这是造成事故的更深层次的原因。

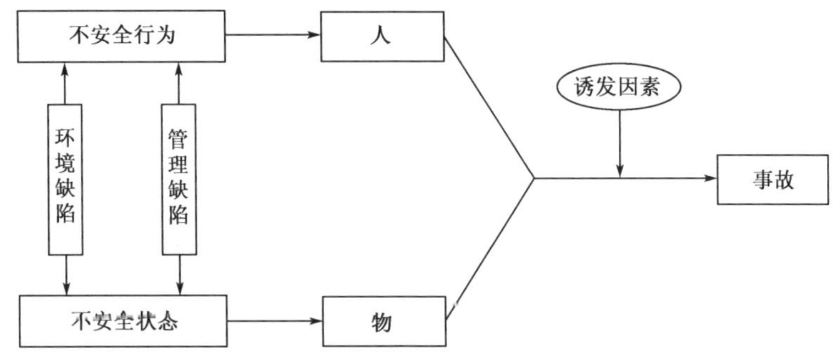

图 1-21 轨迹交叉事故致因理论模型

依据轨迹交叉事故致因理论原理,在公路施工作业时,安全管理者可以从隔离人和物(机)运动轨迹的交叉,控制人的不安全行为与物(机)的不安全状态三个方面来预防安全事故的发生。例如,加强关键点段的防护设施,避免车辆因各种原因驶入可能导致事故的工作区。严禁作业人员穿越作业区进入通行中的高速公路,同时,施工运输车辆也不得横穿作业区进入交通开放的道路。当驶入交通开放的道路时,不得随意停车、掉头、逆行、洒落施工材料或是不按规定行驶,而且在施工作业区内的机械,如铣刨机、摊铺机等运行时悬出部分不能伸到交通开放的道路空间内,以确保在通行的高速公路中的车辆不受干扰以及防止安全事故的发生。

3. 能量意外释放理论

Gibson(1961 年)和 Haddon(1966 年)等美国安全研究人员从能量的角度对安全事故进行研究,提出了事故发生物理本质的能量意外释放理论,并使安全事故致因理论得到进一步发展。该理论认为,安全事故的发生是某种不正常的或是意外的能量释放导致,人体受到伤害是某种能量向人体的转移,各种形式的能量是造成事故及伤害的直接原因。在日常生产活动中,物体的能量是受到控制或是约束的,并能按照人的意志产生、流动、转换和做功。倘若某种原因导致能量违背人的意志失去控制,就会造成能量的意外释放,使生产活动中止并发生事故。如果释放的能量作用于人体,并且超出人体的正常承受能力范围,则会造成伤害事故;如果释放的能量作用到物体(机械设备等)上,并且超过物体的抵抗能力时,则会造成物体损坏。那么,防止安全事故发生的方法就是检测并控制能量源,阻断有可能作用于人体或物体的能量的传导路径,防止与人体或物体发生接触。依照能量释放理论的思想,安全人员可以通过制定和设置各种“屏蔽”来防止意外释放的能量与人体或物体发生接触。

能量意外释放理论与其他安全事故致因理论相比，主要有两个优点：一是把各种能量对人体的伤害或物体的损害归结为安全事故的直接原因，进而确定了把对能量源及能量传导装置加以控制作为杜绝或减少伤害事故的最佳手段这一原则；二是依照该理论对伤亡事故的统计分类，是一种可以全面概括和阐明伤亡事故类型和性质的统计分类方法。

能量释放理论的不足之处是：一是由于机械能（动能及势能）是安全事故伤害的主要能量形式，因而使得依照能量意外释放理论的观点对伤亡事故进行统计分类的方法尽管在理论上具有优越性，但在实际应用上却不容易，因为在实际应用中有待于对机械能的分类做更深入细致的研究，进而对机械能造成的安全事故伤害进行分类；二是该方法不适用于研究、发现和分析与能量不相关的事故致因，如人的不安全行为等，但可以将能量意外释放理论与其他的分析方法结合使用分析安全事故致因，以便对系统中能量的运动进行有效控制。

根据能量意外释放理论的观点，在公路施工作业工程中要预防这些能量意外释放造成安全事故的主要方法有：检测并控制能量源；阻断有可能作用于人体或物体的能量的传导路径；对可能遭受到危害的人或物进行安全防护。例如，对作业区外开放道路上的车辆限速等交通管制；在施工作业区边缘设置锥形桶、路标隔离墩和防撞桶（墙）；在缓冲区设置车载式防撞垫，以及施工人员必须戴安全帽，穿着安全反光服等。这些都是对能量意外释放理论应用的最好诠释。

4. 系统安全理论

随着系统工程学科的不断发展，学者对系统工程的研究早已深入到规模庞大、结构极为复杂的系统之中。这些系统基本都是由无数的元素通过复杂的有机连接构成的，然而，一旦这个有机体中出现某种差错或失误都可能造成毁灭性事故。因此，越来越多的研究人员开始关注大规模复杂系统安全性问题，并提出了系统安全事故致因理论。根据该理论，任何生产活动中都潜伏着危险因素和有害因素，没有绝对安全的事物存在。造成安全事故的危险因素和有害因素称为危险源，它可导致人体伤害、疾病、物体损坏、工作环境破坏以及财产损失等。防止事故发生的方法就是消除或控制系统中的危险源。在最新的研究中，有学者将危险源分为三类：能量源或危险物质——第一类危险源；破坏或使能量源或危险物质控制措施失效的因素——第二类危险源；以及不符合安全的组织因素——第三类危险源。

系统安全是在系统寿命周期内应用系统安全工程的管理方法，对系统中的危险源进行辨识，并采取一定控制措施使危险源的危险性（危险源造成人体伤害或是物体损失的可能性及危害程度）降到最低，从而使系统在规定的时间、成本及性能范围内达到预期的安全目标。系统安全工作包括危险源的辨识、系统安全分析、危险源的危险性评价及危险源控制措施的制定等一系列内容。根据系统安全理论，一般预防安全事故的主要措施有：①严格系统的生命周期；②对危险源进行有效控制，一方面把事故的发生概率降到最低，另一方面把事故造成伤害和经济损失等控制在可接受范围内；③从人—机—环境系统角度综合考虑安全事故的预防措施。

依据系统安全理论原理，在公路施工作业时，应该尽可能地减少施工作业所占的时间和空间；对可能引起较大伤亡的作业区段进行重点警示和防护；编制科学完善的交通组织方案和紧急事件条件的应急预案；加强整个施工作业区和施工作业过程各个环节的安全监督和管理。

第四节 本书主要内容简介

本书在充分吸纳发达国家关于公路施工作业区交通特性、通行能力分析、交通组织和安全技术方面研究的有益成果和工程经验的基础上，分析我国公路养护、改扩建工程施工作业实际工程特点和交通特性，对公路施工作业区的安全保障技术开展研究。其内容一方面可以进一步验证现行《公路养护安全作业规程》(JTG H30)的适应性，为将来进一步修编完善提供数据和工程案例支撑；另一方面有助于丰富我国公路施工作业区的交通组织技术和安全设施设置方法，从而有效地降低施工区交通事故发生的概率，提高道路安全性能，减少延误，直接减少人员伤亡和各种经济损失。

本书主要内容如下：

(1)公路施工交通安全管理

介绍公路施工安全管理的相关法律法规及技术标准。介绍公路施工安全审批的流程和要求，国内主要列举介绍了江苏省和吉林省两地的公路施工审批流程及相关要求，国外主要介绍了德国的《道路施工作业区安全保障规范》和《道路交通规章》中有关道路建设项目的执行方法、流程和交通组织方案的司法程序办理流程。最后主要从施工作业区的组织管理、环境改善、从业人员改善和设施与设备的改善等方面提出了公路施工安全管理的改善措施。

(2)公路施工作业区通行能力与服务水平

以高速公路改扩建施工作业区为研究对象，分析交通量、速度、车头时距等交通分布特性，利用实测数据分析、理论模型和交通仿真 3 种方法综合确定典型施工作业区形式下的基本通行能力，结合改扩建道路条件、环境变量和车型组成等交通状况对通行能力的影响因素进行系统的分析，确定主要影响因素，并量化其影响大小。针对不同施工作业区形式、路侧干扰情况，以进入施工区各车型的速度、各类驾驶员的舒适感受来划分服务水平等级，并在选择衡量公路施工作业区服务水平的指标及其量化方法的基础上，对其服务水平的分级阈值进行量化分析。

(3)公路施工作业区交通安全技术

此部分内容作为本书的重点，主要介绍了作业区限速值的合理选取和旗手、视错觉标线、减速丘等多种限速措施的效果评价；在参考国外、港澳台等交通标志的基础上，结合国内相关标准和规范，对施工作业区的标志进行了优化设计并介绍了设置方法；介绍了移动式安全护栏、车载式防撞垫等 8 种施工作业区防护警告隔离设施以及设施的设置条件。

(4)公路施工作业区交通组织设计

此部分同样为本书的重点，主要介绍了交通组织设计，包括施工现场和周边道路交通组织设计的原则和方法；介绍了作业区车道利用和控制区布局优化等微观交通组织技术，以及基于路网运行最优的宏观交通组织方法和流程，并以实例说明了交通仿真技术在施工作业区交通组织方面的优越性。

(5)特殊区段施工作业区交通安全保障技术

介绍桥梁、隧道、视距不良、路侧险要和长纵坡等特殊路段施工作业时安全保障方面的一般规定和特殊要求。

(6)夜间施工作业区交通安全保障技术

介绍了夜间施工作业区的安全现状，作业区的照明要求以及从提高交通安全设施、作业人员和施工车辆可视性等几个方面的措施方法，以及降低眩光、提升驾驶人注意力等方面的做法和要求。

(7)新技术在施工作业区交通管理中的应用

主要介绍以美国和德国为代表的发达国家在施工作业区交通监控和管理方面ITS等相关创新技术的应用，包括自适应排队警告系统、动态可变标志、车速监控和事故预警系统等。

第二章　公路施工交通安全管理

随着高速公路建设的发展，高速公路的施工养护和改扩建任务也越来越重，施工作业中的安全问题也越来越突出。高速公路施工作业在局部封闭作业区中进行，作业区附近车流量大、车速快、交通环境差。为降低公路施工作业事故率，保护公路施工作业人员及公路使用者的安全，必须重视施工作业中的交通安全管理。

第一节　相关法律法规及技术标准

施工现场管理若不当，会造成阻车断路的现象，有时甚至会引发恶性交通事故，严重影响公路的安全畅通和人民群众的生产生活。为了改善施工安全状况，我国相继出台了一系列相关的法律法规和技术标准。

1.《中华人民共和国公路法》中相关规定

第三章"公路建设"中第 32 条规定：改建公路时，施工单位应当在施工路段两端设置明显的施工标志、安全标志，需要车辆绕行的，应当在绕行路口设置标志；不能绕行的，必须修建临时道路，保证车辆和行人通行。

第四章"公路养护"中第 39 条规定：为保障公路养护人员的人身安全，公路养护人员进行养护作业时，应身着统一的安全标志服；利用车辆进行养护作业时，应在公路作业车辆上设置明显的作业标志。公路养护作业车辆进行作业时，在不影响过往车辆通行的前提下，其行驶路线和方向不受公路标志、标线限制；过往车辆对公路养护车辆和人员应注意避让。

2.《中华人民共和国道路交通安全法》中相关规定

第七章"法律责任"中第 105 条规定：道路施工作业或者道路出现损毁，未及时设置警示标志、未采取防护措施，或者应当设置交通信号灯、交通标志、交通标线而没有设置或者应当及时变更交通信号灯、交通标志、交通标线而没有及时变更，致使通行的人员、车辆及其他财产遭受损失的，负有相关职责的单位应当依法承担赔偿责任。

3.《关于加强公路养护工程施工现场管理的通知》中相关规定

要求各省市公路养护施工单位应严格按照《中华人民共和国公路法》、现行《公路养护技术规范》(JTG H10)的规定，切实做好施工现场的管理工作。

施工路段两端要设置明显的施工标志、安全标志。需要车辆绕行的，应当在绕行路口设置标志；不能绕行的，必须修建临时道路，保证车辆和行人安全通行。必要时应设专人负责交通的疏导工作。

在交通流量大的公路上进行大中修养护或改建施工，可能造成交通堵塞时，公路管理机构应函告当地公安交通管理部门，共同疏导交通，维护交通秩序。确需中断交通的，应当与当地公安交通管理机关事先共同发布通告，并做好车辆的疏导工作。

4.《关于加强公路养护作业组织管理的通知》中相关规定

(1)各地要高度重视公路养护作业的组织管理工作

公路养护作业组织管理工作是否到位直接影响公路畅通水平，关系到社会公众的安全便捷出行。各级交通运输主管部门和公路管理机构要充分认识此项工作的重要性，切实按照“三个服务”的总体要求，认真做好公路养护作业的组织管理工作。

(2)严格作业现场管理

一是要加强养护作业控制区管理，科学规范设置警告区、上游过渡区、缓冲区、工作区、下游过渡区和终止区，其长度不得小于现行《公路养护安全作业规程》(JTG H30)的规定，以引导车辆安全有序通过作业现场；二是对于坑槽、修补等小修工程应当在作业当天完成；三是对于大中修、专项工程及改建工程的养护作业，要严格按照规定的工期和时段组织施工，确保人员、设备投入，严禁拖延工期；四是对于需要封闭交通的高速公路养护工程作业，应当在封闭路段前一处互通立交设置明显标志。普通国省干线公路应当在绕行路口前设置明显标志。不能绕行的，必须修建临时便道，并尽可能改善路面行驶条件，保证车辆和行人安全通行。

(3)加强省际间沟通和协调

相关交通运输主管部门和公路管理机构要高度重视省际出入口路段的养护作业组织协调工作。在养护作业开工前，要主动与相邻省份进行沟通，制订可行的保通方案。必要时，共同采取措施，加强交通组织疏导，避免因不同辖区协调不到位而引发交通拥堵。

(4)加强与公安交通管理部门的协作配合

对边施工边通车的养护作业，施工单位应配合公安交通管理部门做好施工区域的交通秩序维护工作，必要时设专人疏导交通。确需中断交通的，除紧急情况外，应按规定履行相应的审批制度。相关交通运输主管部门和公路管理机构也要主动协调当地公安交通管理部门，配合做好施工路段的交通秩序维护。

5.《关于加强公路施工管理　确保交通畅通的紧急通知》中相关规定

提前做好各项准备工作，减少公路施工对交通的影响。各地公安交通管理部门、公路管理机构应在施工前10d，在新闻媒体上联合发布通告。对省道(不含高速公路)施工的，应当在省级新闻媒体上发布；对国道和高速公路施工的，应当在国家级新闻媒体上发布，并报交通运输部、公安部备案。对省(自治区、直辖市)、市(地)交界处(省级50km以内、地市级30km以内)的公路施工，还应提前书面通报相邻地方公安交通管理部门、公路管理机构。各地要科学分析施工路段交通状况，提前制订交通组织方案和应急疏导预案。要完善分流线路的交通基础设施以及安全设施。对省(自治区、直辖市)、市(地)交界处的公路施工，要主动与相邻地方建立跨区联合疏堵预案，确定跨区域的分流线路，互通信息，协作配合，共同确保施工路段交通畅通。

加强施工现场的交通组织和交通安全管理。各地公安交通管理部门要加大对施工路段的巡逻管理力度，依法查处强行超车、争道抢行、不按规定停车等容易引发堵塞的交通违法行为。各地交通管理部门和公路管理机构要切实加大监督检查力度，对施工现场管理混乱的施工单位要采取有效措施责令改正；施工现场占用半幅道路、需要交替通行的，施工单位要指定专门人员 24h 不间断负责疏导、指挥过往车辆，或者设置移动式的红绿灯，指挥车辆轮流、交替通行。

明确责任，建立和完善公路交通堵塞报告制度。各地交警支队支队长、交警大队大队长和交通局（或公路局）局长是处置本辖区道路交通堵塞的第一责任人。发生车辆堵塞 1h 或排队 2km 左右的公路交通堵塞，县市交警大队大队长、交通局（或公路局）局长要立即赶赴现场，迅速组织疏导堵塞，尽快恢复交通，并报告上级部门和本级政府；发生车辆堵塞 2h 或排队 5km 以内的交通堵塞，县市公安交通管理、交通（或公路）部门无法及时疏通的，地市交警支队支队长、交通局（或公路局）局长要赶赴现场督导指挥，协调周边地区增派人力物力，并及时报告上级部门和本级政府，通报新闻单位。对于堵车 3h 或排队 5km 以上的交通堵塞，经地市公安交通管理部门、交通（或公路）部门疏导无法缓解的，省级公安交通管理部门、交通（或公路）部门要立即组织由主管领导带队的工作组，赶赴现场督导指挥，并启动跨区联合疏堵预案。

6.《公路养护安全作业规程》中相关规定

在施工路段两端，设置明显的施工标志、警告标志；需要车辆绕行的，还应在绕行路口提前设置提示牌和绕行路线示意图。有条件的地方，要在施工路段配备必要的夜间照明设施。施工人员要着统一的安全标志服，作业车辆、机械应涂有规定的标志颜色，行驶和作业时均开启黄色示警灯，悬挂警示标志。

7.其他规定

在地方法规方面，许多省市都制定了具体的规章制度。比如，《上海市公路管理条例》规定在高速公路上进行养护作业的车辆不得享受行驶路线和方向不受公路标志、标线限制的规定，并且对高速公路的清扫保洁和绿化养护作业，应当以机械作业为主，确实需要人工养护作业的，养护作业单位应当采取切实有效的安全防护措施。《北京市道路交通条例》对高速公路施工安全的规定为：在距离作业地点的来车方向 1 000m、500m、300m、100m 处分别设置明显的警告标志牌，夜间设置红色示警灯（筒）；作业人员身着安全标志服，戴安全标志帽，进出作业区时，避让行驶的车辆；对于违反安全规定进行维修、养护作业的，处以 200 元罚款。宁夏吸取养路工上路作业时被行驶车辆撞伤或撞亡的教训，对上路不穿安全背心、不戴安全帽的职工进行严格处罚：初次违规罚款 50 元，第 2 次扣发当月工资，因未穿标志服而发生交通事故者，责任自负。《山东省高速公路条例》在公路养护部分规定高速公路养护车辆进行作业时，在不影响过往车辆通行的前提下，其行驶路线和方向不受高速公路标志、标线限制；过往车辆对高速公路养护车辆和人员应当注意避让。

第二节　公路施工作业审批

对于公路施工作业审批的要求，目前国内有的省份制定了相关的管理条例和管理办法等，其总体的要求大致相同，在一些细节问题上稍有区别。本书举例说明公路施工作业审批的相关要求，同时列出德国施工作业审批的流程，以供参考。

一、《江苏省公路施工路段管理办法》

《江苏省公路施工路段管理办法》对于施工作业审批的规定如下：

第二条　在江苏省境内从事公路改建、扩建、大中修工程和在公路用地范围内进行养护、维修、挖掘、安装、架设及其他作业，适用本办法。新建公路施工影响现有公路通行的，适用本办法。

第四条　县级以上地方人民政府交通主管部门是施工路段管理的主管部门。交通主管部门依法委托公路管理机构负责公路施工路段管理工作。交通主管部门和公路管理机构应当认真履行职责，加强对公路施工路段的管理。

省交通厅公路局负责全省公路施工路段管理的检查、监督和指导。

省辖市公路管理处按照职权范围负责本辖区内公路施工路段现场管理方案的审批、管理的监督和检查工作。

县(市)级公路站(处)具体负责本辖区内公路施工路段现场管理方案的初审和监督实施，并对现场执勤人员进行培训和考核。

专线公路管理机构负责专线公路施工路段现场管理方案的审批、管理的检查和监督工作，并对现场执勤人员进行培训和考核。

第五条　公路管理机构施工路段管理的职责是：

(一)初审、审批施工路段现场管理方案；

(二)监督施工路段现场管理方案的实施；

(三)审批分流方案，并报请交通主管部门发布；

(四)对施工单位违反施工路段现场管理的行为进行查处。

第六条　下列公路施工路段现场管理方案，由省交通厅公路局审批，报省交通厅备案：

(一)国道、省道公路全封闭施工的；

(二)国道、省道公路施工路段现场管理方案中车辆分流跨省辖市的；

(三)专线管理的公路需全封闭施工或者分流方案涉及省辖市管养公路的；

(四)专项重点工程。

专线管理的公路半封闭施工的，公路施工路段现场管理方案应当报省交通厅公路局备案。

第七条　下列公路施工路段现场管理方案，由省辖市公路管理处审批，报省交通厅公路局和本级交通局备案：

(一)国道、省道公路半封闭施工或者涉及车辆分流的；

(二)一级公路及路幅在14m以上的二级公路。

除上述规定以外的公路施工路段现场管理方案，由县(市)级公路管理站(处)进行补审，报省辖市公路管理处审批。

第八条　建设单位应当重视施工路段管理工作，要求施工单位落实施工路段管理责任人，制订施工路段现场管理方案，并督促施工单位按照批准的施工路段现场管理方案执行。

第九条　施工单位应当制订施工路段现场管理方案，并于施工之日前15日报相应公路管理机构初审或者审批。公路管理机构应当在收到申请之日起10日内作出决定。现场管理方案未经批准的不得施工。批准后施工单位应当按照批准的施工路段现场管理方案组织实施。

第十条　施工路段现场管理方案应当包括下列内容：

(一)施工路段现场管理责任人和现场执勤人员名单；

(二)工程批准文件(或者养护计划)、工程总造价、施工期限；

(三)施工路段的交通流量，施工路段现场管理形式，施工路段车辆通过能力；

（四）涉及分流的，提供分流线路名称、技术等级等公路概况资料；

（五）制订施工路段现场管理措施，其中包括交通、通信、交通标志、安全设施、施工路段交通安全控制图；

（六）需要铺设辅道的，报辅道设计方案；

（七）故障车、大型车辆、超限运输车辆通过的措施；

（八）材料堆放、机械停放的场地位置及占用道路的情况；

（九）编制执勤人员、通信装备、交通标志等经费预算。

第十一条　施工路段管理经费应当在工程建设单位管理经费中列支，其经费必须满足施工路段管理需要，具体标准另行规定。

建设单位应当在招投标文件中明确施工路段相应的管理经费，并督促施工单位专款专用，不得将施工路段管理经费挪作其他用途。

第十二条　公路施工应当在同一车道内进行。

双向六车道公路半封闭施工不得超过 8km；双向四车道公路半封闭施工不得超过 4km；双向两车道公路施工不得超过 2km，超过上述规定的，应当分期进行施工，或修建临时辅助道路，或实施分流特殊情况超过上述里程限额规定，又无法分期施工的，必须报经省交通厅批准。

第十三条　施工单位在实施施工前，应当在施工路段设置明显的施工标志、安全标志，需要车辆绕行的，应当在绕行路口设置标志。

施工标志、安全标志应当齐全、规范、清晰、视认性好、设置地点准确、设置牢固、应当能够有效地提示和引导驾驶员通过施工路段或者绕行分流，并根据工程进度及时调整设置地点和内容。

公路管理机构安排的小修保养，应当按照现行《公路养护技术规范》(JTG H10)的要求设置施工标志，并由路政执法人员实施监督检查。

施工作业现场管理及标志的设置，按照江苏省交通厅《江苏省公路施工作业现场管理规范》执行。

第十四条　施工单位应当加强对施工材料的管理。施工材料应当按照规定范围堆放整齐，不得挤占行车道。施工路段严禁堆放易燃易爆物品。

第十五条　施工单位应当在施工作业车辆、机械上设置明显的施工作业标志，自觉遵守施工路段现场管理的有关规定，严禁占用行车道装卸作业，禁止乱停乱放。夜间施工或者停放作业车辆、机械的现场应当设置反光警示标志。

第十六条　施工单位应当尽量减少施工对车辆、行人通行的影响，施工路段不得发生半小时以上的堵车。对车流量大、行车道狭窄或者车辆定时单向通行的施工路段，施工单位应当派专人执勤，疏导交通。对抛锚故障车辆，应当采取应急处理措施。

施工路段现场执勤人员应当佩带袖章、规范执勤、文明管理，指挥车辆通过时，应当手执红绿旗，合理掌握两端开放时间，保障车辆通行；施工路段较长或者行车视距不良路段，执勤人员应当配备对讲装置。

第十七条　施工单位进行全封闭施工未实施分流的，应当负责修建临时道路。

临时道路应当具有一定的稳定性和足够的强度，其表面应当满足平整、抗滑和排水的要求，以保证过往车辆和行人通行。

第十八条　施工作业人员在开放交通或者半封闭的施工路面进行施工时必须着安全标志

服,并不得随意在车辆通行的车道上停留。

第十九条　因公路施工需要中断交通或者分流的,应当由建设单位、施工单位制订施工路段分流方案,并按下列情况报送、发布通告:

(一)国道、省道分流方案跨省辖市的,应当由省级公路管理机构审批,报省级交通主管部门发布;

(二)其他公路分流方案跨省辖市的,应当由分流方案涉及的省辖市公路管理机构审批,报省辖市交通主管部门共同发布;

(三)其他公路分流方案不跨省辖市的,由该省辖市公路管理机构审批,报该省辖市交通主管部门发布。

国、省道分流方案跨省辖市的,施工路段现场管理通告应当在省级报纸上刊登,其他管理通告应当在分流方案涉及的市级报纸上刊登。施工路段现场管理通告应当于开工之日前3日连续刊登。

附:公路施工路段现场管理方案审批表

申请人　　　　　　　　　　　(公章)　　　　　　　　　　　200　年第　号

<table>
<tr><td colspan="2">项目名称</td><td colspan="3"></td></tr>
<tr><td colspan="2">施工单位</td><td></td><td>地址</td><td></td></tr>
<tr><td colspan="2">法定代表人</td><td></td><td>电话</td><td></td></tr>
<tr><td colspan="2">项目所在公路</td><td></td><td>施工桩号</td><td></td></tr>
<tr><td colspan="2">项目批文</td><td></td><td>现场管理责任人</td><td></td></tr>
<tr><td colspan="2">施工保证金</td><td></td><td>施工期限</td><td></td></tr>
<tr><td colspan="5">施工路段及分流路线名称、技术等级、现有交通量等相关资料(附图):</td></tr>
<tr><td colspan="5">现场管理措施及交通安全控制图(简图):</td></tr>
<tr><td colspan="5">施工路段安全管理经费预算:</td></tr>
<tr><td>附件</td><td colspan="2">1.工程批准文件或养护计划</td><td colspan="2">2.施工路段安全管理方案</td></tr>
<tr><td colspan="5">初审意见

年　月　日</td></tr>
<tr><td colspan="5">审批意见

年　月　日</td></tr>
<tr><td colspan="5">备注(许可证编号)</td></tr>
</table>

说明:1.此表按《江苏省公路施工路段管理办法》规定的管理权限使用,适用于施工单位向基层公路管理机构申报或下级公路管理机构向上级公路管理机构申报。

2.申请单位应按公路施工路段现场管理方案审批表中的要求如实填写,并持法人营业执照、个人身份证、施工图等相关资料,向公路管理机构提出申请。

二、吉林省高速公路养护施工审批流程

吉林省对高速公路养护施工作业的流程审批出台了严格的审批流程，流程中规定了各级审批过程中需要提交的相关审批资料以及具体的要求，见图 2-1。主要规定如下：

(1)车辆初检审批

喷涂标志色，悬挂警示标志，即喷涂橘黄色标志色，配置黄色示警灯(统一在施工车辆前部上方顶端设置一个长形或圆形支架式黄色示警灯，在车辆尾部两侧上方顶端设两个圆形支架式黄色示警灯和车厢尾部两侧设一对红蓝暴闪示警灯)，道路施工标志牌(按国标制作)，插两面红色刀形旗；指挥车辆和生活用车配置黄色示警灯。

(2)车辆审批书面材料

①车辆行驶证原件、复印件；

②驾驶员驾驶证原件、复印件；

③外雇车辆，提供雇用合同的原件、复印件；

④车辆配置好各种要求标志后的照片 3 张；

⑤车辆所属单位负责人签署的车辆标志完好确认书一份；

⑥路政科初检合格证明；

⑦公安车管部门提供的车辆安全性能审验合格证明。

(3)施工申请书面材料

①施工书面申请书；

②安全员确认书；

③施工单位资质证明；

④养护管理部门的施工批文；

⑤现场安全标志摆放示意图；

⑥安全标志数量清单(由单位负责人签字)；

⑦施工人员接受高速公路安全生产教育相应记录等。

(4)公益养护车辆审批材料

①通行证编号和有效期；

②施工车辆的车号及施工单位名称；

③施工车辆《车辆上路施工许可证》的编号；

④施工车辆通行路线和收费站。

(5)公益养护车辆审批

要同时具有《高速公路施工车辆通行证》和《车辆上路施工许可证》。

(6)固定作业审批表

固定作业审批表最后一栏要交警和中心分别的签字，然后盖高速公路指挥调度中心审批章。

(7)《施工车辆标志初检审批表》、《路产保护协议书》和《施工安全协议书》份数要求

①属固定施工的一式七份(指挥调度中心两份，高管局路政处、养护处、属段路政科和交警、施工作业现场各一份)；

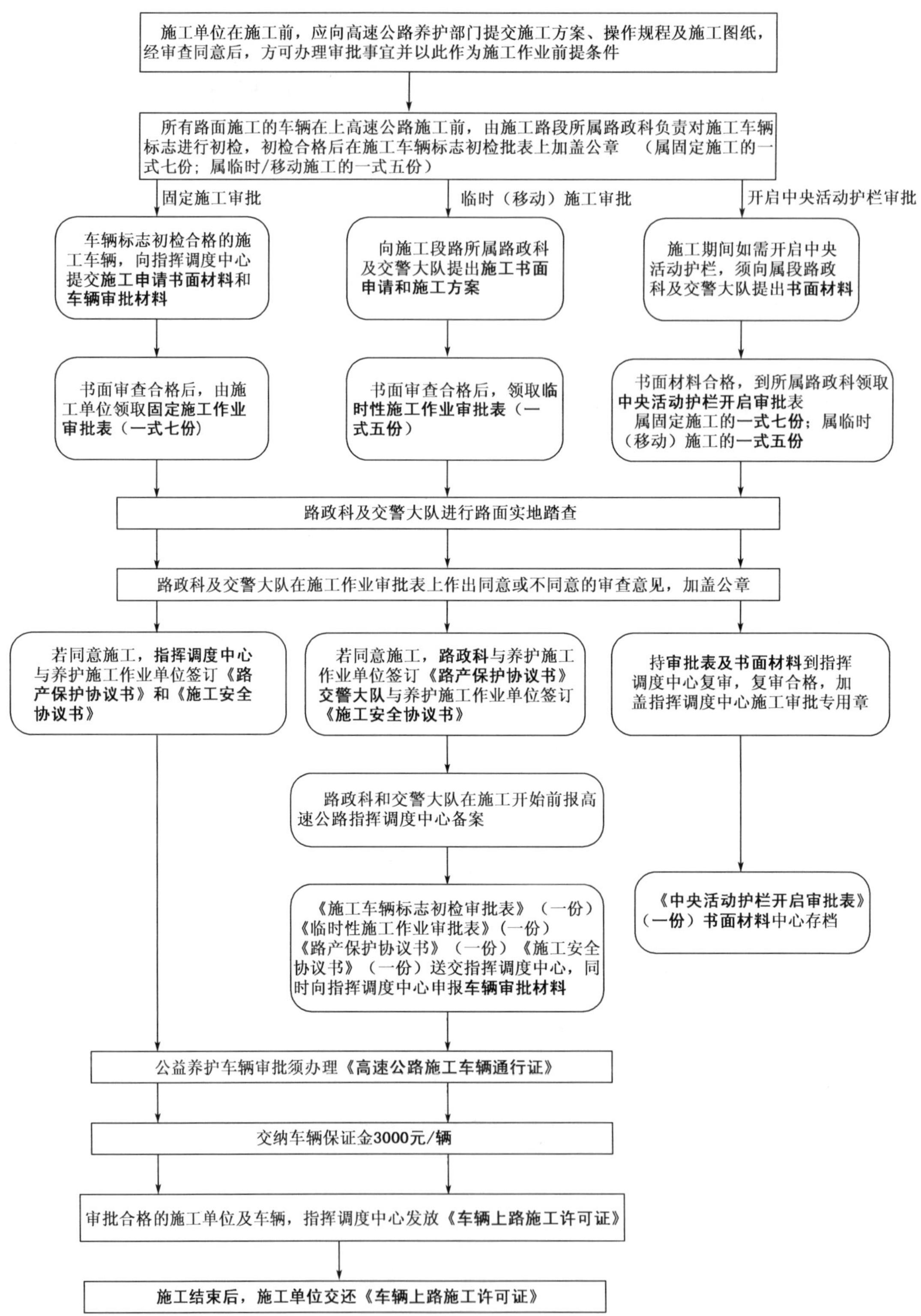

图 2-1　吉林省高速公路养护施工作业审批流程及资料要求

②属临时(移动)施工的一式五份(指挥调度中心两份,属段路政科和交警、施工作业现场各一份)。

(8)公益性施工车辆和非公益性施工车辆上高速公路施工需交纳通行费。

(9)车辆配置好各种要求标志后的照片 3 张/辆(不同角度彩色照片;包括道路施工标志牌)。

三、德国道路建设作业审批流程

1.道路建设项目执行方法流程

德国的《道路施工作业区安全保障规范》(简称 RSA)和《道路交通规章》(简称 StVO)对道路建设项目的执行流程进行了规定,通常 StVO 和 RSA 中给出的权责的种类和范围,以及由此涉及的交通司法程序办理流程,如图 2-2 所示。按照地方的协议和规定,管辖的部门可能存在或多或少的差异。

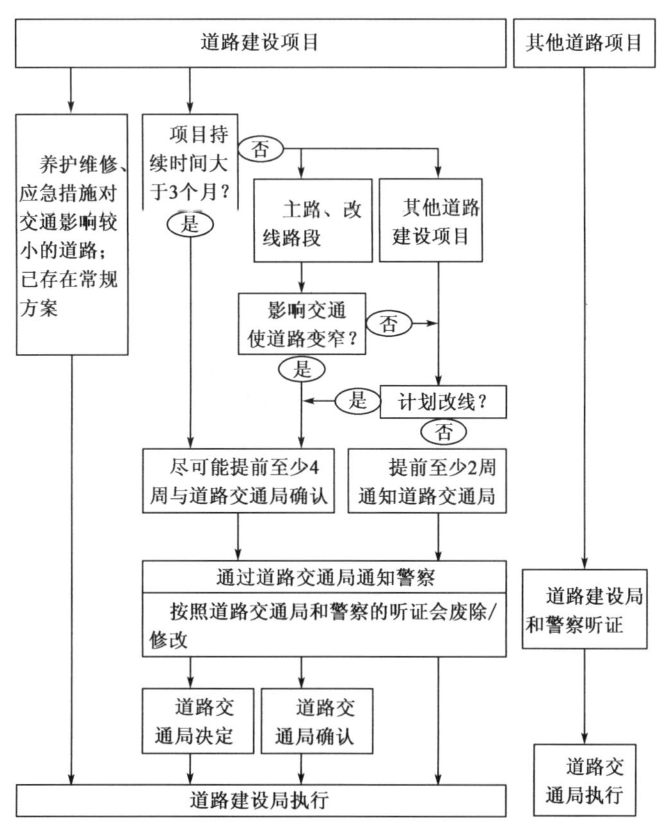

图 2-2　按照 StVO 和 RSA 规定的项目执行方法流程

注:其他道路项目指的是如管线建设等在道路空间上从事的非道路建设工作,其他道路建设项目是指除主路、改线路段以外的道路建设项目。

道路建设项目分为三大类:第一大类是养护维修、紧急措施、对交通正常运营影响较小的项目以及已经存在常规交通组织方案的项目;第二大类是除上述第一大类项目之外的道路建设项目持续时间大于 3 个月的项目;第三大类是除上述第一大类项目之外的道路建设项目持续时间小于 3 个月的项目。对于第一大类项目直接由道路建设局组织执行。对于第二大类项目应尽可能提前至少 4 周与道路交通局确认，再由道路交通局通知警察，按照道路交通局和警察的听证会废除或修改项目，后经道路交通局决定最终项目，最后由道路建设局组织执行。对于第三类项目，又细分成两类：主路、改线路段和其他道路建设项目，其中主路、改线路段建设期间使道路变窄的项目以及主路、改线路段建设期间虽没有使道路变窄但却计划改线的项目应尽可能提前至少 4 周与道路交通局确认，再由道路交通局通知警察，按照道路交通局和警察的听证会废除或修改项目，后经道路交通局确认，最后由道路建设局组织执行；对于主路、改线路段建设期间没有使道路变窄，且不计划改线的项目以及不计划改线的其他道路建设项目应提前至少 2 周通知道路交通局，再由道路交通局通知警察，按照道路交通局和警察的听证会废除或修改项目，最后由道路建设局组织执行。对于其他的道路项目由道路建设局和警察听证，由道路交通局组织执行。

2. 交通组织方案的司法程序办理流程

StVO 和 RSA 同时规定了申请实施交通组织方案的程序办理流程，企业为建设单位和企业为非建设单位的办理流程不同，具体如下：

1)企业为非建设单位

直接申请没有交通标志的方案，后由负责部门(道路交通局、道路建设局)准予该项目交通组织方案的司法程序办理。

2)企业为建设单位

(1)企业是建设单位，且满足如下三种情况中的至少一种时：

①短期、小范围、对道路交通影响较小的项目；

②存在常规的交通组织方案；

③负责部门单独提供方案。

直接申请没有交通标志的方案，按照负责部门(道路交通局、道路建设局)提出的一年期许可范围中的规定，企业需要在开工前至少 3d 提出申请，最后仍然由负责部门(道路交通局、道路建设局)批准。

(2)企业是建设单位，且不满足如下三种情况时：

①短期、小范围、对道路交通影响较小的项目；

②存在常规的交通组织方案；

③负责部门单独提供方案。

申请有交通标志的方案，按照负责部门(道路交通局、道路建设局)提出的一年期许可范围中的规定，企业需要在开工前至少 3d 提出申请，最后仍然由负责部门(道路交通局、道路建设局)批准。

图 2-3 中流程办理最终只给出了一年期许可范围，就是说只有主管部门才能确定怎样确保施工作业区安全和如何安放交通标志。对于施工作业区交通组织来说，申请交通组织该方案的司法程序办理是不可避免的。主管部门进行具体的程序办理时只是审核施工作业区的方案是否与其他方案冲突，以及边界条件是否满足。这些工作可能在 3 个工作日内完成。

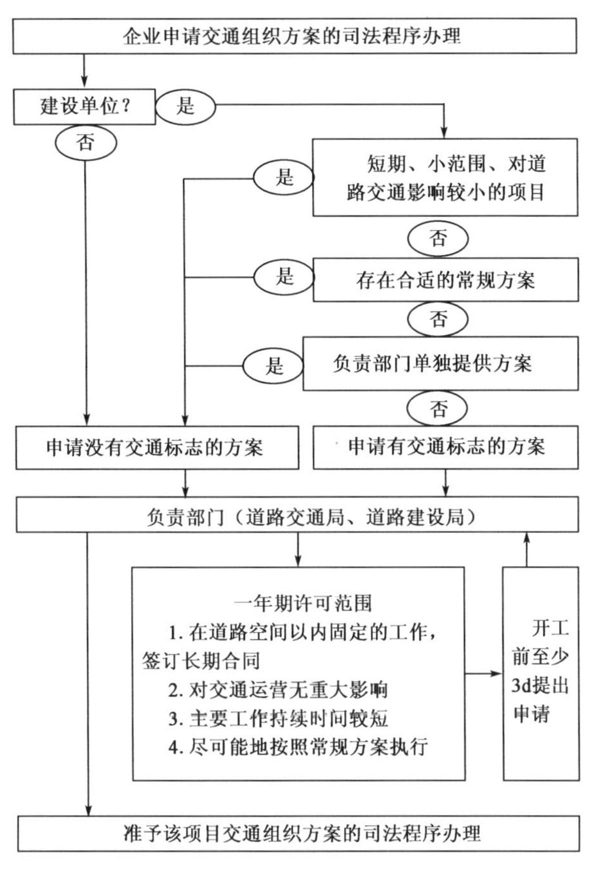

图 2-3　申请交通组织方案的司法程序办理流程

第三节　公路施工安全管理改善措施

高速公路改扩建期间的安全管理是改扩建工程保通方案的一个重要内容。在运营的高速公路上实施改扩建工程，首要的一点就是必须保证运营车辆和养护作业人员两个方面的安全。高速公路改扩建保通方案要充分考虑对运营车辆和作业人员安全的各种因素，要有足够的措施，避免出现安全问题。

一、施工作业区组织管理措施

1. 建立完善的公路施工的安全生产责任制

(1)建立健全的公路安全生产责任制和安全生产保证体系

责任制是一切管理制度的核心，没有责任制再完善的管理制度也不过是一纸空文。因此，要建立完善的公路施工安全责任制。而安全生产责任制要以制度的形式明确公路施工企业各级领导、各职能部门、各类从业人员在施工生产活动中应负的安全职责。公路工程施工项目应根据其具体情况，成立以项目经理为首的安全生产委员会或领导小组。同时，根据建设工程的性质、规模和特点，配备规定数量的安全管理人员，监督检查各类人员贯彻执行安全生产管理制度并协助项目经理推动安全生产管理工作。建立安全生产保证体系，即项目部成立以项目经理为首的安全领导小组，安全管理部门负责人全面负责安全工作，下设专职安全员和兼职安全员。

(2)明确各级安全管理人员的责任

根据《关于2006年交通建设安全生产工作的意见》要求，公路工程单位全面落实安全生产责任制。各地要依法采取措施，分层次明确安全生产责任主体，逐级落实安全生产责任。要突出施工企业主体责任，特别要突出企业负责人、项目负责人的第一责任人的责任。要建立安全生产责任考核评价办法，构建有交通特点的建设安全生产防控体系。各地可结合国家和地方人民政府确定的安全生产控制指标要求，制定本地区交通建设安全生产控制指标。

安全生产责任制要明确各级安全管理人员的责任，首先成立施工安全领导小组，即以项目经理为施工安全第一责任人，下设以项目经理为组长，成员以安全管理部门负责人为主，由各管理部门负责人参加的施工安全领导小组，负责监督安全施工，制订安全生产管理措施及方法，是工程施工安全的最高领导机构，有权处理一切违章行为。项目经理作为施工安全管理第一责任人，应对公路工程项目施工过程中的劳动保护和安全生产工作负具体的领导和经济责任，领导并编制本项目安全生产管理的目标以及措施，建立安全生产保障体系，确定安全生产管理职能。安全管理部门负责人为施工安全的重要责任人，负责施工实施安全规章和落实全面的安保工作。专职安全员以各施工班组专业安全员为成员，具体负责日常的安全工作。检查施工现场的安全隐患，对不穿工作服、不戴安全帽上工地以及高空作业不系安全带等违章行为进行纠正和处罚，同时负责爆破、拆除、混凝土及土方施工过程中人及设备的安全和防护工作。兼职安全员的责任不容忽视，负责具体落实分部工程、各工序的安全检查和督促工作，把安全隐患消除在萌芽状态。项目施工员对所管辖工程的安全生产负直接责任，坚决贯彻有关的安全生产技术措施和施工组织设计中规定的安全措施，对违章作业的班组和个人及时提出批评和防范措施，防止事故的发生。

2.提高企业安全教育培训质量

安全教育培训是企业安全管理工作的重要组成部分，是企业安全管理系统工程中极为重要的一个子系统。对员工进行安全教育培训是企业保证安全生产，提高员工安全防范意识和能力的重要措施。而安全教育就其本身来说，是以企业实现安全生产为最终目标，按照一定的程序和要求对企业每个岗位员工的心理、思想意识及日常行为加以规范和影响的系列活动。从对企业的安全教育现状的调查分析，公路施工企业安全教育质量不高，培训的内容没有针对性，视安全教育为一种形式。针对这些问题，提出以下五项措施：

(1)首先要建立健全的安全教育培训责任制，明确安全教育责任，落实安全教育培训制度。明确施工现场各级教育培训的责任，并加强对责任主体的监督和考核，对考核不合格的责任人进行换岗或清退；确立安全教育培训的实施责任人，同时要注意培养安全教育实施责任人的职业素养和责任感；还要明确现场安全教育接受者的主体——施工现场全体人员。

(2)安全培训教育要遵循以下原则：

①“三步骤”的原则。施工安全教育培训可分为安全生产思想教育、安全知识教育、安全技能教育培训三个步骤。安全生产思想教育即：通过安全生产思想路线和方针政策的教育，提高

各级领导、管理干部和广大职工的政策水平，使其严肃认真地执行安全生产方针、政策、法律。安全知识教育就是对企业的基本生产概况、施工工艺、机械设备、高处作业、脚手架工程、模板工程、临时用电工程、文明施工、消防器材应用等安全基本知识的学习。安全技能教育是结合高速公路施工专业特点，实现安全操作、安全防护所必须具备的基本技术知识的教育。

②经常性培训原则。当今是新知识、新材料、新技术在各行业应用速度极快的时代，不断更新思想、更新观念、更新知识、更新技术是各行各业生存发展的需要，不更新就意味着倒退，就意味着淘汰。因此，要进行经常性培训，还要把经常性的安全教育培训贯穿于企业员工工作的全过程，贯穿于每个工程施工的全过程，贯穿于公路施工企业生产活动的全过程中。

③广泛性原则。所谓广泛性就是说在进行安全教育时要保证每一个从业人员都能受到教育。要做到这一点首先要抓好对企业管理者、领导者的安全教育，提高企业管理者的安全意识和安全素养。然后建立覆盖企业全体人员的安全教育培训体系，即公路施工企业所有从事生产活动的人员，从企业经理、项目经理，到一般管理人员及一线作业人员，都必须严格接受安全教育，全力形成全员、全过程、全企业的安全意识。

④理论联系实践的原则。进行安全教育最终目的是对事故的防范，因此，安全教育培训工作要密切结合公路施工生产生活实际，保证其能真正服从和服务于安全生产这个中心，使其为安全生产提供智力支持和思想保证。

⑤大众化原则。公路施工的从业人员大多数都是农民工，文化水平不高。如果安全教育用很专业性的语言，他们听不懂也不明白，最终失去兴趣产生抵触情绪。因此，安全教育培训工作要做到“通俗易懂”，尽量用浅显的语言和方式进行教育。

⑥创新性原则。创新，就是要做到勇于探索，开拓进取，不断探索安全教育培训的新思路、新方法。在坚持“与时俱进”的同时，更要坚持贯彻“发展就是硬道理”，以保持创新的连续性和持久性。

(3)安全培训内容的选取要遵循以下原则：

通常安全培训的内容包括安全知识培训、安全操作技能培训、安全思想教育等。但是也不能无论什么工种、岗位都学同样知识，因此要因地制宜地选取安全培训教育内容，而此选取需遵循以下两个原则：

①安全培训教育的内容要适应需求。首先，要适应各层次的需求，包括组织的需求、岗位的需求、个人的需求。例如，不同的公路施工阶段具有各自的不安全因素，如隧道施工和桥梁施工两个不同的岗位需要注意的安全隐患大不相同。其次，适应不同时期的需求，包括目前的急需和中长期发展的需求。如因季节或气温变化而产生的新的不安全因素。在施工现场，雨季施工中安全隐患危害程度要远远大于平时；高温条件下施工中的安全隐患危害程度要远远大于常温条件下的施工。如因雨季施工产生边坡的不稳定甚至坍塌，高温下施工产生的中暑等。

②安全培训的内容要有超前性。培训内容不但要体现针对性，要应付眼下急需，同时还要具备超前性，所选内容，无论知识还是技能，要站在当今科技发展、管理运作的前沿领域。所以，安全培训的内容，要针对不同的工种、不同的从业人员、不同的时间需要有不同的培训内容。

(4)改善安全培训教育的方法

传统的安全培训教育主要是采用理性灌输法，这是用得最多的一种教育方法。从理性角度向受教育者传授安全理论和方法，引导人们理解国家安全生产方针、法律法规和政策以及企业的安全生产规章制度等，掌握预防、改善和控制危险的手段和方法。这种教育方法虽然具有系统性、理论性，但是会让人感觉到枯燥乏味，无法调动学习者的积极性。因此，提出以下几种安全培训教育的方法以供选择：

①互动、交流式的感性教育法。互动式安全教育培训法使教师的主导作用、学员的主体地位能够得以充分发挥和实现。采用互动式教学，能置教和学于研究探讨的氛围之中，不同的人对同一问题有不同的看法，而用开放、互动的方式就能谈谈自己的观点和意见，畅谈自己的想法和做法，同大家一起探讨，听取别人的经验和体会，互相启发，相互学习。整个学习氛围十分轻松，学员也可以将平时遇到的难题讲出与学友们交流、探讨。该方法的优点主要就是能够充分调动学员的积极性，让学员充分发表自己的见解，有利于深化主题，提高大家对某一问题的认识程度。最后再由教师进行归纳和总结，以便达到更好的培训效果。

②理性灌输法和案例培训相结合的办法。案例培训法是用一定的视听媒介，如文字、图片、视频等，描述客观存在的真实情景。针对公路施工农民工文化素质较低的情况，该法比较适用。通过把历史上发生过的公路施工事故进行分类整理，并把各种事故发生的原因，以及如何防范、发生事故后如何处理等一一列出，给从业人员的感觉就是直观、通俗易懂、记忆深刻。但它也有不足之处：案例数量有限，并不能满足每个问题都有相应案例的需求。因此，我们采用理性灌输法和案例培训法相结合的办法，既避免了理性灌输法的枯燥乏味又能学到更多的安全知识，也弥补了案例有限，涉及的安全知识不能满足需要的缺陷。

③采用"直观教学法"。形象直观教育实际上就是通过现场、实物或模拟演示（练）迅速抓住学员的注意力，使学员有一种身临其境、课堂与现场零距离的感觉。这种培训方法可以最大限度地激发学员的学习兴趣，增强学员接受培训的积极性和主动性，从而达到最佳培训效果。其特点和作用：一是直观形象，解决了纯理论、培训内容抽象空洞问题，使学员寓教于乐，容易掌握学习内容；二是有针对性，可以根据工作或生产实际情况，突出组织某一个方面的培训，还可以灵活地选择培训项目；三是实用性强，能加深认识，特别是能弥补一线工人文化水平低、基础知识不足的缺点。

安全教育培训的方法是多种多样的，各自的方法都有其优缺点，企业可以根据自己的实际情况选择适合本企业安全教育的方法，也可在以往方法的基础上发展、创新，最终找到适合本企业的安全教育培训方法。

（5）建立健全的安全培训效果监督、反馈机制

一方面安全培训的最终目的是提高从业人员的安全素质，从而使从业员工能够在实际工作中安全生产。另一方面，从调研的情况来看，从业人员在工作中只关心行为的经济考核而不关心行为的安全后果，因此，要建立健全的安全培训效果监督以及反馈机制。

①要建立健全的安全培训效果监督，就要完善和健全安全培训约束机制，并加强追踪检查考核。要完善和健全安全培训约束机制并加强追踪检查考核，主要从以下三个方面来实现：

首先，加强对学习过程的监督考核。凡是未按照要求参加培训、培训过程中不遵守纪律、要求的培训时数没有达到的，都要按照企业的安全教育制度列入考核内容。对学习过程的考核是为了对职工相对制约，以保证学习效果。

其次，加强对学习效果的评估考核，应建立定期考核及检查制度。每次培训学习，不能光有“讲”和“学”的环节，而没有“考”即“效果评估”的环节。评估的内容可以在培训完后通过问卷、总结、组织交流的方式听取职工对培训的反应，以及对培训内容、技能的吸收掌握程度，对培训人员获得效果方面进行检验评价，并存入个人培训档案，也可按不同的考核项目，按年、季、月进行逐项考核及检查来评估其安全教育的效果。

最后，要加强对培训结果的激励。尽快建立企业干部职工安全教育培训的激励机制，安全教育工作不能局限在办班、开讲座、单纯搞培训上，要把安全教育培训的结果与干部职工的提拔和使用、职工的竞岗以及对干部职工的安全管理、安全监督有机结合起来，贯穿到企业干部职工的述职、评议、考核等管理环节中去，使之成为促进干部职工安全学习的有效手段，进而提高企业干部职工安全教育培训的工作质量和效果。

②建立反馈机制。安全培训的反馈机制可以准确地掌握安全培训在实际工作中的具体效果。通过对安全教育的评估找到现阶段安全教育培训的不足之处，及时反馈回去以便能及时发现并纠正安全培训中的错误和偏差，进而对整体安全培训计划、内容、方法等进行修改和进一步完善。

3.提高企业的安全文化水平

安全文化是人们安全价值观、思维方式和行为规范的总和，是以安全价值观为核心的人们的内在安全素质及其外在表现。

目前施工现场的实际情况是：许多人存在不安全行为，大量不安全行为的结果必然导致事故发生。在安全管理上，时时、处处、事事监督施工现场每一位成员遵章守纪是一件十分困难的事情，甚至是不可能的事，这必然带来安全管理上的漏洞。建设安全文化正可弥补安全管理手段的不足。因此，要提高企业的安全管理水平就要建设企业安全文化，而建设安全文化须了解建设安全文化的原则。

1)建设安全文化的原则

企业安全文化是企业全体人员在安全生产过程中创造的物质和精神的总和。任何企业都要面对安全生产工作，对安全生产都有一定的认识和保证措施。因此，企业安全文化没有“有”和“没有”之分，只有“优”和“劣”之分。但是，随意的发展，虽然也有文化的因素，不过是消极的、无凝聚力的。也就是说，良好的企业安全文化不是自然而然地得来的，需要企业有目的地去建设，而且，建设企业安全文化是一个过程，在这个过程中必须遵循一些原则。

(1)安全第一、预防为主、遵章守纪

企业安全文化是企业全体人员的内在安全文化素质及其外在表现，主要标志是企业全体人员的安全价值观念、思维方式和行为规范。安全价值观念和思维方式是全体人员内在安全文化素质的主要内容，行为规范是全体人员的安全文化素质的外在表现的主要内容。企业文化建设需要自上而下地灌输，有必要将安全第一的安全价值观念、预防为主的思维方式以及遵章守纪的行为规范作为灌输的主要内容。

(2)实事求是，注重实效

企业安全文化建设是一个从低级向高级循序渐进的发展过程，一般来说，首先应加强行为规范的建设；其次是强化企业安全文化的物质系统的建设；再次是提炼形成安全价值的观念。企业安全的价值观一旦形成并被全体职工接受，即具有一定的稳定性，安全生产就有了核心指导思想，企业安全文化建设又推进到了新的阶段。将企业安全文化建设分为若干阶段，提出每个阶段的目标、任务、内容和对策措施，体现实事求是、注重实效的原则。

(3)全员参与，通力协作

企业安全文化是全体人员安全价值观念、思维方式、行为规范的总和，企业领导的观念和行为只是榜样的作用，并不是企业安全文化的主流。而且，企业安全文化的水平与职工的参与程度有十分密切的关系。没有职工的参与或者参与程度较低，企业安全文化缺乏群众基础，不能认为是良好的安全文化，其作用和影响是肤浅的。通力协作要求各部门将企业安全文化建设摆在议事日程上，各负其责并相互沟通。

(4)坚持继承和变革

任何一个企业，都不可能割断其自身的文化传统，都必须在继承的基础上发展。企业的安全生产工作，总有其经验和精华，同时也有其不良习惯、糟粕。企业在其安全文化建设中理性地分析、归纳、总结本企业安全生产工作的精华，将其纳入企业安全文化建设规划的内容，并付诸实施，使其在新的企业安全文化体系中获得新的生命力。在企业安全文化建设中，继承和变革不是可以分开的两个独立部分，也不是互有先后的“两步走”，而是在内容上相互交叉、交融，在时间上同步进行的。通过继承与变革，企业安全文化体系将更完整和更有活力。

2)建设施工企业安全文化的主要措施

在了解了安全文化建设的原则上，提出针对施工企业安全文化问题的改善措施：

(1)打造企业安全文化工作氛围

营造施工企业安全文化氛围，是一项涉及面很广，持续时间很长的一项长期而艰苦的任务，而且是业务量很大的工作。

首先，要树立“以人为本”的安全文化理念。现代企业安全文化涉及全体员工的安全素质，是建立在“以人为本”的理念上的。由于安全文化对人的影响是多层次的，因此不可能在短期内产生明显的、根本的效果，只能通过各种手段对人进行熏陶、培养和塑造，形成一种安全文化的氛围，促使人的安全意识产生质的飞跃。

其次，安全文化氛围的营造要结合高速公路施工企业的实际。高速公路施工企业都有行业的共同特性，安全文化氛围的营造策略途径、方法均可以相互借鉴。但是，每个施工企业都有其自身的实际情况，必须从本企业的实际出发使安全文化氛围完全切合本企业的实际。一方面，要合乎施工安全工作的实际需求，不要凭空臆造、虚构妄建。另一方面，要结合本企业的传统，优良的传统做法和习惯，是安全文化氛围的营造基础；不良的传统习惯习俗，需要逐渐改进。

再者，要营造安全氛围需要宣传。各施工企业利用信息简报、展窗等方式，向员工普及安全知识，宣传安全生产的先进事迹，使员工耳濡目染，帮助他们建立生产过程中的安全意识，培养安全生产的良好习惯，促进安全观念深入人心。

最后，安全文化氛围的内容和形式需要不断创新改进。当今是新知识、新材料、新技术在各行业应用速度极快的时代，不断更新思想，更新观念，更新知识，更新技术，就会有新的安全法规、政策产生。而这些新的法规、新的政策需要宣传，新的问题、新的对策需要了解，因此，需要不断改进安全文化氛围的内容以及形式，以适应新的发展。

(2)将安全文化建设融合于施工企业总体文化和各项工作中

首先，安全文化是企业文化建设的重要组成部分。安全文化建设必须融合于施工企业文化，还要依赖于企业文化这个基础，没有企业文化的发展，企业安全文化也就没有了根基。而安全意识是安全文化的基础，因此必须加强对职工的安全素质教育，强化职工的安全意识，全面提高职工的思想素质和文化素质。

其次，安全文化建设必须融合于施工企业的各项工作中去，即在施工企业的总体理念、企业的生产目标、企业的规划、岗位责任制的制定、施工过程控制以及监督反馈等方面融入安全文化的内容。

(3)把安全文化工作纳入企业领导班子工作议事日程，加强对安全文化建设工作的直接领导，充分发挥施工企业政治思想工作的作用。由施工企业法人代表挂帅，并由党、政、工、团等部门负责人组成，负责施工企业安全文化建设工作的统筹规划，制定施工企业的安全方针和安全目标，明确各职能部门在安全文化建设的具体职责，并要做好宣传动员、督促检查、总结评价等各项工作。把安全文化建设与政治思想工作紧密地结合起来，在施工企业全体成员中开展理想与道德的教育，提高全体成员的思想境界。同时，把安全文化融入施工企业各系统各类活动中去，使安全文化产生更广泛的效应，以深入人心。

4.加强施工作业区内的管理

(1)作业区现场设置足够的专职安全员协助交警路政指挥疏导交通，关注交通异常、避免行驶的车辆危及施工安全。

(2)在施工路段封闭车道的起点位置摆放移动灯牌车，开启指示灯，此设施夜间警示效果颇佳，夜间施工还要加挂红色警示灯。

(3)宜配备交通清障车在施工作业区附近待命，没有足够的清障车时大型施工机械要配备钢缆。

(4)施工作业区路段车速限制要切实执行，但不宜限速过低。

(5)临时出入口的设置要谨慎考虑，应取得路政交警及相关部门的同意，并有足够的警示标志，配合专职安全员值班。

(6)借道通行时要预先处理中央分隔带开口处，保证足够的宽度和长度。

(7)异常天气状况时，一要设立提示警告标志，与业主沟通在收费站入口的各车道设醒目的提示牌，如“前方雾大大雨，减速行使，保持车距”，让驾驶员在行车过程中提高警惕。二要加大路面巡视频率。

二、施工作业环境改善措施

针对高速公路施工作业环境的特殊性，着重提出以下方面的改善措施：

(1)针对复杂的地质条件做好施工组织设计

①做好施工组织设计，合理安排施工段的先后顺序。

②做好施工前的准备工作，即开工前要认真审阅设计文件，详细了解各段的地质情况，对重要地段要重点勘察，进一步核对设计资料，发现设计文件中有误及时上报业主，妥善处理。

(2)施工材料堆放符合安全要求

①施工现场工具、构件、材料的堆放必须按照总平面图规定的位置放置。

②各种材料、构件堆放必须按品种、分规格堆放，并设置明显标牌。

③各种物料堆放必须整齐，砂、石等材料成方，大型工具应一头见齐，钢筋、构件、钢模板应堆放整齐用木方垫起。

④施工现场的垃圾也应分别类型集中堆放；易燃易爆物品不能混放，除现场有集中存放处外，班组使用的零散的各种易燃易爆物品，必须按有关规定存放。

(3)预防生产性粉尘和噪声的危害

①加强组织领导是做好防尘工作的关键。针对粉尘作业较多的施工段、施工期建立粉尘监测制度，并配备专职测尘人员，医务人员应对测尘工作提出要求，定期检查并指导，做到定时定点测尘，评价劳动条件改善情况和技术措施的效果。

②采用有效的技术措施，尽可能降低作业环境粉尘浓度。例如采用湿式作业，它是一种经济易行的防止粉尘飞扬的有效措施。凡是可以湿式生产的作业均可使用，例如湿式凿岩、冲刷巷道、净化进风等。对于噪声控制，首先应从工程控制来考虑，即在设备采购上，要考虑设备的低噪声、低振动，但在爆破作业时工程控制则起不了多大作用，此时最好采用个人防护，即佩戴耳塞或者耳罩。

(4)防暑降温的主要措施

在夏季应尽量缩短高温下的作业时间，采取小换班、增加工作休息次数，延长午休时间等方法。休息地点应设在通风阴凉处，并备有清凉饮料、风扇、洗澡设备等。最好在休息室安装空调或采取其他的防暑降温措施。同时也要加强个人防护，在高温下作业的从业人员应佩戴不吸热、活动方便的工作服，并要佩戴工作帽、防护眼镜、隔热靴等。

三、施工从业人员改善措施

(1)配备足够的安全管理人员

提高施工作业安全管理人员的配备，特别是专职安全管理人员的配备。施工作业企业应该引入一些具有专业技术、经验丰富的人员从事安全管理工作。如果能引入具有安全专业又有相应的公路施工技术的人员作为企业的专职安全管理人员就更好。要能达到这个标准比较难，但可以在现有的从业人员里面选一些专业技术比较过硬的人员利用节假日去进行专业的安全培训，这样就有了专业技术人才又有了专职的安全管理人员。当然，为了提高他们的积极性应该提高专职安全管理人员的待遇，赋予其相应的权力，履行安全管理人员的职责。

(2)提高安全管理人员的素质

高速公路施工企业现有的安全管理人员普遍存在学历不高，特别是职称结构不合理，大多数人员都集中在初级职称上的现象。要改变低重心的学历构成，必须通过在安全管理人员中开展成人教育或者鼓励他们攻读工程硕士来实现。另一方面要改善安全管理人员的职称结构，提高中、高级职称人员的比例，减少甚至不用无专业技术人员从事安全管理工作。同时，对已经从事安全管理工作的低学历、低职称的人员进行公路专业知识和安全技术知识的专业培训，从而达到提高他们的整体水平的目的。

(3)提高从业人员的素质，适当提高招聘的门槛

目前施工作业人员中一线工人比例偏高，工人的素质普遍不高，要提高工人的素质首先就要加强对一线工人的职业技术培训教育和安全教育培训，切实提高其安全生产意识和安全操作技能。同时也要针对不同的工种进行不同的专业技术培训。

通过鼓励工人学习比较紧缺的技术，提高技术工人在工人中的比重。另外，新工人应由老工人带新工人一段时间后再单独作业，还要经常组织工人们进行技术、学习、经验等的交流，通过“传、帮、带”等方式增长工人的从业经验，提高工人的专业技能等。

适当提高招聘的门槛，在招工时适当增加招聘的条件，比如文化程度、工作经验等。

四、施工作业的设施与设备管理改善措施

(1)加强高速公路施工设备的现场管理，严格贯彻执行设备维护保养制度

操作手要严格执行机械保养制度，避免过时保养，使机械保持良好的工作状态。对利用率高、易损坏、易出故障的设备应做好跟踪诊断，变事后修理为预防性修理。机械发生异常现象时应立即停机检查，并及时向上级汇报，以便能迅速组织维修人员进行现场抢修。同时还要建立安全设备报废和更新制度，对已经不适应安全生产需要的落后设备、对已经超出使用年限不能再用的设备要及时更新，保证安全设备的新度系数。

另一方面，高速公路施工企业应在施工现场配备专人负责机械设备在施工面的使用和保养工作，使机械设备始终在完好状态下发挥最大效能。现场管理人员应负责监督检查操作手是否按操作规程操作，故障是否能得到及时的处理，设备是否得到了充分的利用，保养工作是否及时到位等，以避免机械设备的非正常使用和不合理调派。现场管理人员还应具有一定的管理权，即在设备现场使用和保养问题上有奖罚权，并有在设备非正常使用时令其停产接受整改的权利。

(2)提高安全设施和防护管理

施工企业统一规定施工现场的平面布置和有较大危险因素的场所及有关设施、设备设立安全警示标志。机械安全装置必须按规定正确使用，绝不能为了方便将其拆掉不使用。机械设备使用的刀具、工夹具以及加工的零件等一定要装卡牢固，不得松动。

(3)提高设备管理干部、操作人员和维修人员的素质

首先加强对设备管理干部进行现代化设备管理方法的培训，提高他们的业务水平。其次，对操作人员、维修人员定期或不定期的进行技术、业务培训，提高他们的技术理论水平。设备操作人员应做到懂结构、懂原理、懂性能、懂用途、会使用、会保养、会排除一般故障。特种设备的操作者必须通过培训考试合格，发给“操作证”后方可上岗操作。设备维修人员必须进行技术培训，掌握设备的原理，对设备进行预防性维修，减少因故障停机的损失。

最后，要建立和完善各项设备运转记录，操作人员必须按要求填写，做到齐全准确。操作者与维修人员必须报告设备运转及修理情况，保证施工设备及时排除故障，安全使用。

第三章　公路施工作业区通行能力和服务水平

《公路工程技术标准》(JTG B01—2003)第一章“总则”中对公路改扩建规定“在工程实施过程中，应减少对既有公路的干扰，并应有保证通行安全的措施。维持通车路段的服务水平可降低一级”，但相关的配套标准条文因无研究成果支持而无法落实。《道路交通标志标线》(GB 5768—2009)也仅对施工路段安全标志的设置作了相应的规定，并给出了部分施工情形下的施工交通组织方案，未涉及施工作业区的通行能力和服务水平。

对公路施工作业区通行能力和服务水平开展深入的研究，建立施工作业区的通行能力和服务水平分析评价指标，完善相关标准规范体系，将为公路施工制定科学合理的交通组织与交通控制方案，最大限度地提高施工作业区域的通行效率和安全水平，将施工给交通和社会带来的负面影响降低到最低程度，提供切实的方案指导和通行保障，具有重要的经济和社会意义。

美国是最早涉足施工作业区交通特性和通行能力研究的国家。20 世纪 70 年代末到 80 年代中，TTI 完成了《运输研究报告》869——“在得克萨斯州通过市区高速公路作业区的通行能力”，给出了得克萨斯州若干条典型高速公路施工作业区实地观测数据的通行能力值。1995 年，迪克逊等发表名为《北卡罗来纳州高速公路通行能力》的论文指出，由于各地高速公路车辆运行特性和驾驶行为等因素的差异，由得克萨斯州公路获得的结果不能代表其他地区。2000 年出版的《HCM 2000》，根据在美国一些典型施工作业区的观测数据，给出了公路短期工作区通行能力的推荐值。

国外对高速公路施工作业区的研究一直在持续，但由于公路施工作业区结构特殊、形式多样，数据难于观测等原因，对其进行系统、深入研究较为困难，因此至今仍没有形成系统的组织以及评价体系。国内对高速公路施工路段的研究仍处于起步阶段，但随着国内公路改扩建和养护工程的不断涌现，对施工作业区延误和拥堵问题的关注程度也在逐渐增加。一些改扩建工程指挥部为了解决施工期间交通组织问题委托部分高校和研究单位进行了改扩建施工作业区通行能力的研究，但研究的范围和深度还需加强，同时对施工作业区服务水平缺乏突破性的研究。

我国公路施工作业区的布设和交通运行特性与国外相比有较大差异，简单套用国外研究成果势必存在缺陷，造成许多问题。目前，国外已有成果在我国公路方面的应用主要存在以下缺陷：

(1)通行能力推荐值是否适合于我国公路施工作业区及交通特性，缺乏大量实测数据的支持。

(2)施工作业区形式各异，分类不合理会为接下来的研究造成困难甚至障碍。

(3)国外研究中各影响因素的确定和修正系数不适合我国的道路交通特性，且部分因素国外的研究并没有涉及或没有深入。

(4)与全线或长线改扩建项目相关的施工作业段最大长度、行车道最小宽度和通行能力等

参数研究较少。

(5)服务水平的划分依据和标准与我国的相关标准体系存在分歧。

正是鉴于以上方面的原因,国外的研究结论不能简单地拿来套用,应该在充分吸纳发达国家关于公路施工作业区交通特性和通行能力研究的有益经验和成果的基础上,运用实测、理论分析和交通仿真相结合的方法,基于我国公路施工作业区工程特点和交通特性,研究公路施工作业区通行能力与服务水平,提出适用于我国公路施工工程的通行能力指标体系。

公路养护施工和改扩建施工时通行能力相比,两者在施工布局、持续时间、施工强度、施工内容等方面存在一定的差异,相对而言,改扩建施工作业区的通行能力研究更为复杂一些。因此,本章重点介绍一下高速公路改扩建施工作业区的通行能力和服务水平研究成果,包括施工作业区的交通流调查与特性分析、施工作业区通行能力的确定、通行能力影响因素的折减,以及服务水平的分级指标和量化方法等。一般养护施工以及路面大、中修施工对通行能力的影响和服务水平分析可以参考本章内容。

第一节 公路施工作业区交通特性调查与分析

施工作业区交通流的实地观测是其安全保障技术研究的基础。正确的数据采集与处理方法将为后续的分析建模工作在质量和效率上提供可靠保证。施工路段道路条件与交通条件的变化对驾驶员的驾驶行为及施工路段的交通流特性等方面都会产生重要影响,直接决定了通行能力值和服务水平。

受制于高速公路改扩建施工交通流调查的设备安装困难(需要断路安装)、人员安全性差、改扩建施工周期长进展慢、可调查施工路段和交通流样本少等困难,在调查地点的选择上,应重点着眼于东部经济较发达地区的高速公路改扩建,并重点跟踪一两个有代表性的进展快的改扩建项目,调查不同施工阶段的施工作业区形式。同时,尽量多地接触不同省份的不同施工阶段的改扩建项目,以避免仅关注一两个施工作业区而又受制于施工进展问题而导致调查面窄、施工作业区形式少的弊端。为提高研究成果的全面性和系统性,对大、中修和养护施工作业区的调研也有所涉及,以便于进一步完善我国公路施工作业区的研究成果。

一、改扩建施工作业区基本形式

从调研情况看,目前国内高速公路改扩建工程普遍以路基双侧拼接加宽的施工方案为主,将原有的双向四车道高速公路扩建为双向八车道高速公路。实践也证明这种改扩建方式具有占地少、工程规模较小、道路通行能力提高效果好、投资较节省等特点,适用于我国目前改扩建高速公路交通量大的情况。前期调查的几条路也属于这种类型,因此本章介绍的成果也主要针对这种形式的施工作业区。

高速公路改扩建施工因路面形式、加宽位置、构造物形式、施工方式等的不同而采取不同的施工步骤,形成了各式各样的施工作业区形式。调查发现,虽然施工阶段、施工内容和构造物等不同,但一些施工作业区的布局、车道封闭形式、施工强度等内容相同,从对交通流影响的角度分析,这些施工作业区的通行能力也相同,因此没有必要对所有阶段和所有方案的施工作业区都进行分析。通过调研,总结了改扩建工程施工作业区的典型类型,用于通行能力和服务水平分析。

不同的改扩建类型中，一方面，部分施工阶段的施工作业区形式相同；另一方面，部分施工阶段的某个方向施工作业区形式相同，但另一个方向施工作业区形式不同，即可能有多种施工作业区形式的组合，但从通行能力角度分析，可以归纳为以下10种最基本的形式：

(1)单向两车道、封闭硬路肩或中央分隔带施工，两车道通行。

(2)单向两车道、封闭内侧一车道，外侧一车道和硬路肩通行。

(3)单向两车道、封闭一车道和硬路肩，另一车道通行。

(4)单向四车道、封闭内侧一车道，外侧三车道通行。

(5)单向四车道、封闭内侧两车道，外侧两车道和硬路肩通行。

(6)单向四车道、封闭内侧三车道，外侧一车道和硬路肩通行。

(7)单向两车道、经中央分隔带开口驶入对向一车道。

(8)单向两车道、经中央分隔带开口驶入对向两车道。

(9)单向四车道、经中央分隔带开口驶入对向一车道。

(10)单向四车道、经中央分隔带开口驶入对向两车道。

本章主要针对以上10种改扩建施工作业区展开分析，给出其通行能力与服务水平标准。

二、改扩建施工作业区调查观测方案

1.调查观测内容

施工作业区道路的几何数据：行车道宽度、行车道边缘距施工作业区距离、施工作业区长度、平纵线形、车道数、开放与关闭车道数、路缘带宽度、施工作业区间距等。

施工作业区环境数据：天气情况、施工作业区布局、施工机械、施工人数、隔离方式等。

交通流数据：交通流量、车速、车头时距、交通组成等。

2.数据采集设备

每种数据采集设备要保证高效、快捷，减少处理数据的人力和时间；同时能预防意外，一旦数据采集设备出了问题，要有能够挽救所需信息的备用手段和方法，事后能够检查并重新得出结果。主要使用的数据采集仪器有：

便携式交通量数据采集仪(图3-1)：MetroCount5600、NC-97、NC-200、路侧激光交通调查仪，主要用于采集高速公路改扩建道路断面的交通流信息，包括交通量、车速、车头时距、交通组成等参数。

作为调研观测主要使用的仪器，安装在行车道路面，安装需要暂时封闭观测车道，安装过程比较危险。

视频/微波交通量数据采集仪(图3-2)：主要用于采集高速公路改扩建道路施工作业区路段的交通流信息，包括交通量、车速、交通组成、车头时距、可接受间隙等。

仅在交通量大，封闭观测车道安装设备出现困难时采用。安装在路侧，安装过程危险性很小，但数据精度比便携式交通量数据采集仪低。

雷达/激光测速仪(图3-3)：主要用于采集各种交通设施不同运行状态下，特征车辆的速度信息。

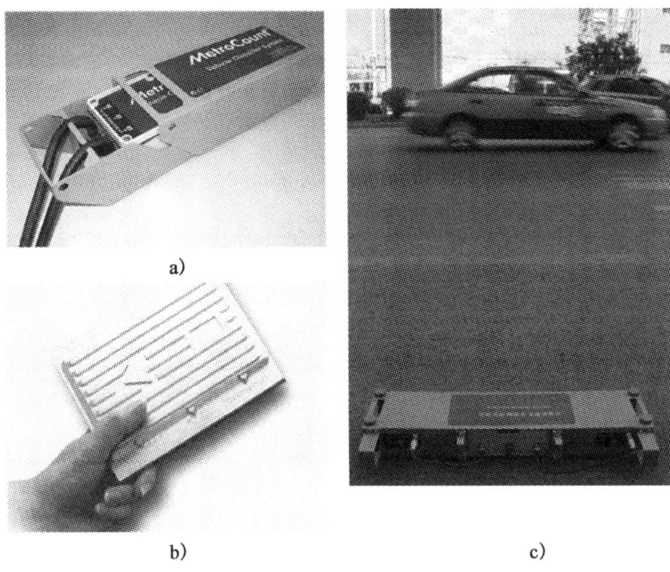

a)　b)　c)

图 3-1　便携式交通量数据采集仪

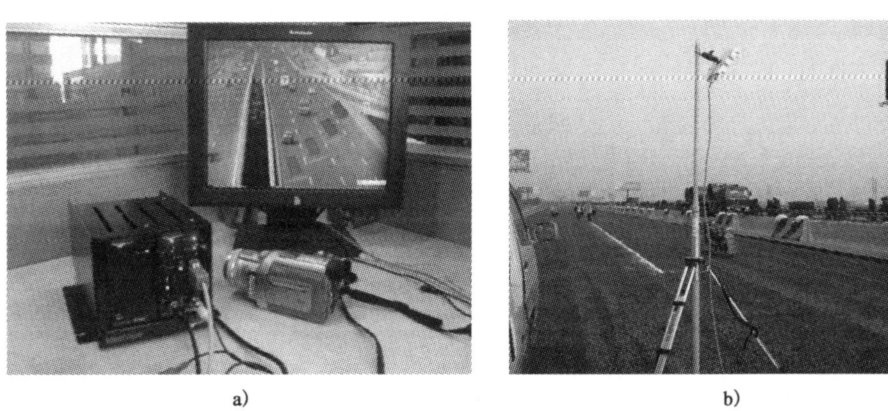

a)　b)

图 3-2　视频微波交通量数据采集仪

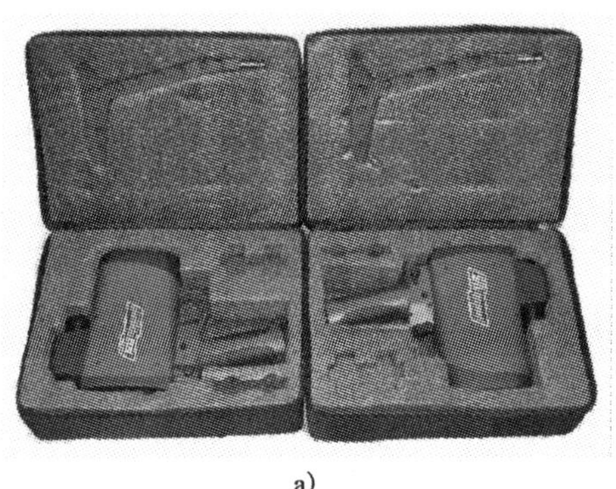

a)

b)

图 3-3　雷达与激光测速仪

作为便携式交通量数据采集仪的补充，在其出现问题时，或仪器不够时，代替其收集数据。

高精度车载 GPS（图 3-4）：主要用于采集高速公路改扩建施工作业区道路微观交通流特性参数和微观交通仿真模型的标定数据，包括各种交通、道路条件下连续的单车时间序列数据。

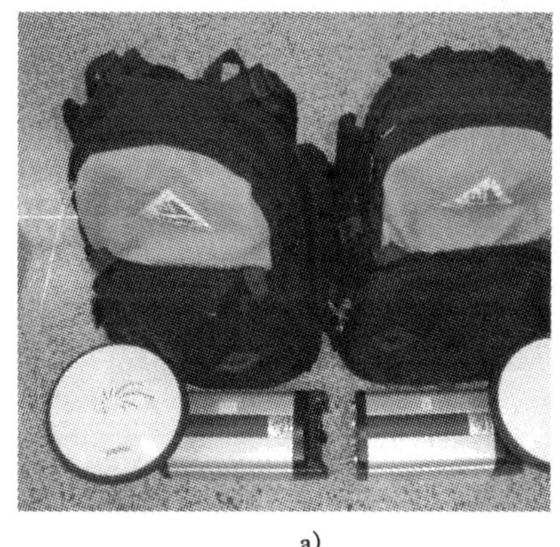

a)

b)

图 3-4　车载 GPS

可以获得连续的车辆速度和加速度，对于分析设施的减速和加速过程与效果意义重大。

三、交通流数据采集方案

高速公路改扩建施工作业区通行能力研究采用断面与区间法相配合的观测方案，获得施工作业区不同区段的交通量、分车型的速度、车头时距以及车辆的行程时间交通特性数据。由于施工作业区类型、布局及车道封闭形式的不同，交通运行的方式都具有各自的特点，因此针对不同施工作业区类型设计不同设备布置方案，以便获取其代表性的数据。作业区断面如果较长超过 2km，可以考虑在工作区上游和中游布设两个断面。

以四车道施工作业区数据采集方案的设计为例，其调查点设备的布置如图 3-5～图 3-7 所示。

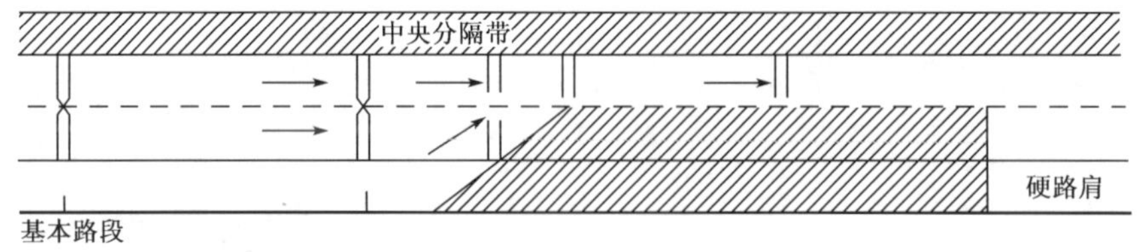

图 3-5　外侧车道封闭施工作业区观测布置图

上面的几种类型是基本形式，实际施工作业区形式远不止这几种，但基本都是在这几种形式上进行的变换，都具有施工作业区的几个基本组成部分，区别在于封闭的车道数量（或开放的车道数量）不同，施工段落长度、各施工段间距不同，对向交通的分隔形式不同，施工强度不同。在实际的调研中，可以根据具体的情况，适当调整仪器和设备的布置。

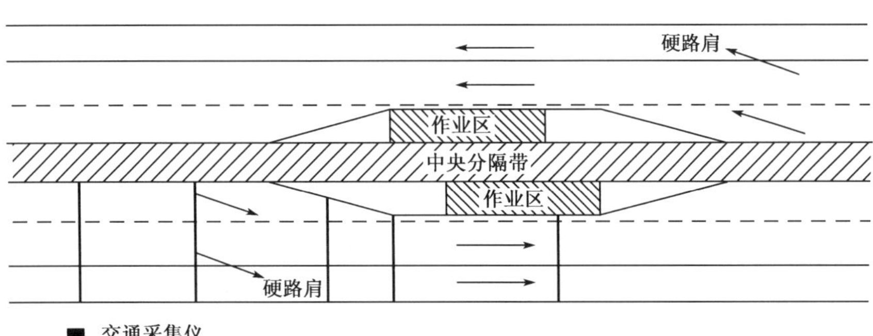

图 3-6 内侧车道封闭施工作业区观测布置图

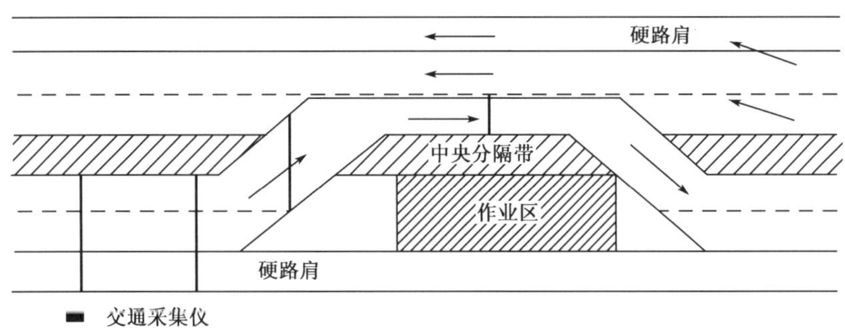

图 3-7 半幅封闭半幅双向通行施工作业区观测布置图

四、改扩建施工作业区交通流特性

1.施工作业区的车辆运行特性

通过对高速公路改扩建施工作业区路段车辆运行的观测，发现施工作业区路段车辆运行具有某些典型的特性。

1)路侧加宽硬路肩封闭施工作业区

一个方向上的硬路肩关闭，虽然从施工作业区布局上没有导致车辆强制换车道的因素，但受施工的影响及右侧净空的消失，原来正常状态下在右侧车道上行驶的车辆将有一部分换到内侧车道行驶，换道的比例随着施工强度的增加而上升。

同时，右侧车道上的车辆因担心施工作业区域内突然出现的施工人员和杂物而更靠近车道分隔线行驶，导致车道间的安全净距减小，进而导致断面速度下降。

2)车道封闭施工作业区

一个方向上的外侧车道关闭，被关闭车道上的交通流行驶到施工作业区处，需合流到内侧开放车道上，其交通运行对对向车道交通流不构成影响。施工作业区采取封闭外侧主车道，保留超车道通行交通，行车道上的合流车辆要进入超车道，必须在超车道上寻找可接受间隙，在必要的情况下，还需要调整加速度大小，实施合流换车道操作，从而使合流车辆与超车道上的直行车辆共同行驶在一条车道上，直至通过施工路段。在此期间，车辆运行主要体现如下具体特征：

(1)汇入车辆造成施工路段交通流的重分布

对高速公路的基本路段而言,车辆在高速公路各车道上的分布是均衡稳定的。但在因扩建施工关闭一个车道之前行驶的车辆必须在进入施工作业区之前找到开放车道上的可接受间隙进行合流,实施换车道操作,从而使交通流顺利通过施工作业区。

驾驶员在看到施工作业区第一个提示标志时,为使车辆能顺利通过施工作业区,部分车辆就开始向开放车道转移,这种情况在交通量较大的情况下表现得更加明显。从而引起交通量在不同车道上的重新分布。越接近施工作业区,在被关闭车道上行驶的车辆就越少。

(2)开放车道上的车辆优先通行

合流车辆在汇入开放车道的过程中,要与开放车道上的车辆争夺行驶空间。据观测,二者在争夺时机会不均等,开放车道上的车辆将享受优先权。因此,只有开放车道交通流出现足够大的空隙时,合流车辆才能汇入;否则,合流车辆只有等待可接受间隙,才能完成合流操作。与此同时,由于车辆的汇入,开放车道上交通量明显增多,车速降低,车流出现紊乱现象。当高速公路通行车辆数小于施工作业区通行能力时,合流车辆能够在开放车道上找到间隙换车道,因此会在过渡区上游形成车流真空;反之,若合流车辆一直无法找到开放车道上合适的间隙,则合流车辆将在上游过渡区顶端停止,等待间隙出现。但当交通流量较大时,封闭车道上的车辆就会在合流区内形成排队,排队车辆不停地尝试汇入,导致开放车道上行驶的车辆速度逐步降低。

(3)行车道汇流的强制性

合流车辆必须在施工作业区前的第一个警告标志与上游过渡区顶端之间的警告区内,换车道至开放车道,完成合流操作。观测表明,一般车辆都期望选择在警告区的中部,离上游过渡区有一定距离的地点完成车辆由封闭车道到开放车道的汇入,这与驾驶员的实际驾驶心理是相一致的。因为当驾驶员进入施工作业区以后,如果外界条件没有迫使驾驶员立即改变其行驶状态,则驾驶员总是选择最有利的驾驶状态来行车,具体表现为其看到施工作业区警告标志或安全标志并不立刻换车道,而是当车辆接近到作业区一定程度,通常是看到锥形桶等隔离设施的时候,驾驶员才会换车道,并且驾驶员的这种驾驶心理随着交通量的大小变化而变化。

以上特性直接导致了交通量较大与较小时车辆汇入概率在警告区内的分布状况和警告区内车辆完成汇入所需长度的概率的明显差异。如图 3-8 所示,车辆在警告区内的汇入概率基本呈两端低、中间高的趋势,即车辆选择在警告区中部汇入的概率大。

施工作业区车辆在警告区汇入开放车道主要取决于开放车道车流的可接受间隙的概率分布状况。间隙的接受除与交通状况、道路条件和车型有关外,驾驶员的性格和心态对间隙的接受也有较大影响。当高速公路上游的到达流量强度较大时,开放车道能提供的间隙少,合流车辆的可接受间隙的均值会较低;当车辆行驶到上游过渡区之前仍未找到可接受间隙时,车辆只能在上游过渡区等待间隙出现。等待时间越长,驾驶员可接受的间隙就会越小。当等待时间超过驾驶员的忍耐极限时,车辆就会强行汇入。开放车道上的后车为确保行车安全就会减速、紧急跟驰,甚至停车。当交通量较大时,就会出现阻塞波,形成排队。因此,车辆合流具有明显的强制性。

3)半幅封闭半幅双向通行施工作业区

对于半幅封闭半幅双向通行施工作业区，交通流在向中央分隔带开口处过渡时，由于开口处较窄，导致车辆必须减速换车道，因此这种形式的施工作业区同样遵循交通流重分布规律和行车道汇流的强制性规律。

同时，半幅双向通行路段，左侧车道受隔离设施和对向车辆影响，右侧车道受右侧中央分隔带净空影响，而对向虽然硬路肩恢复，但仍受对向交通影响，故双向交通运行规律仍与正常状态有很大差别。

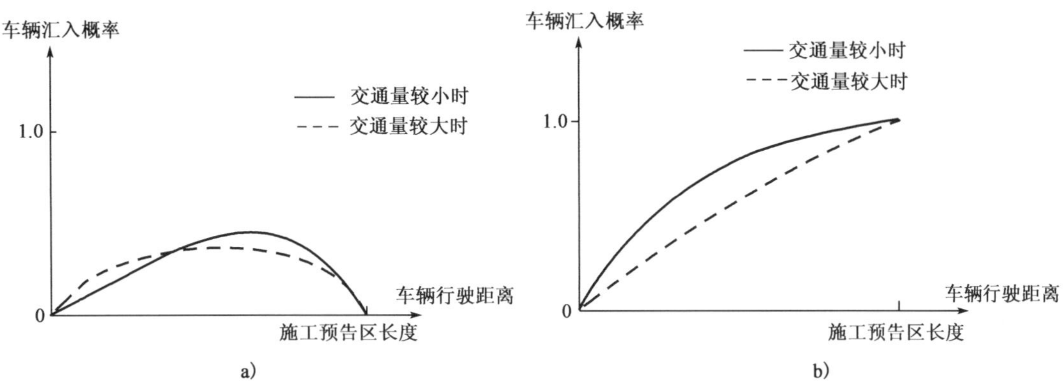

图 3-8　车辆汇入概率与汇入长度概率随路线分布

2.施工作业区的交通量分布特性

对高速公路的基本路段而言，车辆在高速公路各车道上的分布相对均衡稳定。但在因施工关闭内侧车道或硬路肩后，驾驶员因担心施工车辆或人员突然闯入行车道而造成事故，均会产生在另一侧车道行驶的趋势，尤其是在施工强度较大的路段，部分车辆就开始向另一侧车道转移，这种情况在交通量较小的情况下表现的更加明显，从而引起交通量在不同车道上的重新分布。

1)路侧加宽硬路肩封闭施工作业区

高速公路路侧加宽段交通量车道分布特性如图 3-9 所示。

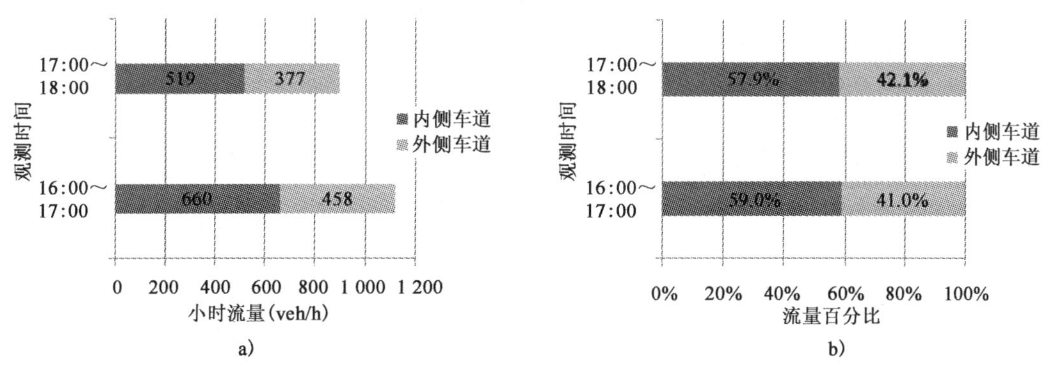

图 3-9　高速公路施工作业区交通量分布

本施工路段的特征是外侧施工强度较小。受路侧施工影响，外侧车道交通量相比内侧车道要少，但整体相差不大。为评估施工影响的大小，图 3-10 列出了正常四车道高速公路交通量分布特性。

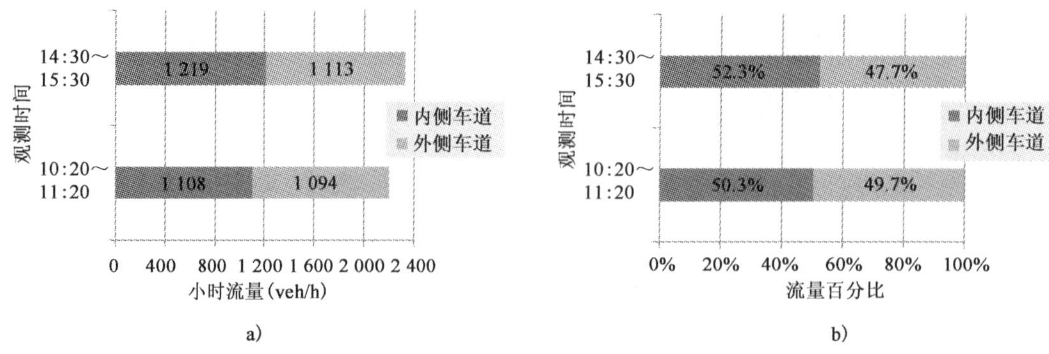

图 3-10 四车道高速公路正常路段交通量分布

从图 3-10 可见,与路侧施工路段相比,正常高速路段内外侧车道交通量分布更均匀,内侧车道交通量稍多。其原因,一方面是施工路段虽然设置了隔离设施,但由于观测时路侧施工强度低,对交通运行的干扰小,所以外侧车道的交通量下降较小;另一方面正常高速路段交通量较大,也会导致外侧车道的占有率上升。

2)最内侧车道封闭施工作业区

高速公路中分带开口护栏安装内侧车道封闭施工作业区交通量车道分布如图 3-11 所示。

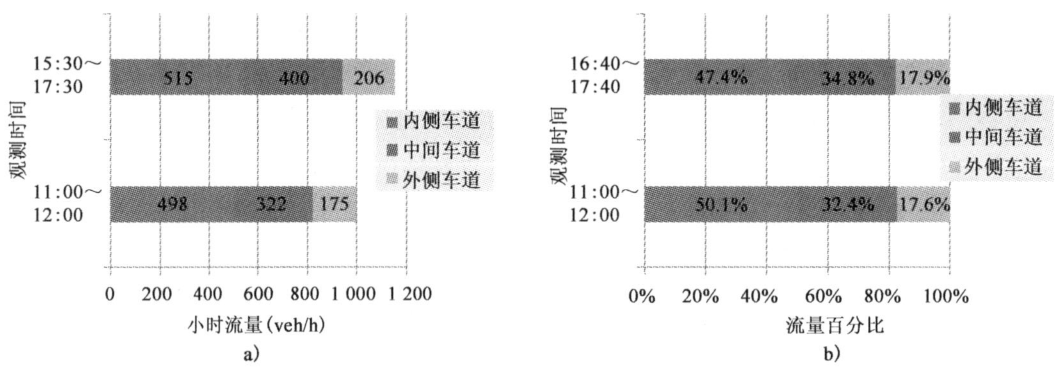

图 3-11 高速公路施工作业区交通量分布

中央分隔带开口施工段一方面体现了单向四车道高速公路的交通流分布特点,即交通量从内向外依次减少。另一方面说明封闭最内侧车道后,车辆向邻近车道转移,形成图 3-11 所示内侧车道(第三车道)交通量最大的情况。

为评估施工影响的大小,图 3-12 列出了正常八车道高速公路交通量分布特性。

从图 3-12 中可见,与中央分隔带开口施工路段相比,正常高速路段内外侧车道交通量分布随着断面交通量的变化而变化。若仅考虑断面交通量与施工作业区相当的下午 15:00~16:00 时段,正常路段最外侧车道交通量比施工路段稍多,而第二条车道交通量比例相当,第三和四车道之和与施工段相比略低。

3)半幅封闭半幅双向通行施工作业区

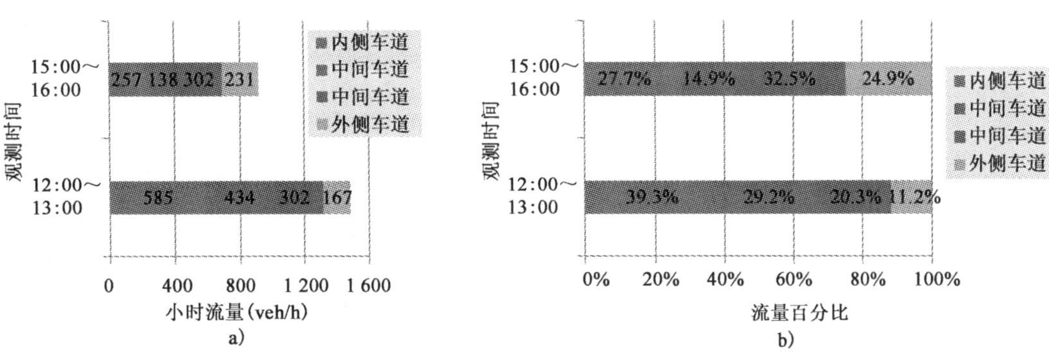

图 3-12　八车道高速公路正常路段交通量分布

对于高速公路半幅封闭半幅双向通行施工作业区，交通流从中央分隔带开口处过渡后，两个方向各存在一个或两个车道通行，其两个方向的交通量分布没有明显的规律性，交通量水平直接取决于该时段的交通需求状况，图 3-13 所示的广韶高速公路施工作业区双向通行交通量分布。

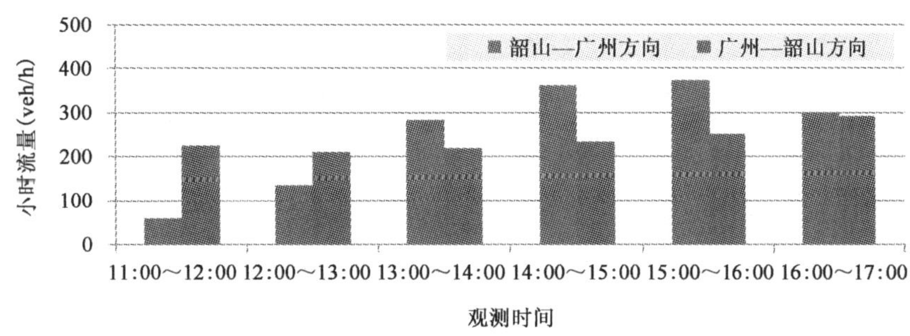

图 3-13　半幅封闭半幅双向通行交通量分布

3. 施工作业区的速度分布特性

分析高速公路施工作业区域的速度分布特性，可以揭示施工作业区车辆运行的内在规律，为高速公路改扩建施工作业区通行能力和服务水平仿真分析提供基础数据，同时也为其速度管理与控制提供数据支持。

1)路侧加宽硬路肩封闭施工作业区

路侧加宽施工段内、外侧车道速度—流量关系如图 3-14 所示。

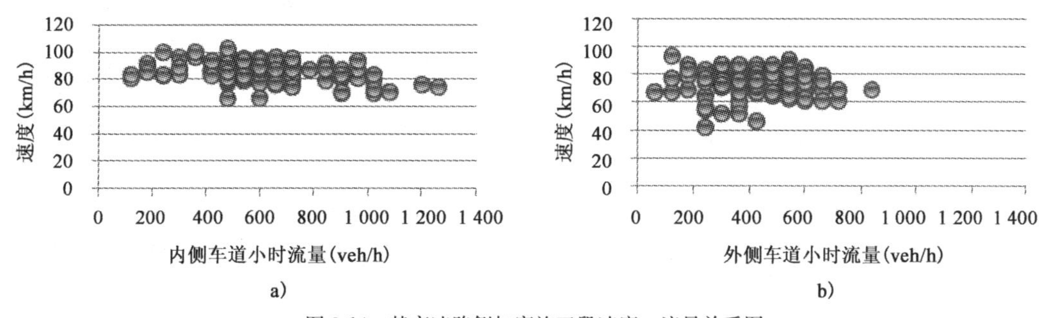

图 3-14　某高速路侧加宽施工段速度—流量关系图

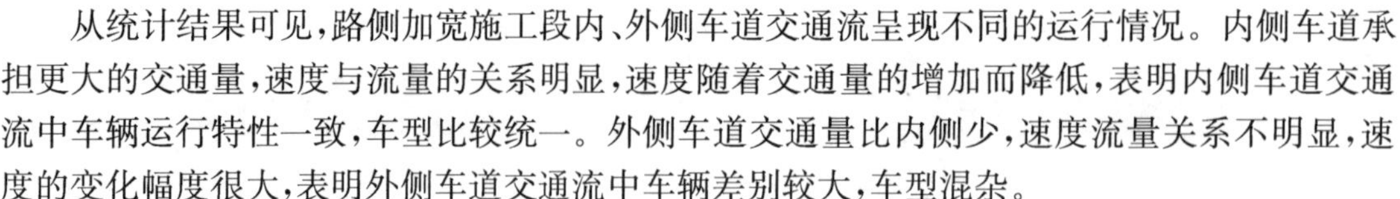

从统计结果可见，路侧加宽施工段内、外侧车道交通流呈现不同的运行情况。内侧车道承担更大的交通量，速度与流量的关系明显，速度随着交通量的增加而降低，表明内侧车道交通流中车辆运行特性一致，车型比较统一。外侧车道交通量比内侧少，速度流量关系不明显，速度的变化幅度很大，表明外侧车道交通流中车辆差别较大，车型混杂。

2)车道封闭施工作业区

通过对京珠南高速公路施工作业区上游基本路段、第一块警告标志处、窄路标志处、上游过渡区起点和工作区内共5处的地点车速观测发现，施工作业区对车速的影响非常明显，并且呈现出一定的规律性。

图3-15和图3-16为京珠南高速公路单向三车道关闭外侧两个车道时，车辆在整个施工作业区的自由流速度累积频率分布的变化情况和统计数据。其中，车辆越接近施工作业区，车速越低，见表3-1。

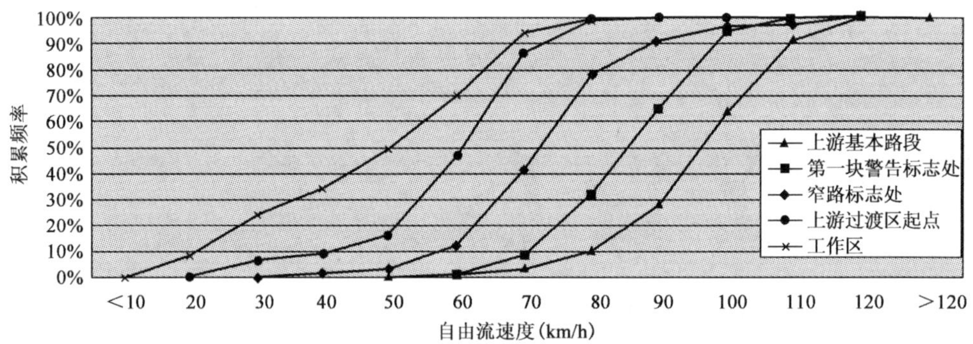

图3-15 京珠南施工作业区自由流速度分布变化情况

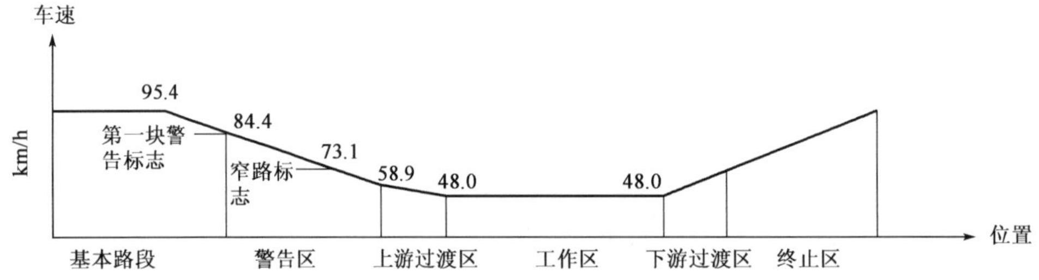

图3-16 施工作业区车速随路线变化图

施工作业区自由流速度统计描述 表3-1

观测位置	上游基本路段	第一块警告标志处	窄路标志处	上游过渡区起点	工作区
平均自由流速度(km/h)	95.4	84.4	73.1	58.9	48.0
标准差	12.6	11.0	15.4	13.1	18.3

车辆通过施工作业区的整个过程具有如下特点：

(1)以正常车速行驶的车辆在看到施工作业区第一个警告标志后，就有了减速行驶的驾驶意识。但是，驾驶员并不急于立刻减速或减速的幅度较小，因此，在车辆经过警告区第一块警告标志时，减速程度并不大。

(2)随着车辆距离作业区越来越近，以及警告标志、限速标志的频繁出现，车辆的减速幅度越来越大。当车辆到达上游过渡区起点时，由于前方道路施工作业，车辆必须在此完成换车道过程，车辆寻求换车道间隙的过程对开放车道的交通流速度影响较大。

(3)当车辆换车道并驶入上游过渡区时，由原来两个车道车流汇合而成的车流并没有形成紊流，车辆之间的车头间距以及车速仍处于不断变动的状态，车辆总体速度仍处于下降的态势。因此，在上游过渡区的末端，车流的速度在整个施工作业区内达到了最小值。

(4)车辆由上游过渡区进入工作区之后，逐步由不稳定流状态转变为稳定流，但仍受到周围道路、交通条件的限制，车辆行驶速度趋于匀速跟驰行驶。

(5)最后，当车辆驶出工作区后，道路交通条件开始恢复正常状态，车流的速度逐渐提升，直至达到正常行驶速度。

3)最内侧车道封闭施工作业区

单向四车道高速公路中分带开口施工导致最内侧车道封闭，外侧三条车道速度—流量关系如图 3-17 所示。

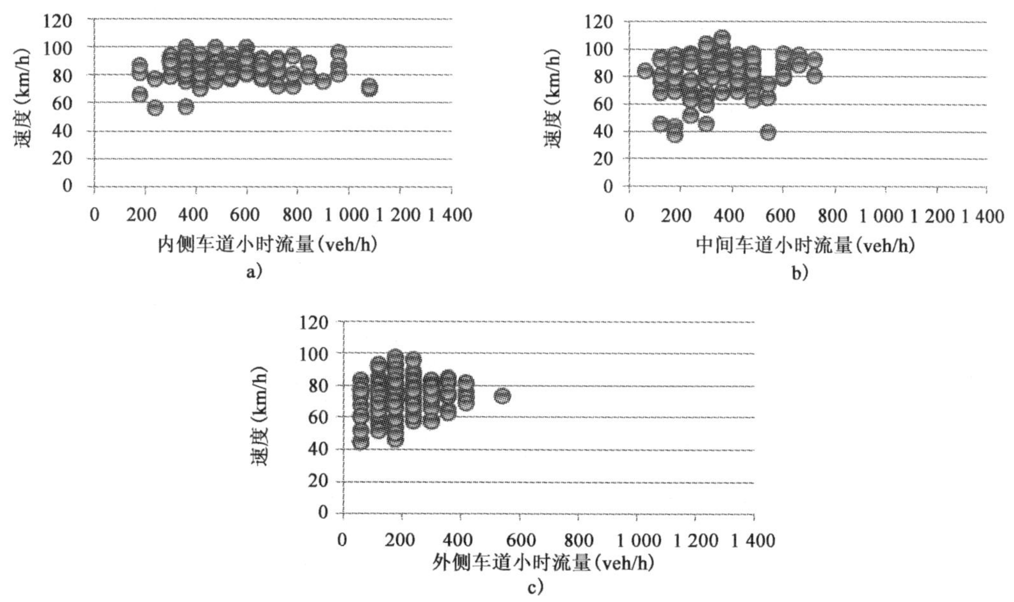

图 3-17　中分带开口施工段各车道速度—流量关系图

从统计结果可见，中分带开口施工段内、中、外三条车道交通流呈现不同的运行情况，且与路侧加宽施工段的特性一致。内侧车道承担更大的交通量，而速度与流量的关系明显，速度随着交通量的增加而降低，表明内侧车道交通流中车辆运行特性一致，车型较统一。中间和外侧车道交通量比内侧少，速度流量关系不明显，速度变化幅度很大，表明中间和外侧车道交通流中车辆差别较大，车型混杂。

4)半幅封闭半幅双向通行施工作业区

半幅封闭半幅双向通行施工段两个方向车道速度—流量关系如图 3-18 所示。

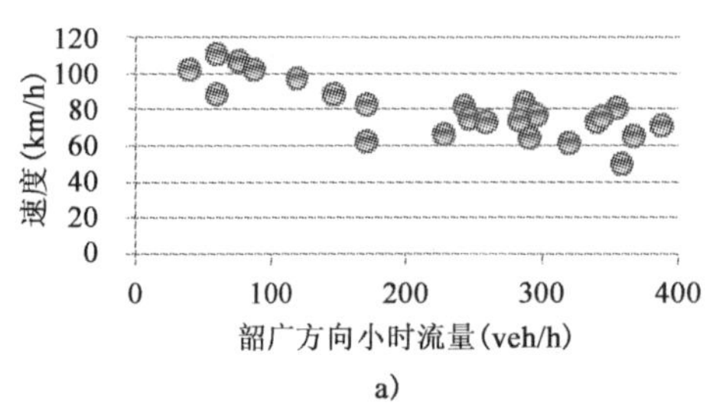

a)

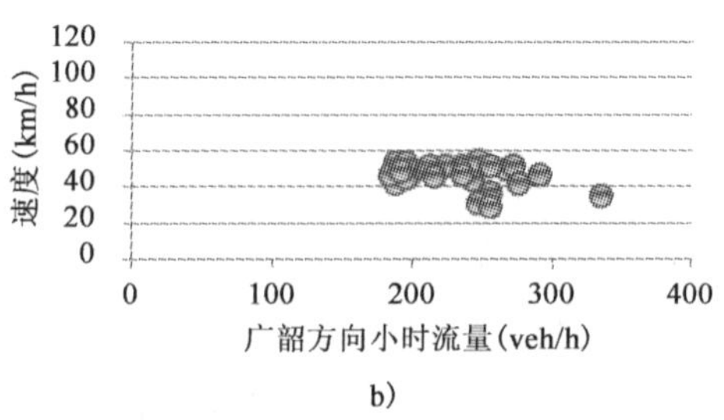

b)

图 3-18　半幅双向通行施工段两个方向速度—流量关系图

从图 3-18 可见，半幅双向通行施工段由于单向仅一条车道，而交通组成中大型货车比例又较高，导致速度—流量曲线下降很快，交通流整体运行速度偏低，运行质量很差，印证了上节中交通组成的分析结论。

第二节　高速公路改扩建施工作业区通行能力

高速公路改扩建施工干扰交通流的正常运行，尤其是改扩建高速公路本身交通量就很大，而在施工期间施工人员与机械进出施工场地又必须占用行车道时，施工作业区的通行能力和服务水平就会明显下降，并可能引发区域交通运行质量的下降，导致延误和燃油消耗增加，同时交通安全也受到不同程度的威胁。可见，准确的通行能力分析与评价是优化施工作业区交通管理和控制的前提。

一、改扩建施工作业区与养护施工作业区的异同

公路建成通车后，每年都要进行大大小小的养护施工，当无法满足交通需求时就要进行改扩建。由于在施工布局、持续时间、施工强度、施工内容、施工范围、影响区域与程度等方面存在明显差异，两者具体的异同点主要有以下几方面：

(1)在空间布局上，由于改扩建不可能全线同时施工，故与养护施工一样存在正常断面到施工断面的上游过渡区。如路侧加宽改扩建路基施工阶段需要封闭硬路肩甚至外侧车道，于是在施工作业区起点处正常两车道路段交通需过渡到内侧车道上；而中央分隔带预留车道加宽改扩建路基施工阶段需要封闭既有内侧车道，于是在施工作业区起点处正常两车道路段交通需过渡到外侧车道与硬路肩上。但不同的是养护施工仅针对诸如路面破损等需要维护的路段，这样的施工作业区一般较短，而改扩建则需在全线范围内进行施工，作业区要比养护施工作业区长，一方面是为了减少施工机械和设备的转场频率，降低施工成本，提高施工效率，降低对交通流的干扰，另一方面保证了新旧路基路面衔接的整体稳定性。因此相比来说，改扩建施工的上游过渡区虽然是瓶颈路段，但长度短，大多是几百米的长度，有的仅几十米，车辆运行时间与 5km 以上长度的作业区相比微不足道。同时，驾驶员可能能够容忍施工过渡段短暂的拥挤，但当在作业区内遇到较长时间的延误、较大程度的施工干扰时，驾驶员则会表现出急躁的

情绪,故改扩建施工作业区的服务水平应主要体现在作业区内。

(2)在持续时间和施工强度上,由于改扩建施工不仅涉及路面,还牵扯到路基,施工工程量要比养护施工大很多,因此改扩建施工属于长期施工作业区,将在较长的时间内存在并影响着交通运行。改扩建施工期交通组织的范围、内容和处理量远比养护施工作业区大,一旦改扩建施工期遇到拥堵和交通事故等情况,其造成的社会影响也远比养护施工作业区要深远,因此确定改扩建施工作业区的通行能力与服务水平标准,其现实意义更为重大。

(3)由于改扩建施工期长、影响范围广、影响程度深,再加上沿线各级政府高度重视,并通过广播电视报纸等媒体进行宣传,使得改扩建施工期间,驾驶员对改扩建施工的影响有充分的心理预期,其交通运行特性也与一般的养护施工有着明显的不同。比较而言,高速公路的路面大中修通常也需要较长的工期,故其施工作业区的交通运行特性与改扩建施工作业区比较接近。

二、改扩建施工作业区通行能力界定

研究改扩建施工作业区通行能力之前,需要首先界定改扩建施工作业区通行能力的定义,一方面有助于遵循国外施工作业区通行能力的研究思路,另一方面也为后面的研究提供统一的分析标准和尺度。

1.道路通行能力的既有定义

美国 HCM 2000 和 HCM 2010 对通行能力的定义是:交通设施的通行能力是指在通常的道路、交通和管制条件下,在一定时间段内人或车辆,通过车道或道路中某一点或均匀断面的合理期望最大小时流量。

对这一定义有以下理解:①通行能力是在通常的道路、交通和管制条件下确定的,对于所分析的交通设施的任何路段,这些条件都应该相当一致。任何通常条件的改变都将导致交通设施通行能力的变化,即这些道路、交通和管制条件决定通行能力,因此,不同条件的路段具有不同的通行能力。②合理期望是定义通行能力的基础,对于既定的交通设施,给出的通行能力是指在有足够需求的高峰期间能反复达到的流率。③给出的通行能力值是指在同一地区具有类似交通特性的交通设施所能达到的值。④通行能力不是在交通设施中观测到的绝对最大流率。

此外,在公路施工作业区通行能力研究过程中,针对高速公路改扩建工程施工作业区通行能力的界定和计算,美国各州提出了多种描述和计算方法:

(1)排队释放流率代表通行能力值:宾夕法尼亚州为在道路上观测到的最大 5min 流率转换的小时交通量;得克萨斯州交通研究所为在交通拥堵状态下的小时流率;加利福尼亚州为在拥堵条件下观测以 3min 为间隔的流率,平均后乘以 20 得到的小时流量。

(2)非拥挤流率代表通行能力值:北卡罗来纳州为交通流迅速由非拥挤流状况转变为拥挤排队状况时的小时交通流量,并且应用速度—流量曲线来标定其道路通行能力值,此定义接近 HCM 2000 中对一般道路通行能力的定义,是将正常条件下拥挤流状态的交通流率作为道路改扩建工程施工作业区的通行能力。美国科研人员 Yi Jiang 在对美国印第安纳州的四条高速公路改扩建工程施工作业区进行了 12 次交通观测,观测结果表明高速公路改扩建工程施工作业区的交通流在由非拥挤流转变为拥挤流时,总是伴随着平均车速的骤减。因此,他将高速公路交通流在转变为持续低速紊流前的交通流率作为改扩建工程施工作业区的通行能力。

我国《公路通行能力手册》将高速公路基本路段通行能力定义为：在通常的道路和交通条件下，高速公路某一断面或均匀路段所容许通过的最大持续交通流率，通常的统计间隔为15min或5min，单位是辆/h/车道或小客车/h/车道。

2. 改扩建施工作业区通行能力定义

交通设施的交通流基础模型，如速度—流量曲线可以很清楚地表达速度随流量的变化规律，从而标定设施的通行能力值，是交通分析中经常使用的交通流模型。

美国HCM 2010就是主要通过速度—流量曲线来确定高速公路通行能力，见图3-19。从图中可以看出，美国在研究高速公路等连续流设施的通行能力时，主要考虑交通流为非饱和流状态，对于排队释放流、过饱和流等考虑较少，即主要研究速度—流量曲线的上半部分。通行能力则为对应于交通状态处于E级服务水平时的最大服务流率。在这一服务水平下，流率达到通行能力的运行状态时，车辆可利用的空间几乎没有，车辆运行情况极不稳定，驾驶机动性很小。交通流的任何波动都会波及上游很大范围内的车辆。车流达到通行能力时，交通流不能消除很小的波动，任何事件都会引起严重的堵塞，使车辆形成很长的排队。驾驶自由度受到极大的限制，驾驶员的身心舒适感极差。

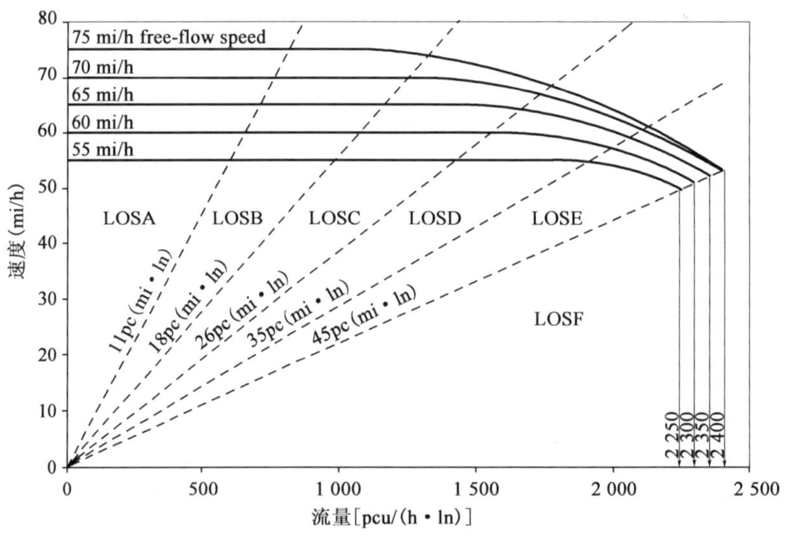

图3-19 HCM 2010中高速公路速度—流量曲线

注：1mi/h=1.609km/h。

通过对美国HCM 2010通行能力定义及研究的描述，可以看出，对高速公路路段通行能力的研究主要考虑非拥堵条件下的交通流，通行能力的取值也是介于稳定流与非稳定流之间的临界值，但并不是处于排队的条件下。其速度—流量曲线由两条不连续的曲线组成，由非拥挤状态向拥挤状态或由拥挤状态向非拥挤状态过渡不是一个渐进过程，而是一种飞跃或突变，即排队消散状态，如图3-20所示。

从高速公路改扩建施工作业区的道路交通特性角度分析，路侧有施工作业的路段，当交通需求增大时，容易产生车辆排队，导致交通拥堵，形成瓶颈路段。因此将改扩建施工作业区通行能力定义为拥挤条件下的小时交通流量，更符合高速公路改扩建施工期间车辆通行处于“通而不畅”的原则,更符合我国的实际情况,对制定高速公路改扩建施工作业区保通交通组织方案具有实际应用价值。因此,本章将改扩建施工作业区的通行能力定义为:**当交通流发生排队前一刻,非拥挤交通条件向拥挤条件过渡的临界状态下,车辆速度出现骤降时的小时流量。**这一定义基本与美国HCM 2010对通行能力定义相吻合。考虑国内对高速公路通行能力的定义,也将改扩建施工作业区通行能力的统计间隔定为15min或5min。

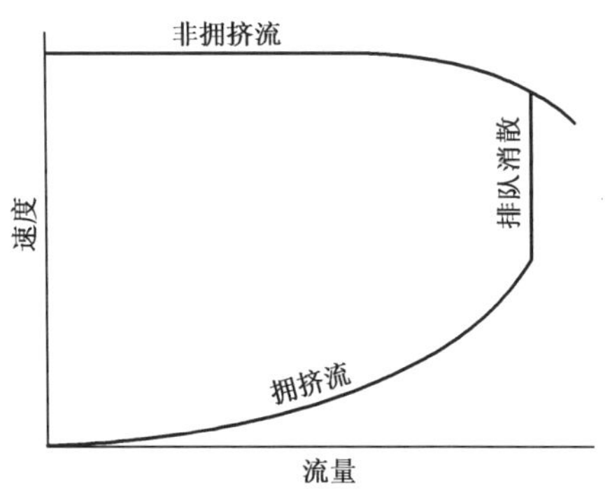

图3-20　排队—消散流与过饱和流的速度—流量曲线

根据改扩建施工作业区通行能力的定义,在后续的实测数据与仿真结果处理时,首先按时间序列对速度和流量同时进行描点,然后将流率增加平均车速骤降时,出现的稳定波动流率平均值作为这种条件下改扩建施工作业区的通行能力值。

三、理论模型法确定施工作业区通行能力

1.既有通行能力理论模型

道路上交通流的速度、密度、流量是随机变量,但在车辆相互跟驰且稳定的状态下,交通流参数之间还是存在着较稳定的相互关系。其中跟驰理论就是通过分析车辆逐一跟驰的规律,来了解单车道车辆的运行特性。在通行能力理论分析过程中,往往以时间度量的车头时距 t 和以空间度量的车头间距 S 为基础,推导出通行能力的理论分析模型。

A. Reuschel(1950)和 L. Pipes(1953)对车辆的跟驰现象进行了研究,确定了车头间距模型的基本形式。车头间距 $S(t)$ 需要考虑反应时间内行驶的距离 d_1、刹车期间的行驶距离 d_2、停车后的安全距离 d_4、前车的车长 L 以及前车的刹车距离 d_3,其相互关系可表达为下式:

$$S(t) = d_1 + d_2 + d_4 + L - d_3 \tag{3-1}$$

长期以来,车头间距模型都是以这种假设为前提,考虑不同影响因素,计算各组成距离,建立车头间距模型。

在美国HCM第一版和早期的通行能力研究中,根据平均车头间距的经验公式,建立了通行能力的理论计算模型,如下式所示:

$$C = \frac{1\,000v}{av^2 + bv + c} \tag{3-2}$$

式中:v——交通流速度,km/h;

a——常数,由车辆采用的减速度和速度量纲的换算系数共同决定;

b——常数,由反应时间和速度量纲的换算系数共同决定;

c——车辆停止后,相邻车辆前挡板与前挡板之间的距离。

考虑跟驰时间的可变性以及车头间距的随机性,对跟车间距模型进行修正,得到通行能力模型。

$$C = \frac{1\,000v}{\left[\alpha\tan\left(\frac{\pi}{2}\frac{v}{v_f}\right)(t_{max} - t_0) + t_0\right]v_1 + d_4 + L + \beta\sigma} \tag{3-3}$$

式中:α——跟驰时间标定常数;

v——交通流速度,km/h;

v_f——跟驰速度,km/h;

L——车长,m;

t_{max}——最大跟驰时间,s;

t_0——最小制动操作时间,s;

v_1——后车减速前车辆速度,km/h;

σ——速度方差,m/s;

β——速度方差影响系数,s。

在高速公路上,考虑交通组成为小型车时,确定模型中的参数取值如下:反应时间取 2s,跟驰时间 t_{max}=自由流车辆车头时距下限 8s,最小制动操作时间 t_0=1.0s,小型车长 L=5m,最小安全间距 d_4=1m,速度方差 σ=3m/s,随机项标定参数 β=0.1,分别计算出不同自由流速度下的通行能力,见表 3-2。

理论模型计算通行能力 表 3-2

自由流速度(km/h)	临界速度(km/h)	通行能力(pcu/h)
80	36.9	1 884
100	49.1	2 066

2. 施工作业区通行能力理论模型

以上计算道路通行能力的模型,是在跟驰理论基础上通过假设得到的,可以用来计算单车道公路的路段通行能力值。但是,对于施工作业区而言,有其自身独特的交通特性,限于各方面影响,本次研究未能对模型中的参数进行详细调查,因此,用理论模型求解出的路段通行能力仅用于施工作业区仿真模型的校核与验证。

从以上模型可以看出,行车间距与速度是决定路段通行能力的两个最直接的要素,而最能表征行车间距与速度关系的指标是车头时距,因此,在推导通行能力理论模型时,同样也建立了车头时距模型:

$$C = \frac{3\,600}{\bar{h}} \tag{3-4}$$

式中:C——通行能力,辆/h;

$\bar{h}$——平均最小车头时距,s。

这个模型的关键是如何确定平均最小车头时距,实质就是分析车辆在跟驰的情况下,驾驶员如何选择跟车时距。《公路路线设计规范》规定,高速公路每条行车道停车视距应大于或等于表 3-3 的规定。

最 小 停 车 视 距 表 3-3

设计速度(km/h)	120	100	80	60
最小停车视距(m)	210	160	110	75
车头时距(s)	6.3	5.7	4.9	4.5

基于以上的安全间距计算得到的单车道通行能力不超过 1 000 辆,与实际情况相差较大。可以换个角度来考虑问题,虽然以规范中规定的最小停车间距来计算通行能力与实际情况相

差较大，但如果以此计算得到的车头时距作为判定饱和流（跟驰行为）却是可以的，即当两车之间的车头间距小于此值时，前车对后车的运行有影响，具有跟驰的特性。这个阈值与"九五"公路通行能力研究成果所得到的 100km/h 速度小于 6s 的车头时距为跟驰行为基本吻合。

根据以上分析，对施工作业区车道封闭瓶颈路段处车辆运行的车头时距进行观测，并以此阈值进行数据处理，计算得到的平均值即为平均最小的车头时距。根据车头时距通行能力计算式，计算出的通行能力如表 3-4 所示。

理论模型计算通行能力　　表 3-4

施工作业区道路条件	平均最小车头时距(s)	通行能力(pcu/h)
右侧封闭(2-1)、白天不施工	2.38	1 514
右侧封闭(2-1)、夜间施工	2.89	1 245

以上计算道路通行能力的模型，是在跟驰理论基础上通过假设得到的，可以用来计算单车道公路的路段通行能力值。但是，对于实际施工路段而言，由于受隔离设施的影响最为关键，特别是在施工作业区有作业的条件下，普通的交通锥桶不能保证施工作业的车辆或人员超过施工作业区的范围，因此影响很大，使得车辆运行速度较低，这是车头时距影响的最关键因素，这也阐明了理论模型确定改扩建施工作业区通行能力方法的缺陷。

四、统计模型法确定施工作业区通行能力

统计模型确定施工作业区通行能力的研究方法需要有大量长期观测的数据作为基础。美国 HCM 在几年甚至几十年的交通流数据积累的基础上得到了通行能力，就是应用统计方法确定通行能力的最好例子。

1. 观测样本数量

对国内 7 条高速公路施工作业区路段进行调研，统计了交通量较大的施工作业区和观测时段，具体样本量和作业区类型见表 3-5。

观测道路的样本量　　表 3-5

公路名称	样本量(个)	作业区类型	施工情况
高速 1	2 210、2 082、1 680、2 014	2 车道封闭硬路肩	白天无施工
高速 2	2 980、1 562、1 398、1 244、1 890	2-1 右侧封闭	夜间施工
高速 3	1 536、2 004、1 052、1 990、2 146	2-1 右侧封闭	白天无施工
高速 4	1 651、1 864、628、2 278	2-1 右侧封闭	白天施工
高速 5	4 082、4 050、2 555、1 770	2-1 右侧封闭	白天无施工
高速 6	2 992、2 805、5 057、4 668	2-1 左侧封闭	白天无施工
高速 7	3 004、2 340	半幅封闭半幅双向通行	白天无施工

2. 施工作业区通行能力分析

以施工作业区的过渡段和混合交通条件下的施工作业区为重点观测路段，通过对不同条件下的施工作业区进行观测，挑选出流量较大的施工作业区，统计其观测数据，得到观测施工作业区的速度—流量关系，用于通行能力分析。

1)高速 1:硬路肩封闭白天无施工

单向两个车道,封闭右侧硬路肩,隔离型式为水泥墩,隔离设施紧贴外侧车道边缘线,即右侧侧向净空为 0,左侧路缘带宽度为 0.75m,作业区长度为 5km 以上;白天无施工,天气状况良好;交通组成为混合交通;该路段四车道高速公路设计速度为 100km/h,施工作业区限速为 60km/h。

根据通行能力的定义描述,对观测数据进行处理,绘制了速度—流量时间序列图,见图 3-21。

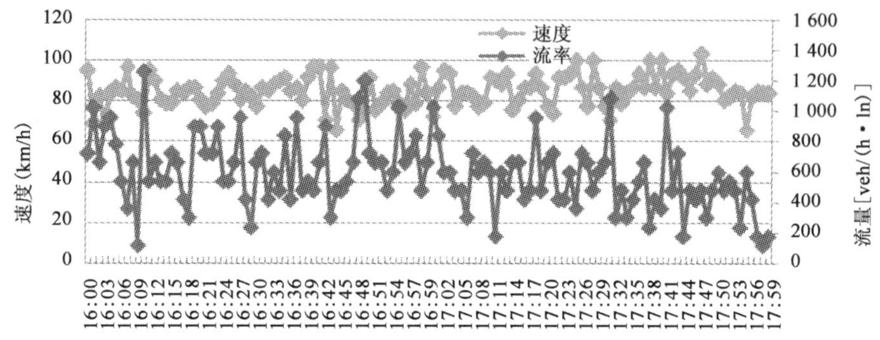

图 3-21　速度—流量时间序列图

从图 3-21 可见,由于速度没有明显的突变,因此可以认为观测流量尚未达到施工作业区通行能力,此时平均最大流量为 1 089veh/h,路段平均自由流速度 85km/h。

交通组成为小客车 80.3%、中小货车 10.2%、大货拖挂 9.5%,折算后得到最大小客车流量为 1 917pcu/h。虽然平均速度较高,但现场观测显示部分时段 5min 内车辆接近饱和,姑且认为此时的平均最大流量接近通行能力。

2)高速 2:右侧封闭夜间施工

单向两个车道,封闭右侧车道,隔离型式为交通锥,隔离设施紧贴内侧车道边缘线,即右侧侧向净空为 0,左侧路缘带宽度为 0.75m,作业区长度为 1km,上游过渡区长度为 200m;夜间路面摊铺施工,天气状况良好;交通组成为混合交通;该路段四车道高速公路设计速度为 100km/h,施工作业区限速为 40km/h。

根据通行能力的定义描述,对观测数据进行处理,绘制了速度—流量时间序列曲线见图 3-22。

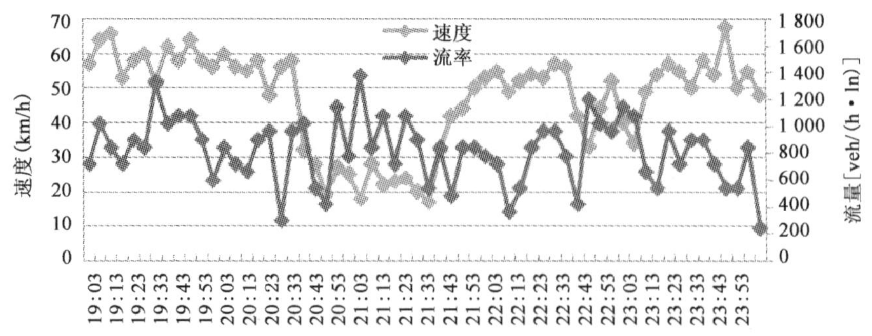

图 3-22　夜间右侧封闭施工条件下的速度—流量关系

从图 3-22 可见，由于速度在晚 20:43 产生了明显的突变，因此可以认为此时观测流量达到了施工作业区的通行能力，此时平均最大流量为 990veh/h，路段平均自由流速度57.8 km/h。

交通组成为小客车 82.6%、中小货车 6.5%、大货拖挂 10.9%，折算后的最大小客车流量为 1403pcu/h。

3)高速 3：右侧封闭白天无施工

单向两个车道，封闭右侧车道，隔离形式为交通锥，隔离设施紧贴内侧车道边缘线，即右侧侧向净空为 0，左侧路缘带宽度为 0.75m，施工作业区长度为 2km 以上，上游过渡区长度为 150m；白天无施工，天气状况良好；交通组成为混合交通；该路段四车道高速公路设计速度为 100km/h，施工作业区限速为 40km/h。

根据通行能力的定义描述，对观测数据进行处理，绘制了速度—流量时间序列曲线见图 3-23。

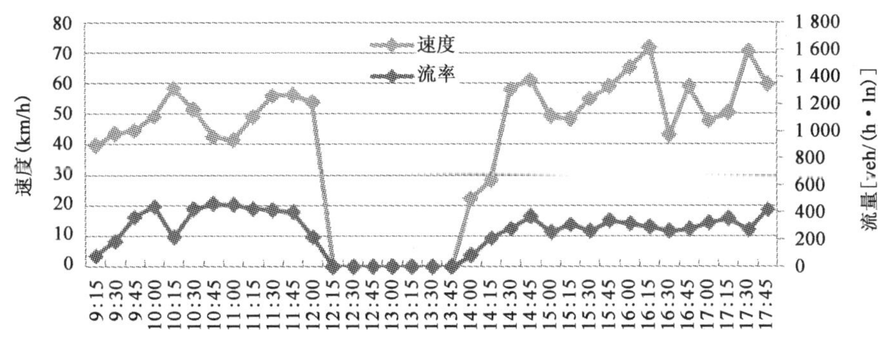

图 3-23　速度—流量时间序列图

从图 3-23 可见，排除无车导致的突变，观测时段流量较小，导致速度较为稳定，因此可以认为此时观测流量尚未达到施工作业区的通行能力，此时平均最大流量为 464veh/h，路段平均自由流速度 57.0km/h。

交通组成为小客车 53.9%、中小货车 18.7%、大货拖挂 27.4%，折算后最大小客车流量为 1 081pcu/h。从数值上看，此施工作业区虽然未达到通行能力，但可用于施工作业区实测和仿真通行能力值的比对。

4)高速 4：右侧封闭白天施工

单向两个车道，封闭右侧车道，隔离形式为交通锥，隔离设施紧贴内侧车道边缘线，即右侧侧向净空为 0，左侧路缘带宽度为 0.75m，作业区长度为 900m，上游过渡区长度为 200m；白天路面摊铺施工，天气状况良好；交通组成为混合交通；该路段四车道高速公路设计速度为 100km/h，施工作业区限速为 40km/h。

根据通行能力的定义描述，对观测数据进行处理，绘制了速度—流量时间序列曲线见图 3-24。

从图 3-24 可见，由于速度在 11:19 产生了明显的突变，因此可以认为此时观测流量达到了施工作业区的通行能力，此时平均最大流量为 1248veh/h，路段平均自由流速度 77.3km/h。

交通组成为小客车 88.3%、中小货车 8.2%、大货拖挂 3.5%，折算后的最大小客车流量

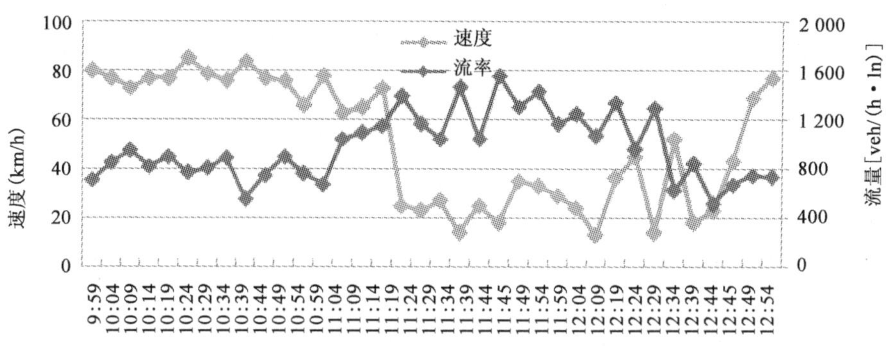

图 3-24　右侧封闭施工条件下的速度—流量关系

为 1645pcu/h。

5)高速 5:右侧封闭白天无施工

单向两个车道,封闭右侧车道,隔离形式为交通锥,隔离设施距内侧车道边缘线 1.5m,即右侧侧向净空为 1.5m,左侧路缘带宽度为 0.75m,作业区长度为 2km,上游过渡区长度为 200m;白天无施工,天气状况良好;交通组成为混合交通;该路段四车道高速公路设计速度为 100km/h,施工作业区限速为 40km/h。

根据通行能力的定义描述,对观测数据进行处理,绘制了速度—流量时间序列曲线见下图 3-25。

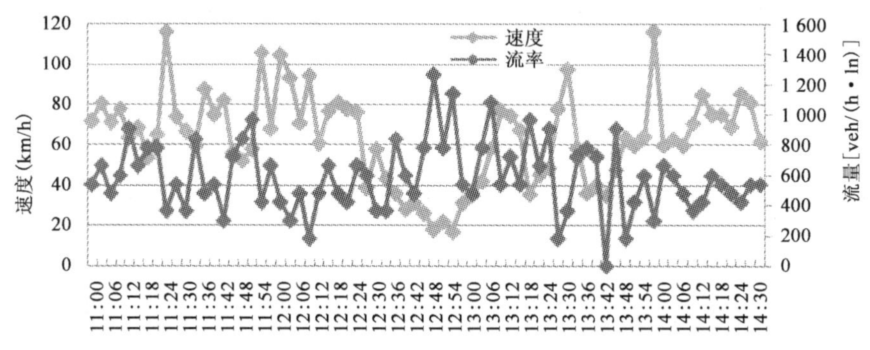

图 3-25　右侧封闭无施工速度—流量关系

从 3-25 可见,由于速度在 12:30 产生了明显的突变,因此可以认为此时观测流量达到了施工作业区的通行能力,此时平均最大流量为 1 200veh/h,路段平均自由流速度 75.3km/h。

交通组成为小客车 87.8%、中小货车 8.7%、大货拖挂 3.5%,折算后得到最大小客车流量为 1 818pcu/h。

6)高速 6:左侧封闭白天无施工

单向两个车道,封闭左侧车道,隔离型式为交通锥,隔离设施距外侧车道分隔线 0.75m,即左侧侧向净空为 1.5m,右侧硬路肩宽度为 3.0m 可行车,作业区长度为 3km,上游过渡区长度为 200m。白天无施工,天气状况良好。交通组成为混合交通,该路段四车道高速公路设计速度为 100km/h,施工作业区限速为 60km/h。

根据通行能力的定义描述，对观测数据进行处理，绘制了速度—流量时间序列曲线见图 3-26。

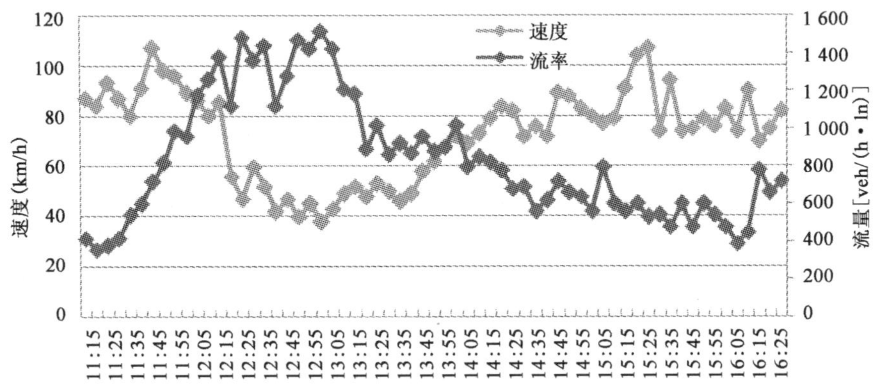

图 3-26　左侧封闭不施工条件下的速度—流量关系

从图 3-26 可见，由于速度在 12:20 产生了明显的突变，因此可以认为此时观测流量达到了施工作业区的通行能力，此时平均最大流量为 1 351veh/h，路段平均自由流速度 84.4km/h。

交通组成为小客车 92.1%、中小货车 6.0%、大货拖挂 2.0%，折算后得到最大小客车流量为 1 779pcu/h。

7)高速 7：半幅双向通行白天无施工

半幅双车道双向通行，隔离型式为交通锥，隔离设施设置在半幅中间位置，保证双向行车宽度相当，作业区长度超过 2km；白天无施工，天气状况良好；交通组成为混合交通；该路段四车道高速公路设计速度为 100km/h，施工作业区限速为 60km/h。

根据通行能力的定义描述，对观测数据进行处理，绘制了速度—流量时间序列曲线见图 3-27。

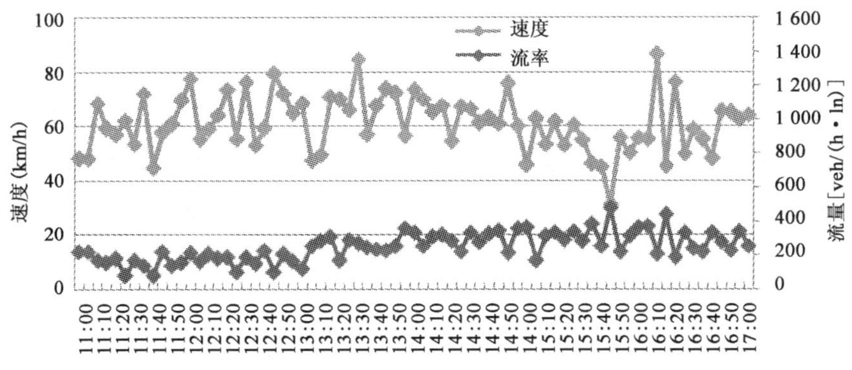

图 3-27　速度—流量时间序列图

从图 3-27 可见，15:45 时流量出现小幅上涨导致速度出现小范围的下降，但持续时间很短，不能确定此时观测流量是否达到了施工作业区的通行能力，此时平均最大流量为 480veh/h，路段平均自由流速度 62.8km/h。

交通组成为小客车 34.7%、中小货车 17.6%、大货拖挂 47.7%，折算后得到最大小客车流量为 1 508pcu/h。从数值上看，虽然无法确定施工作业区是否达到通行能力，但可用于施工作业区实测和仿真通行能力值的比对。

8)分析汇总

根据以上数据观测结果，汇总得到不同条件施工作业区通行能力，见表 3-6。

不同条件下施工作业区通行能力 表 3-6

高速	施工作业区形式	光照条件	施工强度	拥堵位置	流量(veh/h)	通行能力(pcu/h)
高速 1	2-硬路肩封闭	白天	不施工	作业区	1 089	1 917
高速 2	2-1 右侧封闭	夜间	施工	作业区	990	1 403
高速 3	2-1 右侧封闭	白天	不施工	过渡段/作业区	464	1 081
高速 4	2-1 右侧封闭	白天	施工	过渡段/作业区	1 248	1 645
高速 5	2-1 右侧封闭	白天	不施工	过渡段	1 200	1 818
高速 6	2-1 左侧封闭	白天	不施工	过渡段	1 351	1 779
高速 7	半幅双向通行	白天	不施工	作业区	480	1 508

需要指出的是，部分施工作业区尚未达到通行能力状态，且观测受各方面因素影响较大。在不能确定上游来车强度是否饱和的情况下，仅依据速度突变来判断达到通行能力的状态论据不够充分。同时，表 3-6 中的小客车通行能力是根据混合交通流量，并参考了正常通行的高速公路通行能力分析车辆折算系数计算出来的，这里车辆折算系数是否适合改扩建施工作业区通行能力分析尚存在不确定性。故表 3-6 通行能力一栏里的数据还需与仿真结果进行比对后，综合确定各种条件施工作业区的通行能力值。

此外，调研与分析中发现，我国高速公路施工作业区的通行能力要比国外的低很多，其中最关键的影响因素是施工作业区与行车道之间的隔离设施。在没有施工作业的路段，驾驶员不用担心路侧施工人员和机械的突然干扰，因此车辆速度的选择基本与隔离类型无关。而在施工作业区，我国高速公路改扩建施工作业区与行车道基本上采用人员和机械很容易穿过的隔离类型，如单独或一定间距摆放的交通锥来隔离。一定间距的锥桶摆放仅仅给出了施工作业区的轮廓线，没有从根本上起到隔离作用。当施工作业进行时，施工人员、施工机械很容易暴露在行车道边缘线附近，将极大的降低驾驶心理安全感和行驶速度，使得驾驶员在施工作业区范围内行车格外谨慎，降速较多，导致通行能力降低较多。而采用人员和机械很难越过的隔离形式，如水马或小间距摆放的水泥隔离墩，将极大地降低施工对驾驶行为的干扰程度。

五、交通仿真确定施工作业区通行能力

我国已经在许多重要的通行能力研究项目中使用了交通仿真方法，获得了成功，表明交通仿真克服了传统方法的局限，凸显了对复杂系统整体研究的强大优势，为高速公路改扩建施工作业区通行能力研究提供了强大的分析平台、全新的研究思路与高效便利的研究手段。此外交通仿真技术在施工作业区交通组织方案设计和评价过程中也发挥着重要的作用，后续章节将重点介绍这方面的技术和研究成果。本章主要采用 VISSIM 交通仿真软件进行通行能力分析。

1.仿真精度确定

1)标定参数的选择

仿真模型标定的意义是调整仿真模型中的相关参数以使仿真模型能够符合实际的道路和交通条件，仿真模型的可靠性主要依赖于仿真结果与实际情况的近似程度，而使仿真结果与实际数据尽量接近的过程实际上是根据实测数据标定参数，而后进行误差检验，然后进行再标定再检验的过程，直至仿真结果与实测数据的误差达到可接受的程度。

VISSIM仿真平台中包含很多参数，其中包括固定参数和可调整参数。固定参数包括道路条件参数、控制参数等，比如道路宽度、曲线半径、纵坡坡度等；可调整参数包括驾驶员特性参数、车道变换时间、最小跟车车头时距等。固定参数可以通过实地测量或根据设计图纸等方法获得，而可调整参数则需要大量调查和统计分析工作。在施工作业区，对通行能力有重要影响的参数主要有速度、期望的车道变换距离、最小跟车时距、驾驶员前方可以观察到的车辆数、车辆间的安全距离、最小和最大加减速度等，因此选择以上参数作为模型标定的关键参数。

2)标定精度评价标准

在施工作业区，速度数据比较容易采集，对交通流的变化也比较敏感，因此选择施工作业区上游过渡区及工作区的平均速度、合流区平均速度作为评价参数。仿真模型标定精度的评价标准是计算仿真结果与观测值的相对误差，具体的检验方法见下式：

$$P=\frac{v_S-v_0}{v_0}\times 100\% \tag{3-5}$$

式中：P——仿真结果与实测数据之间的误差百分率；

v_S——速度的仿真结果，km/h；

v_0——速度的观察值，km/h。

一般来说，观测值与仿真结果之间的误差小于10%，即认为仿真结果是可接受的。

3)关键参数的置信度区间

VISSIM模型应用过程中，需标定的关键参数的取值区间范围很大，如果只是通过反复的试算，那么标定过程的计算量非常大，需要耗费大量的时间，而且与实际道路交通状态下的交通流特性不一定相符。仿真模型标定的实质是使模型中人车单元的特性与实际施工作业区上行驶车辆的特性一致，如果能够采集到实际道路交通条件下特征参数的数值，那么将会减少仿真模型标定的工作量，并能够保证标定的精度。基于上述理论分析，应用GPS、视频采集设备等先进的设备，制定完善的数据采集方案，采集特征参数数据。因设备和数据处理的误差，采集的数据有一定的波动范围，因此根据数理统计知识，给出各个关键参数的置信度区间，如表3-7所示，然后在置信度区间内进行标定，这样既可以使标定结果符合实际，又可以减少标定过程的工作量。

关键参数的95%置信度区间　　表3-7

参　　数	上游过渡区	参　　数	上游过渡区
紧急停车距离(m)	[18　　21]	车辆间附加安全距离(m)	[0.5　　1.5]
期望车道变换距离(m)	[158　　200]	最小减速度(m/s^2)	[0.5　　1.2]
最小跟车车头时距(s)	[0.9　　1.2]	最大减速度(m/s^2)	[4　　4.6]

2.模型标定与验证

1)车型分类标定

现有的车型分类因目的不同而标准众多。改扩建高速公路上运行的车辆,车型种类多,不同类型车辆的运行特性具有显著差别,对通行能力的影响也不同。因此,如何科学、合理地进行车辆类型划分,最大限度地表征改扩建高速公路施工作业区内车辆的运行特征,是进行高速公路改扩建施工作业区通行能力研究的首要问题。

考虑到施工作业区内道路条件的限制,车辆不能发挥各自的速度优势,各车型之间的差别主要体现在减速停车、加速起步和爬坡能力上,而功率重量比作为汽车性能的一项重要指标,与车辆的加减速和爬坡能力有直接的关系。小型车功率重量比大,加减速能力强。大中型货车发动机功率有限而载重较大,有时甚至超载,导致功率重量比减小,加减速能力差,极易形成压车现象,对交通流的影响较大。因此,高速公路施工作业区的车辆分型方法不应简单沿用现行《公路工程技术标准》(JTG B01)中的规定,而应以车辆的性能作为分型标准。因此,通过广泛调查汽车生产商的出厂车型参数,并统计仪器记录的车辆车轴分布,将高速公路的车轴分布与出厂车型相对应,并结合现行《公路工程技术标准》(JTG B01)的规定和收费车型分类,将改扩建高速公路车型分为小客车、中型客货车和大货拖挂。

分析表明,基于车辆结构特征和动力性能的车型分类方法能够使新车型分类具备以下特征:

(1)各车型的运行特性之间具有明显的差异;

(2)各车型具有稳定的运行特性;

(3)在通常的交通流中,各车型都具有相当的样本量。

综上所述,该车型分类适用于改扩建高速公路施工作业区通行能力研究。

2)期望速度标定

根据相关研究成果和惯例,采用车头时距8s作为高速公路自由流状态的判定标准。从实测统计结果可见,施工作业区各车道交通量均超过了自由流状态值,因此在分析交通流期望运行速度时需排除非自由流状态,以获得车辆在无其他车辆干扰时的期望速度,结果见图3-28。

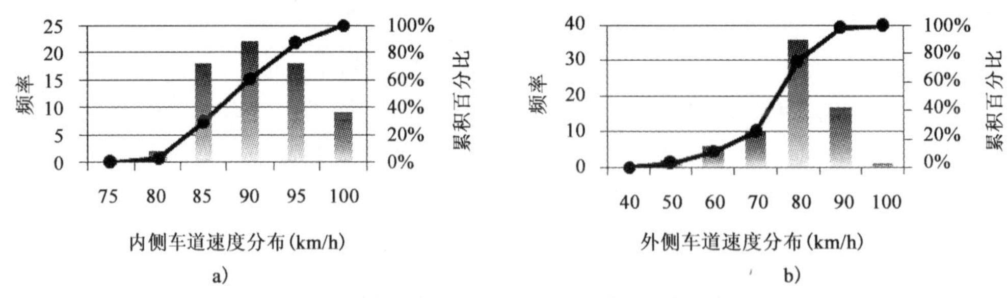

图3-28 路侧加宽硬路肩封闭施工段期望速度分布图

从统计结果可见,路侧加宽施工作业区内外侧车道最高速度和85%位速度相差不大,但内侧车道50%位速度和最低速度要比外侧车道高,这也印证了外侧车道车辆差别大,车型繁杂的判断。

从统计结果可知,单向四车道的高速公路、最内侧车道因中分带开口活动护栏安全而封闭的施工作业区中，内、中、外三条车道最高速度和85%位速度呈现中间车道高、内外侧车道低的特性，其原因是内侧车道车速受施工影响，而外侧车道车速受大型货车影响。但从速度分布均匀性分析，外侧车道车速最均匀，而内侧车道和中间车道受施工影响，车速分布不均匀，见图3-29。

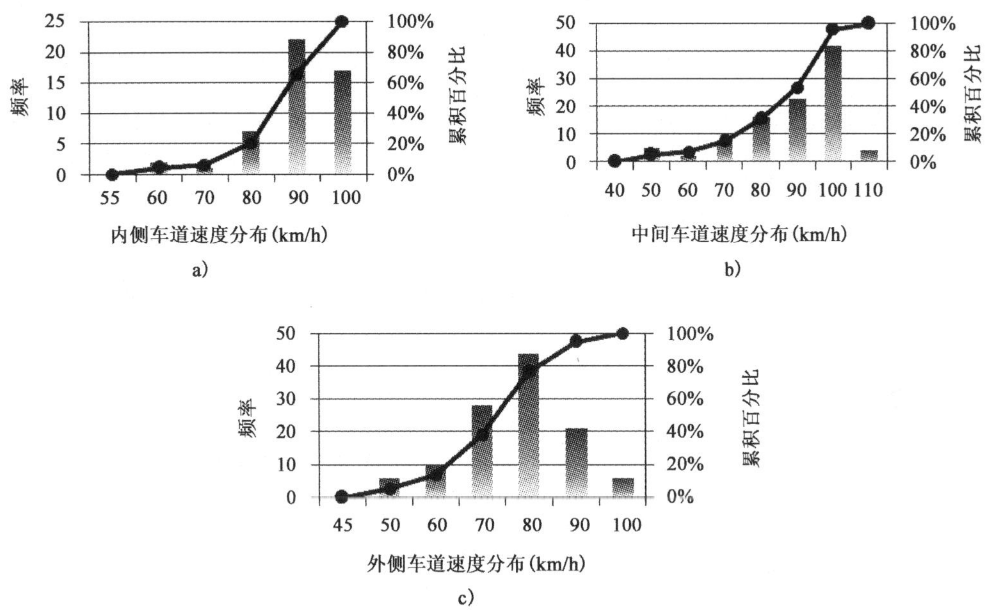

图3-29　中分带开口施工内侧车道封闭施工段期望速度分布

图3-30是单向封闭，半幅两个车道双向通行施工作业区中各车型的期望速度分布。

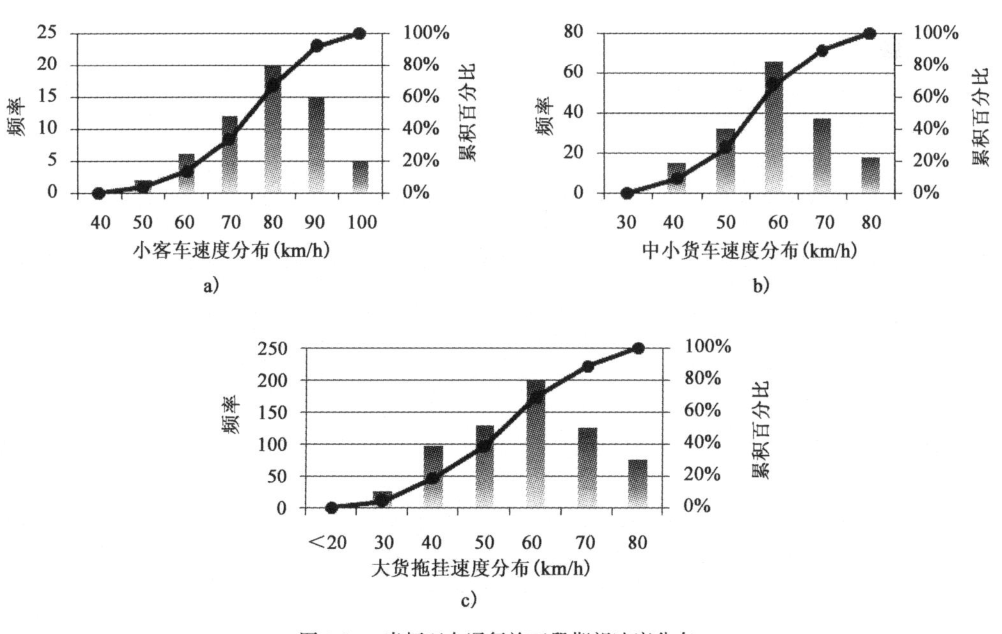

图3-30　半幅双向通行施工段期望速度分布

从统计结果可见，各车型期望速度中小客车最大，中小货车与大货拖挂期望速度相当。

3)加速度标定

仿真系统中使用表征驾驶员驾驶行为差异的函数来确定车辆的加速度和减速度，而并不是使用一个简单的加速度或减速度值来描述，加速度与减速度函数都是当前速度的函数。燃油发动机在低速时达到最大的加速度，而如火车或者有轨电车的三相发动机可以在一个大的速度范围内维持一个固定的加速度。每种类型的车辆都提供了两个曲线加速度和两个曲线减速度函数，对期望加减速度进行了标定，见图 3-31。

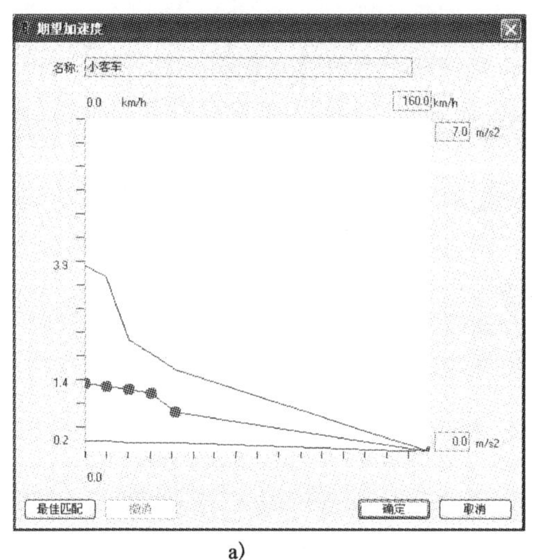

a)

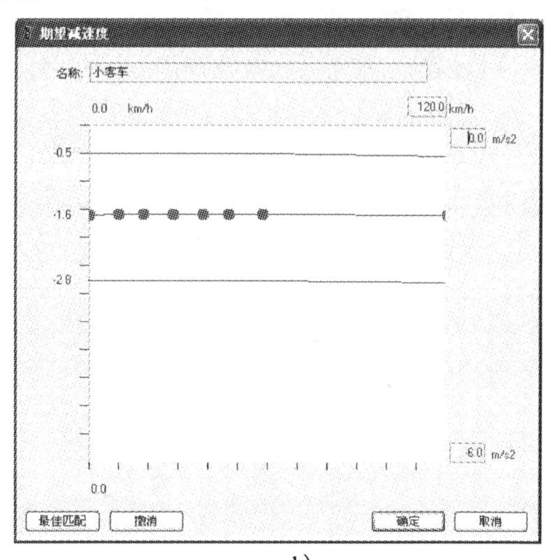

b)

图 3-31　仿真模型加速度标定

期望加/减速度是车辆处于一般行驶状态下时驾驶员的意愿加速度。期望减速度的产生由期望速度的变化引起。在交通非常拥挤的情况下，车辆需要不断的停车起步；当靠近前方的车辆时，在车道内超车的横向距离不足等情况下期望减速度将起作用。

标定方法：采用车顶安装的 GPS 记录车辆在加减速度过程中的时间、坐标和速度，进而计算加减速度。

4)合流参数标定

合流参数标定见表 3-8。

合 流 参 数 标 定　　表 3-8

参　数		合　流　区
一般性换车道	紧急停车距离(m)	60
	换车道距离(m)	500
	停车等待时间(s)	60
	最小车辆间距(m)	0.5
强制性换车道	最大减速度(m/s^2)	−2.5
	可接受减速度(m/s^2)	−1
车辆跟驰模型		Wiedemann99
减速区减速度(m/s^2)		−1.2

5)仿真模型验证

仿真模型的验证是选取与标定过程不同的数据，通过对比评价参数的仿真结果和实测数据之间的差值来决定模型标定的优劣。仿真模型验证是工作的重点。验证精度达不到要求，就要进行进一步的模型标定工作，仿真就无法进行下去。

项目对硬路肩封闭施工作业区、车道封闭施工作业区、半幅封闭半幅双向通行施工作业区等均进行了速度—流量关系验证(图 3-32)。以上游过渡区速度—施工作业区流量关系验证为例，结果表明：随着流量的增加与减少，速度呈现降低和升高的趋势，且仿真结果与实测结果趋势具有较强的一致性。

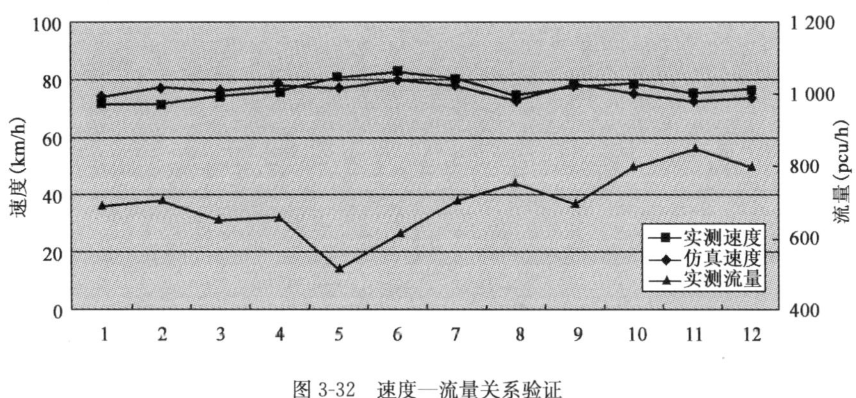

图 3-32　速度—流量关系验证

误差分析表明，实测值与仿真值误差控制在 10%以内，可以认为经过标定的仿真模型具有很高的准确性、稳定性与适应性，可以用来进行改扩建施工作业区通行能力研究。

3. 施工作业区通行能力分析

仿真试验方案为：通行能力仿真交通组成为小客车，仿真输入的交通量按照 400 辆小客车的步长逐渐增加直至超过最大通过量。仿真每 5min 记录一次数据，包括平均速度和流量。由于改变仿真随机数种子导致的仿真结果变化不大，因此每种方案和形式只进行了一次仿真。仿真结果分析如下。

1)单向二车道、封闭硬路肩或中央分隔带施工，二车道通行(图 3-33)

仿真结果如下，观测位置为作业区，推荐通行能力为 1 900pcu/h。

2)单向二车道封闭内侧一车道，外侧一车道和硬路肩通行(图 3-34)

仿真结果如下，观测位置为作业区，推荐断面通行能力为 3 570pcu/h，单车道通行能力为 1 785pcu/h。

3)单向二车道、封闭一车道和硬路肩，另一车道通行(图 3-35)

仿真结果如下，观测位置为作业区，推荐单车道通行能力为 1 600pcu/h。

4)单向四车道、封闭内侧一车道，外侧三车道通行(图 3-36)

仿真结果如下，观测位置为作业区，推荐断面通行能力为 6 250pcu/h，单车道通行能力为 2 080pcu/h。

5)单向四车道、封闭内侧二车道，外侧二车道和硬路肩通行(图 3-37)

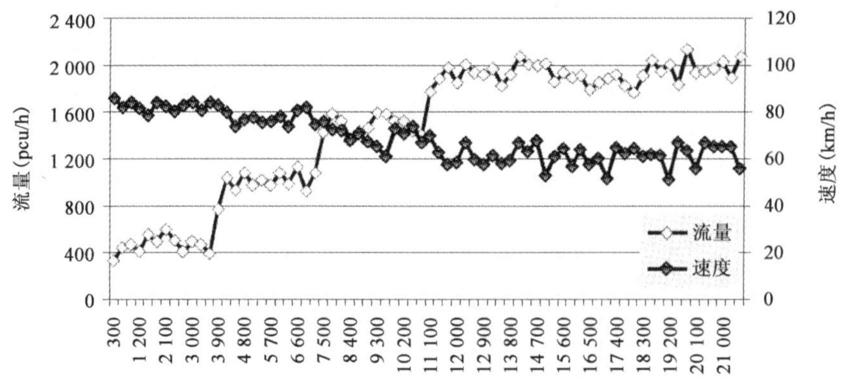

图 3-33　硬路肩或中分带封闭单车道速度—流量关系

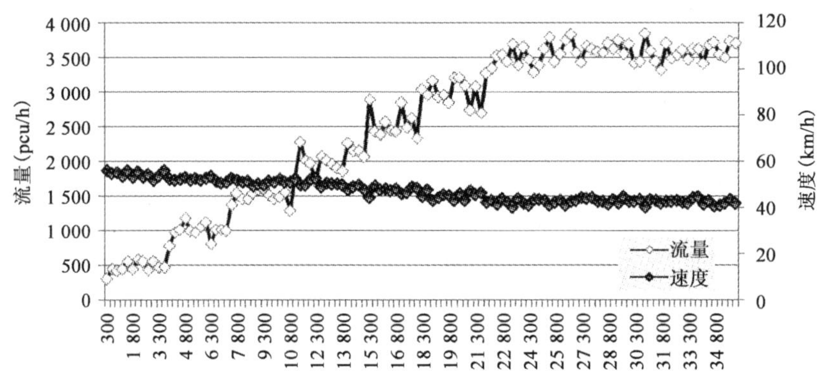

图 3-34　单向二车道内侧车道封闭断面速度—流量关系

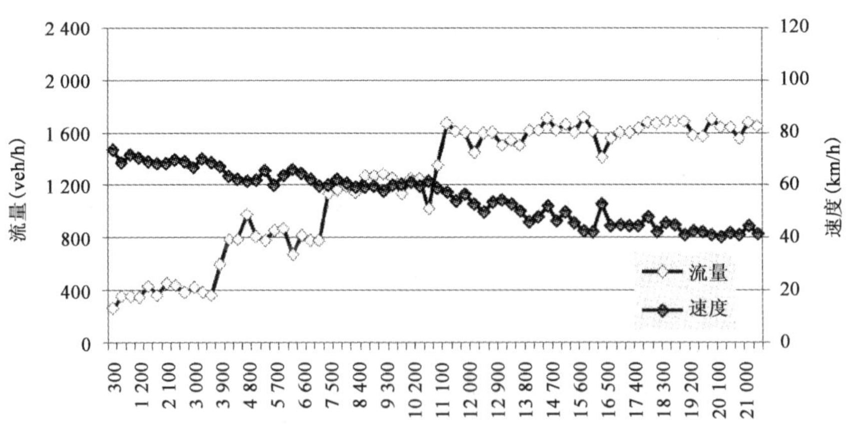

图 3-35　单向二车道封闭一车道和硬路肩速度—流量曲线

仿真结果如下，观测位置为作业区，推荐断面通行能力为 4 870pcu/h，单车道通行能力为 1 620pcu/h。

6)单向四车道、封闭内侧三车道，外侧一车道和硬路肩通行(图 3-38)

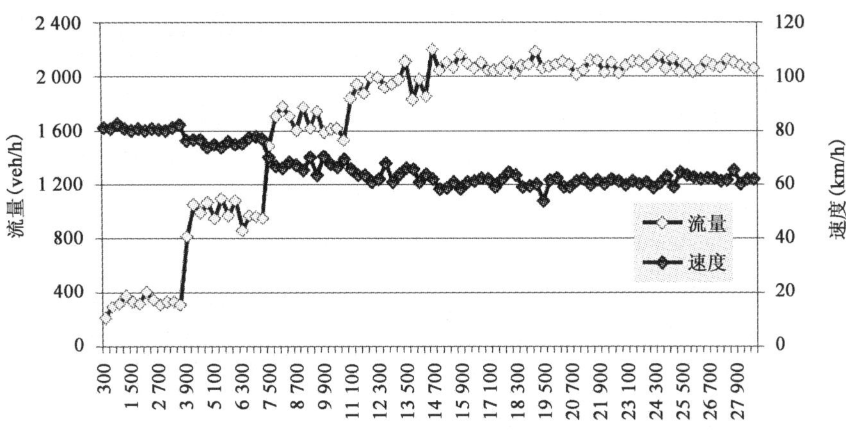

图 3-36 单向四车道内侧车道封闭速度—流量关系

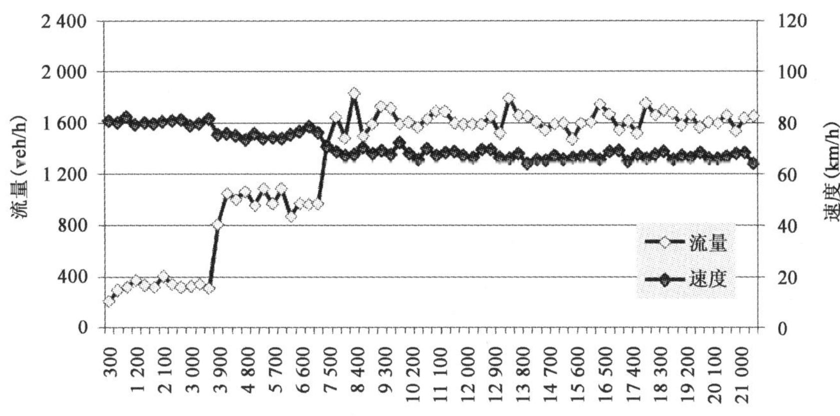

图 3-37 单向四车道内侧两车道封闭速度—流量关系

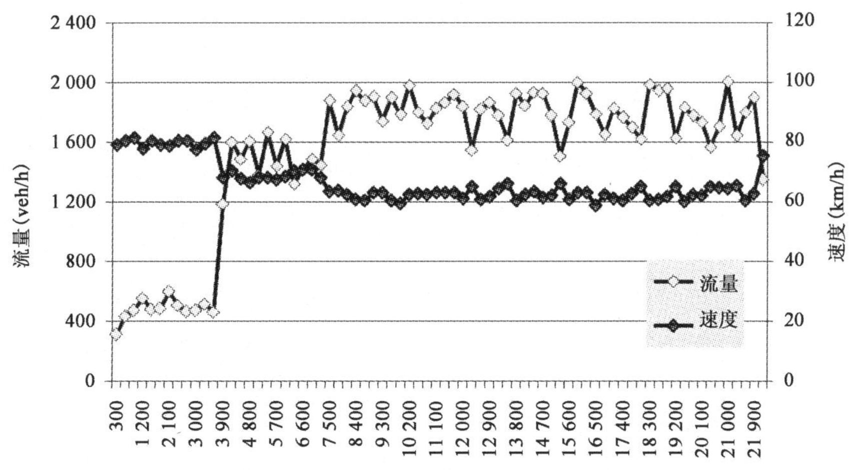

图 3-38 单向四车道内侧三车道封闭速度—流量关系

仿真结果如下，观测位置为作业区，推荐断面通行能力为 3 580pcu/h，单车道通行能力为 1 790pcu/h。

7)单向二车道、经中央分隔带开口驶入对向一车道(图 3-39)

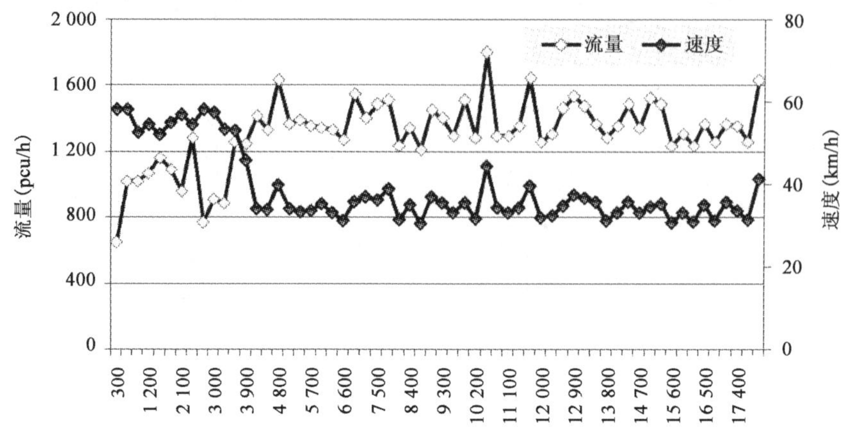

图 3-39 单向两车道过渡到对向一车道速度—流量关系

仿真结果如下，观测位置为作业区，中分带开口长度根据影响因素分析取基准值 75m，推荐断面通行能力为 1 390pcu/h。

8)单向两车道、经中央分隔带开口驶入对向两车道(图 3-40)

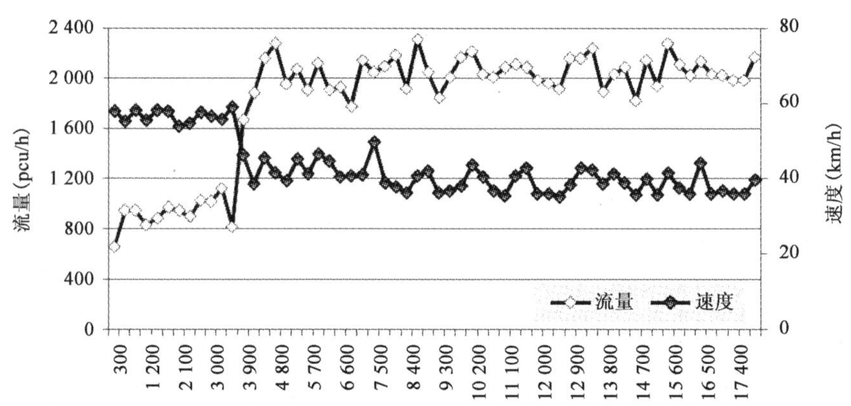

图 3-40 单向两车道过渡到对向两车道速度—流量关系

仿真结果如下，观测位置为作业区，中分带开口长度根据影响因素分析取基准值 75m，推荐断面通行能力为 2 050pcu/h。

9)单向四车道、经中央分隔带开口驶入对向一车道(图 3-41)

仿真结果如下，观测位置为作业区，中分带开口长度根据影响因素分析取基准值 75m，推荐断面通行能力为 1 370pcu/h。

10)单向四车道、经中央分隔带开口驶入对向两车道(图 3-42)

仿真结果如下，观测位置为作业区，中分带开口长度根据影响因素分析取基准值 75m，推荐断面通行能力为 2 120pcu/h。

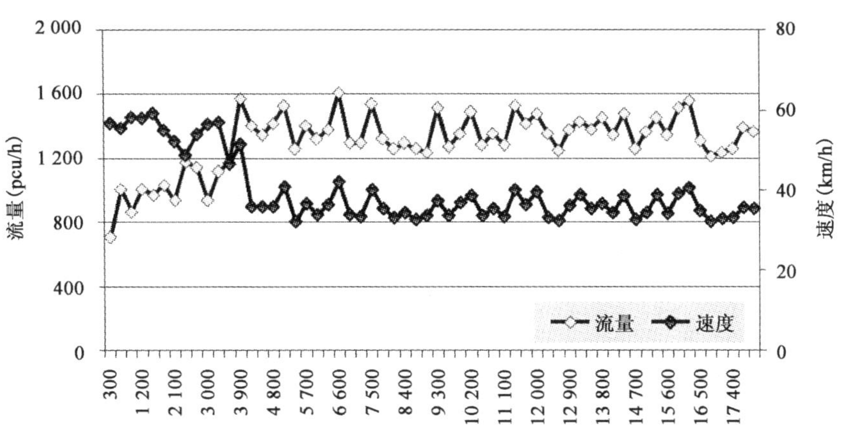

图 3-41 单向四车道过渡到对向一车道速度—流量关系

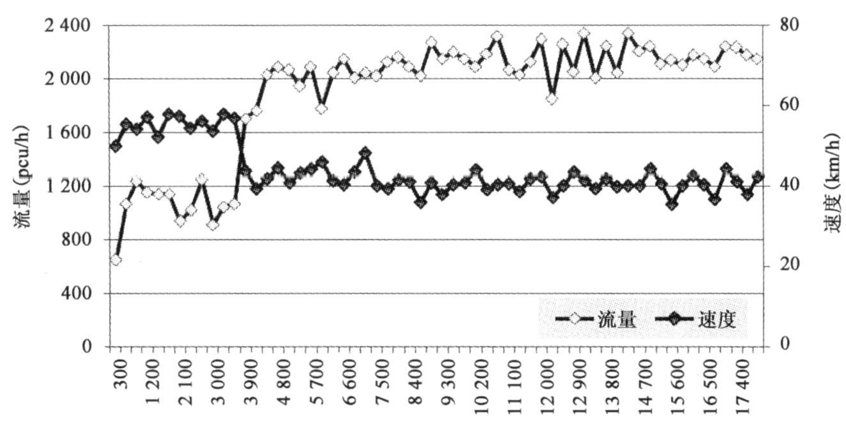

图 3-42 单向四车道过渡到对向二车道速度—流量关系

根据上述仿真结果，得出不同形式施工作业区通行能力值见表 3-9。

不同形式施工作业区通行能力 表 3-9

施工作业区形式	通行能力[pcu/(h×1n)]
单向两车道封闭硬路肩或中央分隔带施工，两车道通行	1 900
单向两车道封闭内侧一车道，外侧一车道和硬路肩通行	1 785/3 570
单向两车道封闭内侧一车道和硬路肩，外侧一车道通行	1 600
单向四车道封闭内侧一车道，外侧三车道通行	2 080/6 250
单向四车道封闭内侧两车道，外侧两车道和硬路肩通行	1 620/4 870
单向四车道封闭内侧三车道，外侧一车道和硬路肩通行	1 790/3 580
单向两车道经中央分隔带开口(75m)驶入对向一车道	1 390
单向两车道经中央分隔带开口(75m)驶入对向两车道	2 050
单向四车道经中央分隔带开口(75m)驶入对向一车道	1 370
单向四车道经中央分隔带开口(75m)驶入对向两车道	2 120

六、改扩建施工作业区基本通行能力

基于上述理论模型法、统计模型法和交通仿真3种方法确定的施工作业区通行能力，经综合考虑比较，确定了改扩建施工作业区的基本通行能力，见表3-10。

不同形式施工作业区基本通行能力　　表3-10

施工作业区形式	基本通行能力[pcu/(h·1n)]
单向两车道封闭硬路肩或中央分隔带封闭施工，两车道通行	3 800
单向两车道封闭内侧一车道，外侧一车道和硬路肩通行	3 550
单向两车道封闭一车道和硬路肩，另一车道通行	1 600
单向四车道封闭内侧一车道，外侧三车道通行	6 250
单向四车道封闭内侧两车道，外侧两车道和硬路肩通行	4 870
单向四车道封闭内侧三车道，外侧一车道和硬路肩通行	3 550
经中央分隔带开口(75m)驶入对向一车道	1 350
经中央分隔带开口(75m)驶入对向两车道	2 100

施工作业区的基本条件是：白天天气状况良好，施工作业区内无施工，交通组成为小客车，道路被封闭，部分隔离设施紧贴车道设置，即行车道侧向净空为0，施工作业区限速为80km/h。

第三节　高速公路改扩建施工作业区通行能力影响因素

一、改扩建施工作业区通行能力分析模型

通过对国内外通行能力成果的分析，可知通行能力分析模型基本上有两种形式：一种以影响因素为自变量的回归模型，而另一种为常见的乘积折减模型。折减模型由于其直观、计算简便等被广泛应用，因此本章将介绍改扩建施工作业区通行能力折减模型。

通行能力折减模型的基础是基本通行能力，即在基本通行能力的基础上考虑施工作业区的其他影响因素，确定量化关系，最终得到实际条件下的施工作业区通行能力。改扩建施工作业区在全线范围内存在，将其作为一种单独的设施来考虑更合理。因此分析模型中的基本通行能力应为改扩建施工作业区的基本通行能力，其随着改扩建施工作业区形式的不同而变化。

在确立了施工作业区基本通行能力后，就要考虑施工作业区通行能力的影响因素。从国外研究的成果来看，施工作业区通行能力的影响因素主要包括交通方面的大型车比例、限速；道路方面的纵坡、开放车道数、封闭车道数、车道宽度、工作区的布局等；施工方面考虑施工强度、施工时间、作业区长度、作业区的位置；环境方面主要考虑光照度、天气情况等；驾驶员方面则考虑驾驶员的熟悉程度等。

本书可用于进行研究分析的施工作业区通行能力影响因素主要包括：车道封闭数量与形式、重型车的混入率、施工强度(有无施工作业)、光照条件(白天与夜间)、限速的影响等。

根据以上分析，改扩建施工作业区通行能力分析模型为：

$$C = C_b \times f_s (\times f_m) \times f_{HV} \times f_w \times f_l \times f_v \tag{3-6}$$

式中：C——施工作业区实际通行能力，veh/h；

C_b——施工作业区基本通行能力，pcu/h；

f_s——车道关闭数量与形式修正系数；

f_m——中央分隔带开口长度修正系数；

f_{HV}——货车混入率修正系数；

f_w——施工作业强度修正系数；

f_l——光照条件修正系数；

f_v——限速修正系数。

二、改扩建施工作业区通行能力影响因素

1. 车道封闭数量与形式

根据实际施工作业区交通流的观测，随着关闭车道数的不同，车辆在经过施工作业区时，车辆合流的难易程度也不同。随着关闭车道数的增加，车辆合流的难度逐渐增加。如单向两车道高速公路封闭一条车道时，其通行能力要大于单向四车道高速公路封闭三车道的情况，即四车道过渡到一车道要比两车道过渡到一车道更为困难，上游更容易出现不稳定的交通流。当上游交通需求增加到或超过施工作业区通行能力时，更多的车辆会选择在过渡段进行合流。在开放车道数相同的条件下，车道数越多合流就越困难。

本章已经对四车道和八车道高速公路的不同车道封闭施工作业区进行了实测和仿真。为确定修正系数，根据实测数据标定的仿真模型获得了八车道高速公路基本路段通行能力，见图 3-43。

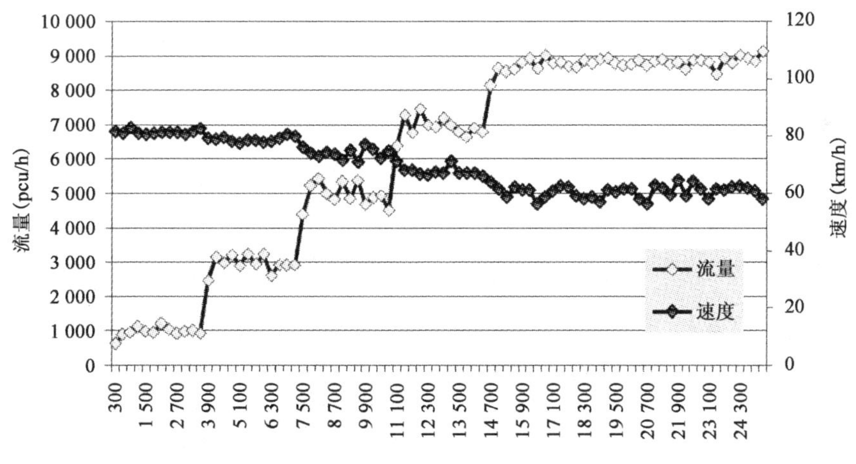

图 3-43 八车道高速公路基本路段断面速度—流量关系

可见，八车道高速公路断面通行能力为 8 800pcu/h。对于八车道高速公路，封闭车道施工目的是改扩建后期安全设施的安装，持续时间短，故仍以八车道正常情况的路段为基本条件，对其余车道封闭形式进行折减。

对于四车道高速公路，改扩建施工封闭硬路肩或中央分隔带是路基施工阶段持续时间最长和最基本的施工作业区形式，因此以这种形式为基本条件，对其余形式进行折减。根据以上

分析得到车道封闭数量与形式对通行能力的修正系数，见表3-11。

车道封闭数量与形式修正系数 表3-11

施工作业区形式	修正系数
单向两车道封闭硬路肩或中央分隔带施工，两车道通行	1.00
单向两车道封闭内侧一车道，外侧一车道和硬路肩通行	0.93
单向两车道封闭一车道和硬路肩，另一车道通行	0.42
八车道高速公路基本路段	1.00
单向四车道封闭内侧一车道，外侧三车道通行	0.71
单向四车道封闭内侧两车道，外侧两车道和硬路肩通行	0.63
单向四车道封闭内侧三车道，外侧一车道和硬路肩通行	0.40

2. 中央分隔带开口长度

根据等高速公路改扩建施工方案的不同，对单向两车道路段过渡到对向一车道/二车道和单向四车道路段过渡到对向一车道/二车道等四个方案，中央分隔带开口不同长度的运行情况进行分析，见图3-44～图3-47。

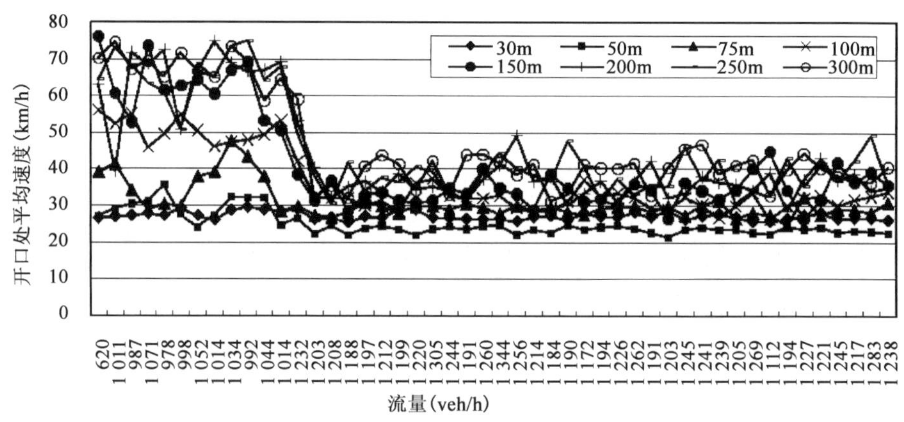

图3-44 单向二车道过渡到对向一车道通行时断面速度—流量关系

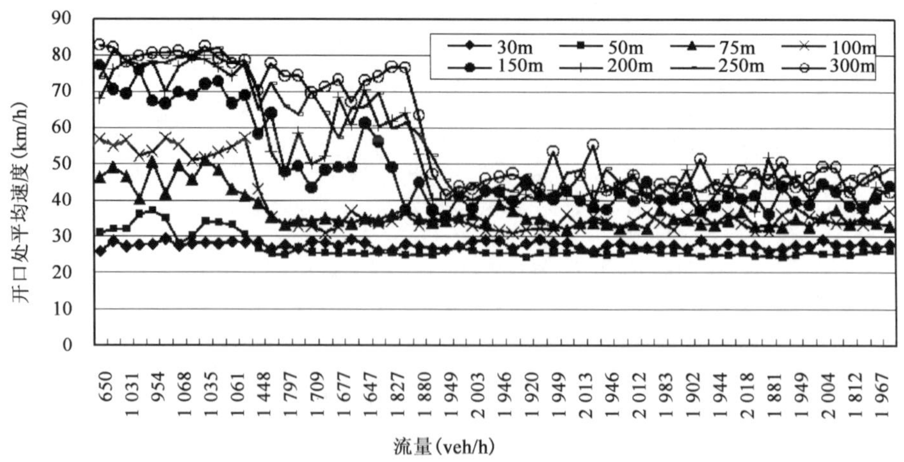

图3-45 单向二车道过渡到对向二车道通行时断面速度—流量关系

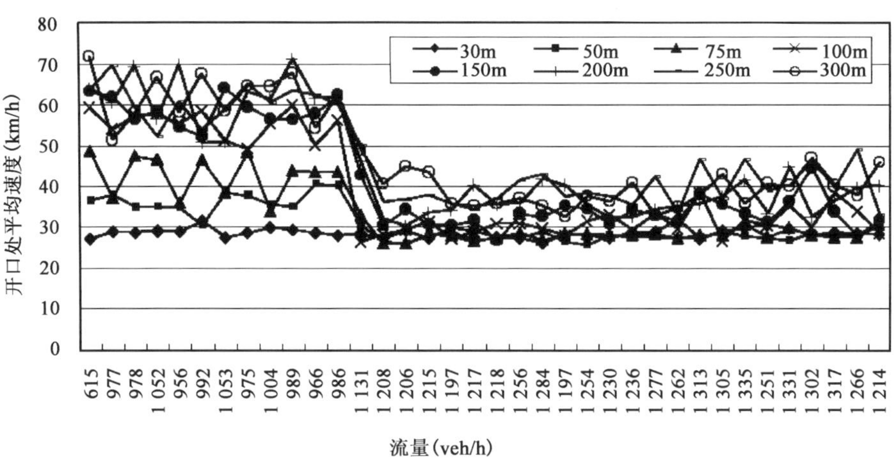

图 3-46 单向四车道过渡到对向一车道通行时断面速度—流量关系

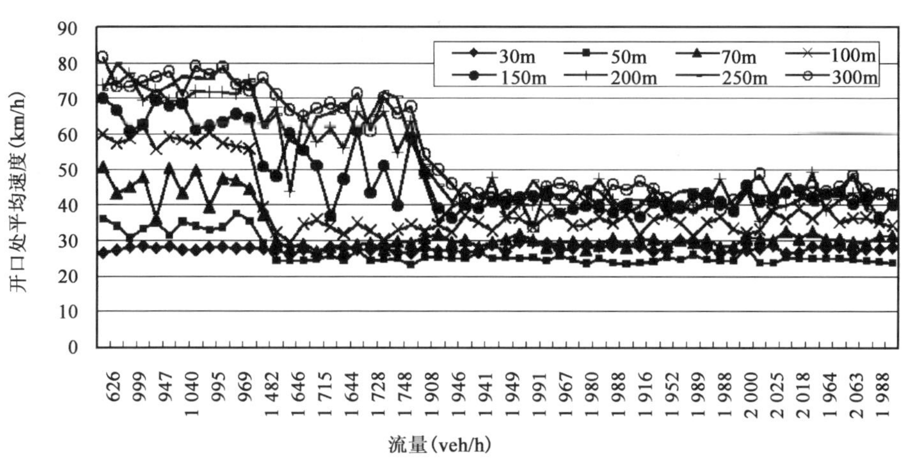

图 3-47 单向四车道过渡到对向二车道通行时断面速度—流量关系

对不同施工组织方案条件下的不同开口长度对应的自由流速度、断面通行能力和临界速度等指标进行统计分析，其结果见表 3-12。

不同中央分隔带开口长度结果 表 3-12

施工组织方案	指 标	中央分隔带开口长度						
		30m	50m	75m	100m	150m	200m	300m
单向二车道过渡到对向一车道	自由流速度(km/h)	28.0	29.6	40.1	50.9	62.6	65.1	68.1
	断面通行能力(veh/h)	990	1 024	1 100	1 186	1 289	1 355	1 440
	临界速度(km/h)	23.6	27.0	29.0	31.6	34.1	36.3	39.3
单向四车道过渡到对向一车道	自由流速度(km/h)	28.9	36.6	40.4	55.4	54.5	61.8	62.2
	断面通行能力(veh/h)	1 018	1 025	1 106	1 186	1 336	1 403	1 500
	临界速度(km/h)	27.8	28.3	28.6	31.0	33.7	36.8	39.3

续上表

施工组织方案	指　　标	中央分隔带开口长度						
		30m	50m	75m	100m	150m	200m	300m
单向二车道过渡到对向二车道	自由流速度(km/h)	27.9	32.8	46.2	54.5	70.4	75.9	80.3
	断面通行能力(veh/h)	1 151	1 244	1 493	1 791	2 214	2 392	2 654
	临界速度(km/h)	25.3	27.5	33.4	34.0	40.3	42.3	45.9
单向四车道过渡到对向二车道	自由流速度(km/h)	27.8	34.3	45.4	58.2	65.3	72.4	75.7
	断面通行能力(veh/h)	1 133	1 249	1 562	1 859	2 260	2 446	2 696
	临界速度(km/h)	25.0	28.0	30.1	35.4	40.9	41.6	43.8

从表 3-12 可知：

(1)延长中央分隔带开口长度对提高交通组织方案的运行效率和通行能力具有明显效果。其中从中央分隔带开口过渡后对向二车道的速度和通行能力比对向一车道提升更明显，其原因是对向二车道自由度更大。

(2)相同的开口长度情况下，速度和通行能力不受过渡前车道数影响，而只受过渡后的车道数控制。相同的中央分隔带开口长度和对向车道数条件下，无论过渡前单向是二车道还是四车道，自由流速度、通行能力与临界速度基本相同，而相同开口长度不同对向车道数情况下，速度与通行能力差别很大。

(3)车辆自由流速度受开口长度的影响较大，而与对向车道数、过渡前单向车道数关系不大。因为车辆在开口前显然不能看到下游车道数，而只关注开口长度和车辆应以多大速度通过开口。

(4)从提高通行效率角度分析，中分带开口从目前的 30m 拓宽到 75m 后，自由流速度达到了 40km/h 的限速，通行能力提升较明显。若继续拓宽不仅造价提高较多，而且通行能力与通行效率提升效果并不明显了。

汇总以上结果，得到通行能力与中央分隔带开口长度和对向车道数的关系，见表 3-13。

通行能力与中央分隔带开口长度和对向车道数关系　　表 3-13

开口长度	对向车道数	30m	50m	75m	100m	150m	200m	300m
断面通行能力(veh/h)	单向二车道半幅一车道通行	1 000	1 020	1 100	1 180	1 310	1 370	1 470
	单向四车道半幅二车道通行	1 140	1 240	1 520	1 820	2 230	2 410	2 670

以中分带开口为 75m 作为基本条件，对其他开口长度通行能力进行折算，修正系数见表 3-14。

中央分隔带开口长度修正系数　　表 3-14

施工组织方案	开口长度	30m	50m	75m	100m
单向两车道半幅一车道通行	修正系数	0.91	0.93	1.00	1.07
单向四车道半幅二车道通行	修正系数	0.75	0.82	1.00	1.20

3. 货车混入率

随着货车混入率的增加，货车对通行能力的影响逐渐加大。货车由于其机动性能差，加减速比较慢，运行速度低等特点，在施工作业区运行时，车辆合流加减速比较频繁，货车的混入严重影响了交通流的合流过程，加剧了此路段的交通不稳定性。当货车驶入作业区段时，作业区段内仅为一个车道，货车的慢速行驶使得后面的小客车不得不跟车低速运行，这往往是导致施工作业区段内部发生交通拥堵的诱因。大型车在道路上要占用更多的空间，其车头时距往往也比小客车的车头时距更大，因而交通流中大型车的比例不可避免地将对道路通行能力产生影响。

基于实地观测数据和仿真结果，得到货车不同比例情况下路侧加宽施工作业区的速度—流量关系，见图 3-48～图 3-53。

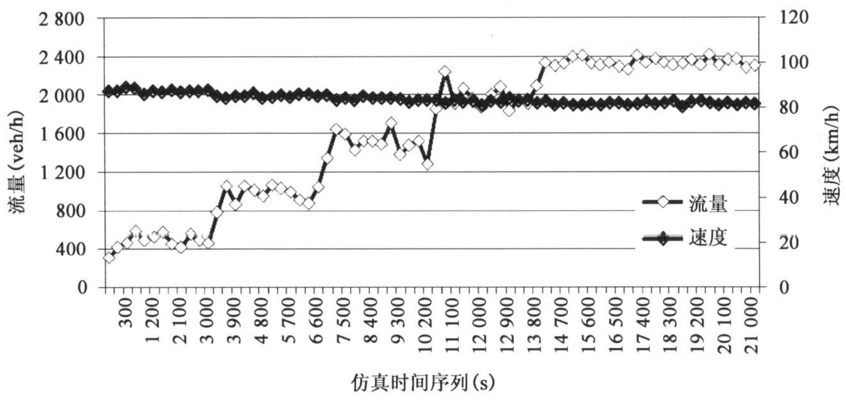

图 3-48　货车比例 0%时速度—流量关系

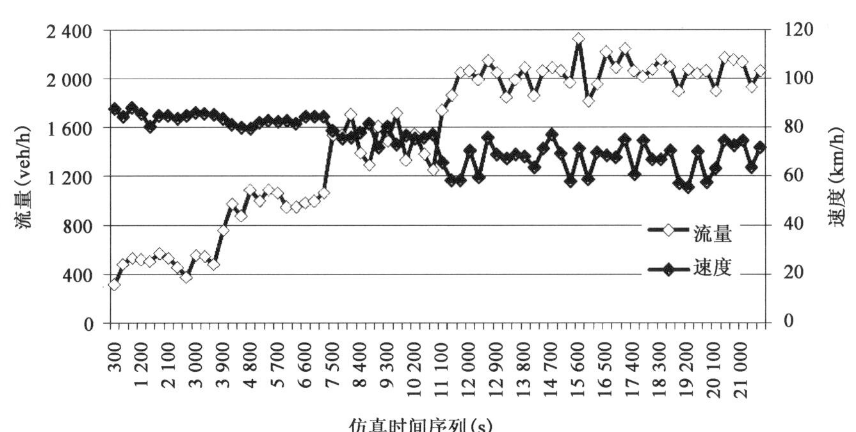

图 3-49　货车比例 10%时速度—流量关系

根据上述速度—流量关系图，求得不同比例货车的通行能力折减见表 3-15。

不同比例货车的通行能力修正系数　　表 3-15

货车比例	0%	10%	20%	30%	40%	50%
修正系数	1.00	0.89	0.82	0.78	0.75	0.72

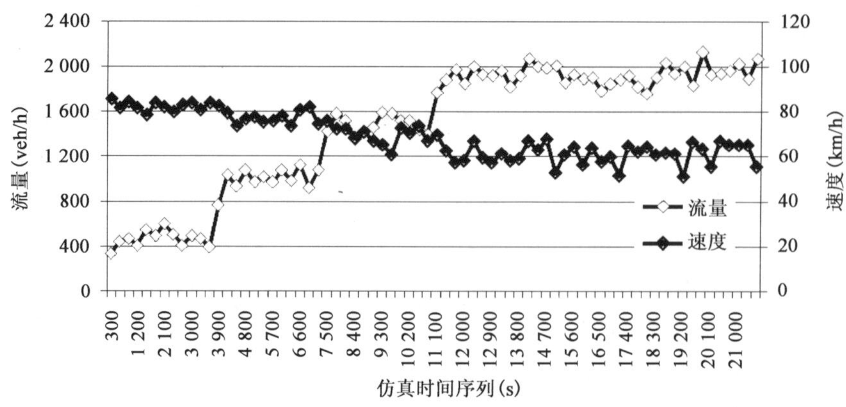

图 3-50　货车比例 20%时速度—流量关系

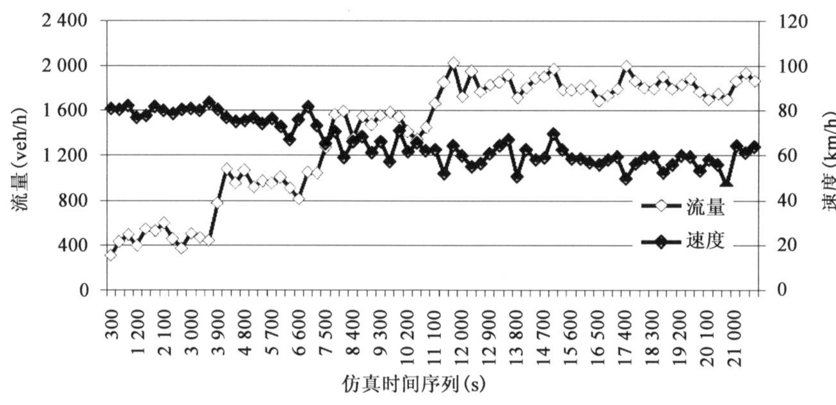

图 3-51　货车比例 30%时速度—流量关系

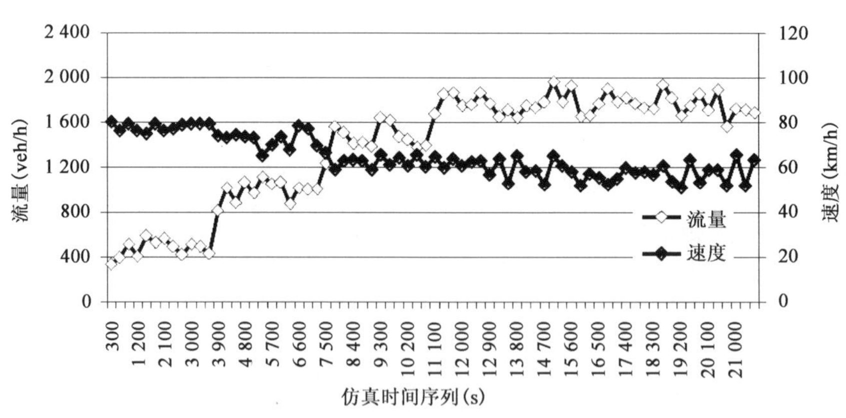

图 3-52　货车比例 40%时速度—流量关系

从表 3-15 可知,货车对改扩建施工作业区通行能力的影响很大,但随着车流中货车比例的增加,改扩建施工作业区的通行能力下降的速度逐渐变慢。

上述是施工作业区内只有一条车道通行条件下货车比例对通行能力的修正。当作业区内有两条以上车道通行时,可以参考《公路路线设计规范》中交通组成修正系数进行车辆折算。

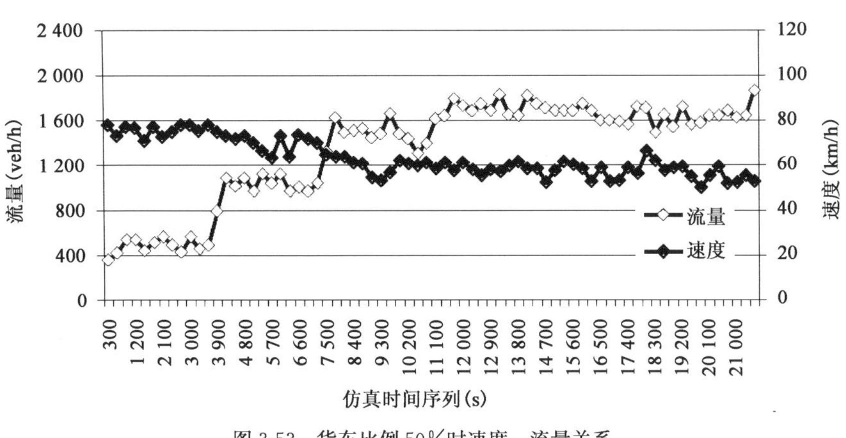

图 3-53　货车比例 50%时速度—流量关系

4. 施工作业强度

根据对实际施工作业区的观测，当作业区路段正在施工时，由于施工机械、施工人员在施工作业区活动比较频繁，驾驶员行车经过时为了保障安全不得不提高警惕，采取更低的速度通过施工作业区。对于长期施工作业区，路面作业过程中施工机械、施工人员较多，而且施工作业面与行车道边缘线采取简单的隔离墩作为分隔设施，施工机械与人员容易与过往的车辆发生直接碰撞与刮蹭。因此调查时发现，当作业区施工时，施工作业区的车流速度要比没有施工条件下的车流速度低很多，即施工作业对通行能力的影响很大。根据实际观测的施工作业区数据得到有无施工作业时对通行能力的修正系数，见表 3-16。

施工作业强度修正　　表 3-16

施工作业强度	修 正 系 数	施工作业强度	修 正 系 数
无施工作业	1.00	有施工作业	0.86

5. 光照条件

根据实际施工作业区道路交通流的观测，当驾驶车辆在光照条件较差的夜间通过施工作业区时，会采取比白天光照条件好时更低的车速，并且会加大与前车的行驶空间，保障更加安全的车头间距。在夜间，当施工作业区进行施工作业时，由于隔离设施设置比较简单，无法遮挡施工机械或人员进入行车道范围，在光线昏暗的夜间，施工作业区的通行能力会大大降低，即光照条件对施工作业区的通行能力影响很大。

通过观测同一路段在白天与夜间施工条件下的通行能力变化，确定光照条件(白天与夜间)对施工作业区通行能力的影响和量化分析，确定了光照条件对通行能力的修正系数，见表 3-17。

光照条件修正系数　　表 3-17

光 照 条 件	折 减 系 数	光 照 条 件	折 减 系 数
白天	1.00	夜间	0.85

6. 限速管理

改扩建施工作业区实际限速值的确定主要考虑了开放车道数、施工强度等安全因素，但仅设置限速标志表明施工作业区的速度限制，在执法不严的情况下，车辆在施工作业区路段运行时，很少遵守这样的限速。特别是当交通流量较小的时候绝大多数车辆选择较高的速度运行，即在施工作业区路段行驶的车辆，驾驶员更多会根据实际的路侧施工情况、交通流状态、距离前车的距离等选择合理的速度行驶。

由于交通量远未达到通行能力的程度，故限速对通行能力的效果并不明显。基于一条典型改扩建高速公路的现状交通组成，采用仿真的方法模拟大流量情况下不同限速值对通行能力的影响，得到的结果见图 3-54、图 3-55。

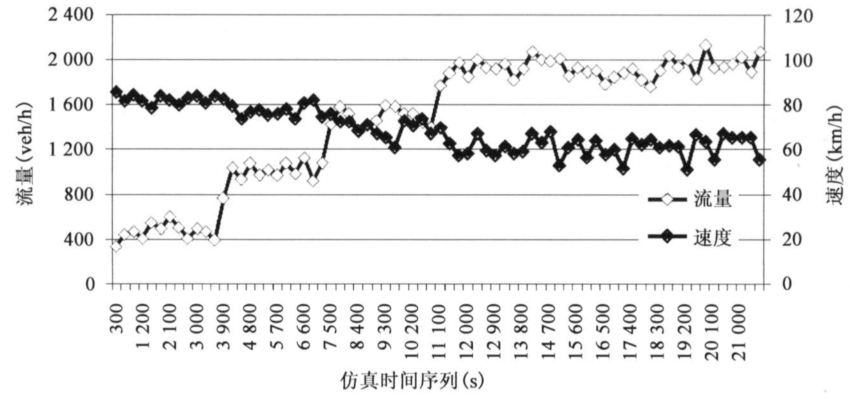

图 3-54　限速 80km/h 单车道速度—流量关系

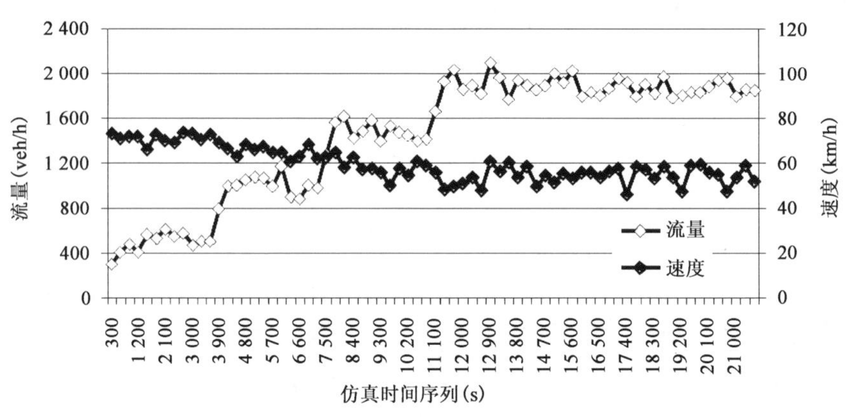

图 3-55　限速 60km/h 单车道速度—流量关系

限速值分别为 80km/h 和 60km/h 时，路侧加宽施工作业区通行能力分别为 1 920veh/h 和 1 880veh/h。若以 80km/h 为基本条件，60km/h 时，通行能力修正系数为 0.98，如表 3-18 所示。可见，由于达到通行能力时，临界速度已经降低到限速以下，故通行能力与限速的关系并不明显，仅对低流量情况下运行效率的提升作用显著。

施工作业区限速值修正系数　　表 3-18

限速值(km/h)	修正系数	限速值(km/h)	修正系数
80	1.00	60	0.98

本章针对施工作业区通行能力影响因素，仅确定了几个最重要的指标，对于诸如天气、驾驶员对施工作业区的熟悉程度等因素未涉及。本章影响因素的折减也有待于在高速公路施工作业中进一步应用、验证和完善。

第四节 高速公路改扩建施工作业区服务水平

一、改扩建施工作业区服务水平描述

服务水平是衡量交通设施提供的运行质量好坏的指标。服务水平定义为衡量交通流内的运行条件及其为驾驶员和乘客提供服务质量的一种评价指标，通常与行车速度、行驶时间、驾驶自由度、交通阻塞程度以及舒适和方便程度等因素有关。对施工作业区服务水平进行分析，确定施工作业区服务水平分级指标和标准，可以有效评估施工作业区交通组织方案的优劣，为施工组织方案的比选提供科学依据。

服务水平的定性描述如下：

通行能力分析的目的是为了确定交通运行质量，因此通行能力的分析、评价必须与服务水平的分析、评价同时进行。服务水平是用路者在不同的交通流状况下，所能得到的速度、舒适性、经济性等方面的服务程度，亦即公路在某种交通条件下为驾驶者和乘客所能提供的运行服务质量。服务水平通常由速度、交通密度、行驶自由度、交通中断情况、舒适性和便利程度等来描述和衡量。

本章将服务水平划分为六级，是为了说明公路交通负荷状况，以交通流状态为划分条件，定性地描述交通流从自由流、稳定流到饱和流和强制流的变化阶段。

一级服务水平，交通流处于自由流状态。交通量小，速度高，行车密度小，驾驶员能自由或较自由地按照自己的意愿选择所需速度，行驶车辆不受或基本不受交通流中其他车辆的影响。超车需求远小于超车能力，被动延误少。在交通流内驾驶的自由度很大，为驾驶员提供的舒适度和方便性非常优越。在该级服务水平下，事件或影响很容易消除。

二级服务水平，交通流状态处于稳定流的较好部分，驾驶员基本上能按照自己的意愿选择行驶速度，但是开始要注意到交通流内有其他使用者，并可能影响到行驶速度的选择。相对于一级服务水平而言，交通流中驾驶的自由度略有下降。因为交通流中其他使用者的存在，开始影响部分操作，交通设施所提供的舒适和方便程度已经下降。小事件的影响和中断仍容易消除。

三级服务水平，交通流状态处于稳定流的中间范围，车辆间的相互影响变大，选择速度受到其他车辆的影响，驾驶时需要留心交通流内其他使用者，舒适和便利程度与二级服务水平相比有明显下降。较小的事件造成的影响可以消除，但事件区域内的服务水平显著下降，任何严重的阻塞都会形成排队。

四级服务水平，交通流处于稳定流范围下限，但是车辆运行明显地受到交通流内其他车辆的相互影响，速度和驾驶的自由度受到明显限制。在交通流中驾驶，要求部分驾驶员切实提高警惕。总的舒适度和方便性明显下降。很小的事件可能造成持续排队的现象。

五级服务水平，交通流处于拥堵流上半部分，是通常意义上的饱和流，运行条件等于或接

近通行能力值。所有车辆的速度都降到很低，但运行速度相对一致，交通流中驾驶的自由度极少，舒适和方便程度极差，驾驶员受到的阻碍一般都很大。在这个水平上运行通常不稳定，因为交通流中流量稍有增大或微小波动，都会引起交通阻塞，使车辆形成很长的排队。

六级服务水平，交通流处于拥堵流下半部分，是通常意义上的强制流或阻塞流。这一服务水平下，交通设施的交通需求超过其允许的通过量，车流排队行驶，队列中的车辆出现停停走走现象，运行状态极不稳定，可能在不同交通流状态间发生突变。

以上定义主要是针对连续流的概念性描述，由于用来衡量服务水平等级的主要参数随公路设施类型的不同而有所差异，高速公路、一级公路以车流密度作为主要指标；二、三级公路以延误率和平均运行速度作为主要指标；交叉口则用车辆延误来描述其服务水平。各类公路设施评价服务水平的主要参数见表 3-19。

各类公路设施评价服务水平的主要参数 表 3-19

公路设施类型	评价服务水平的主要参数
高速公路和一级公路的路段互通式立体交叉的匝道及其交织区	密度[pcu/(h · ln)]和(V/C)比密度[pcu/(h · ln)]、速度(km/h)和交通量(pcu/h)
二级公路、三级公路的路段	延误率(%)和平均速度(km/h)
平面交叉(无信号控制)	延误(s)
收费站	延误(s)和车辆排队数(辆)

二、现有服务水平标准的适用性分析

现有《公路工程技术标准》(JTG B01—2003)第一章“总则”中对公路改扩建也仅规定“在工程实施中，应减少对既有公路的干扰，并应有保证通行安全的措施。维持通车路段的服务水平可降低一级”。我们应该如何理解这个“降低一级”呢？对于高速公路，原设计时均采用二级服务水平，那么改扩建时应保证通车路段服务水平维持在三级及以上。由于改扩建施工路段受多因素影响，通行能力下降很多，原设计三级服务交通量已经超过了施工作业区的通行能力，造成施工作业区的拥堵。如四车道高速公路 120km/h 设计速度三级服务交通量为1 950 pcu/(h · ln)，而封闭一条车道改扩建施工作业区的通行能力只有 1 600pcu/(h · ln)，将导致交通组织的失效。

此外，改扩建施工作业区通行条件和路侧环境均发生了较大变化，再沿用现有的服务水平评价体系不合理。不便于遵循高速公路改扩建施工期间车辆通行处于“通而不畅”的原则，对制定高速公路改扩建施工作业区保通交通组织方案形成障碍。故应根据改扩建施工作业区的特点和交通运行特性，重新确定施工作业区的服务水平评价指标和评价标准。

三、施工作业区服务水平评价指标选取

高速公路施工路段交通组织方案的实施效果直接反映了施工路段车辆的运行状况，即体现在改扩建施工路段所能提供的服务水平上。施工路段交通服务水平是指在不中断交通条件下，道路使用者从道路状况、交通与管制条件等方面可能得到的服务程度或服务质量，如道路可以提供的行车速度、驾驶自由度与经济、安全性等方面所能得到的实际效果与服务程度。

高速公路改扩建施工作业区不同于高速公路的基本路段，特别是单侧封闭仅剩下 1 条车道的情况。决定服务水平的最关键因素不是交通量，因为在施工作业区路段，当交通量较小时，速度也不一定很高，这是由于行驶在施工作业区的车辆，路段内施工作业的存在干扰了车辆的通行条件，驾驶员行驶过程中不仅仅要注意与前车的距离，更要关注施工作业区内是否会出现车辆或施工人员，驾驶员会采取较低的速度行驶以保证行车的安全，即车辆的行车速度较低不仅仅是源于前车的阻挡，而且更为关键的是要充分考虑侧向安全的反应时间。因此，在评价施工作业区服务水平时，开放车道数为 1 时，速度是反映施工作业区车辆行驶过程中最具代表性的参数，密度在某种程度上并不能反映速度与流量，即在此时衡量服务水平的指标应该为速度。

在施工作业区路段上，当交通量大的时候，车辆行驶速度会降低，并且速度降低最为明显的是施工作业区的过渡区。在此路段上，由于车辆要发生合流，合流过程中，当施工作业区路段内，开放车道数在两条及两条以上时，将导致靠近施工作业区的外侧车道的车辆向远离施工作业区的车道转换，换车道行驶使得车流在施工作业区运行出现紊乱，此时车流的运行速度会大大降低。施工作业区的路段在过渡区的合流过程与高速公路的合流区基本相似。在施工作业区内部，交通量较小时，车辆可以超车，因此，施工作业区对行车速度的影响会随着车道数的增加而减弱，交通量仍然是决定车速的最关键因素，此时，仍采用原来的高速公路服务水平评价指标体系形式是合理的，但可能在速度的划分阈值上有所差别。

高速公路改扩建施工作业区是在高速公路改扩建施工期间出现一段时间，在空间上可能仅仅是某条高速公路的一部分长度。因此，对高速公路改扩建施工作业区的服务水平进行评价时，采用的指标仍然以评价高速公路的服务水平指标为基准进行，这样对施工作业区与非施工作业区路段的服务水平才便于比较，才能在使用改扩建规划与设计中更好地控制其服务水平，但服务水平的评价指标的主次结构随着影响因素的不同可能会发生调整。基于以上分析，高速公路改扩建施工作业区服务水平的评价指标主要参数见表 3-20。

高速公路改扩建施工作业区评价服务水平的主要参数 表 3-20

开放车道数	评价服务水平的主要参数
1 条车道	速度(km/h)、密度[pcu/(km·ln)]和 V/C 比
2 条及两条以上车道	密度[pcu/(km·ln)]、速度(km/h)和 V/C 比

四、施工作业区服务水平评价标准确定

为了便于与非施工作业区交通状况作比较，控制好高速公路改扩建施工作业区的服务水平，在改扩建施工作业区期间能被道路使用者所接受，保持服务水平不至于降低太多，保持连续性，在施工作业区路段内，在开放车道数仅剩 1 条的情况下（图 3-56、图 3-57），车辆无法超车。车辆的运行速度主要受施工作业影响，当施工作业区界面距离行车道边缘线很近时，作业强度很高，驾驶员感受到紧张，会选取较低的速度行驶，即使车辆的密度很低，即交通量较小也会如此行车，因此最能表征施工作业区对车辆运行的指标应该是速度。当交通量较大时，车辆的运行对速度产生影响，因此密度应该被放在其次的位置。参考高速公路服务水平等级，在密度划分原则下，对运行速度进行了调整，根据调研结果，划分等级显示如表 3-21 所示。

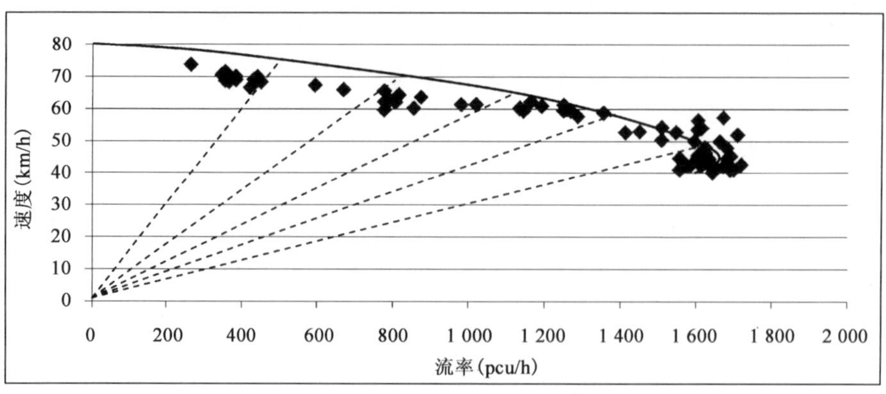

图 3-56　仅有 1 条开放车道的改扩建施工作业区速度—流量关系

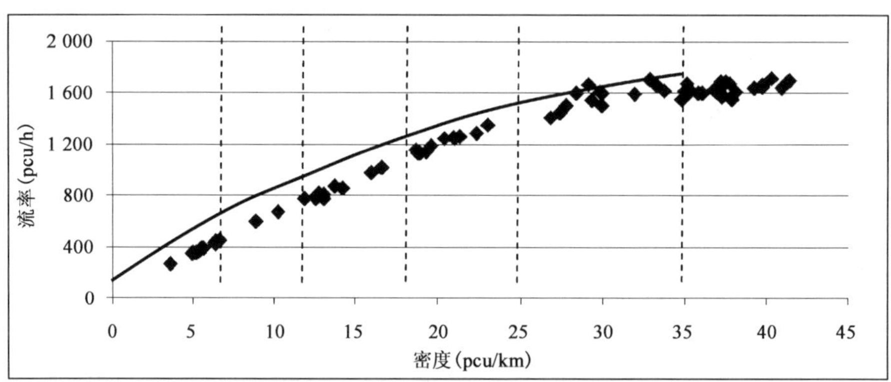

图 3-57　仅有 1 条开放车道的改扩建施工作业区密度—流量关系

仅有 1 条开放车道的改扩建施工作业区服务水平分级　　表 3-21

服务水平	密度 [pcu/(km·ln)]	速度 (km/h)	最大服务流量 [pcu/(km·ln)]	饱和度 (V/C)
一	7	≥71	≤500	≤0.31
二	12	≥67	≤800	≤0.50
三	18	≥61	≤1 100	≤0.69
四	25	≥54	≤1 350	≤0.84
五	35	≥46	<1 600	接近 1.0
六	>35	<46	0～1 600	>1.0

当开放车道数在两条以上时(图 3-58、图 3-59)，靠近施工作业区一侧的车道受施工作业区的干扰较严重，其他开放车道受施工作业区的影响较小，此时车辆的运行速度受施工作业区制约较小，而受交通量的影响更大，因此密度仍然为评价施工作业区交通流状况最具代表性的参数，这样的施工作业区路段更符合用高速公路路段服务水平的评价指标进行分析，但施工作业区的车辆运行速度会受到施工作业区作业的影响，速度有所降低，具体体现在速度的阈值会有所不同。

具体分级如表 3-22 所示。

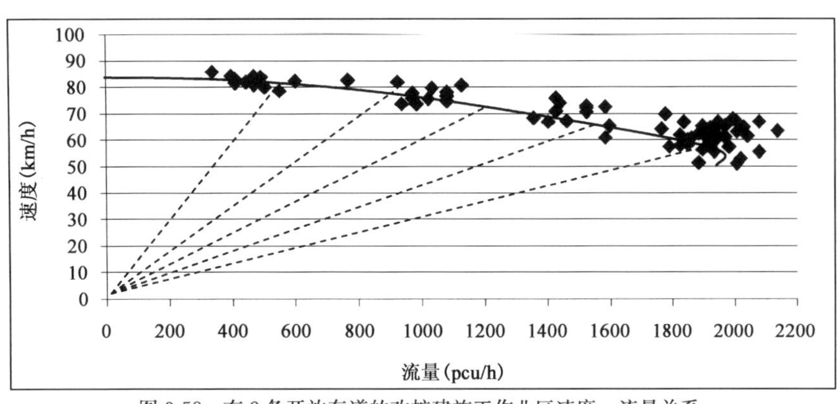

图 3-58　有 2 条开放车道的改扩建施工作业区速度—流量关系

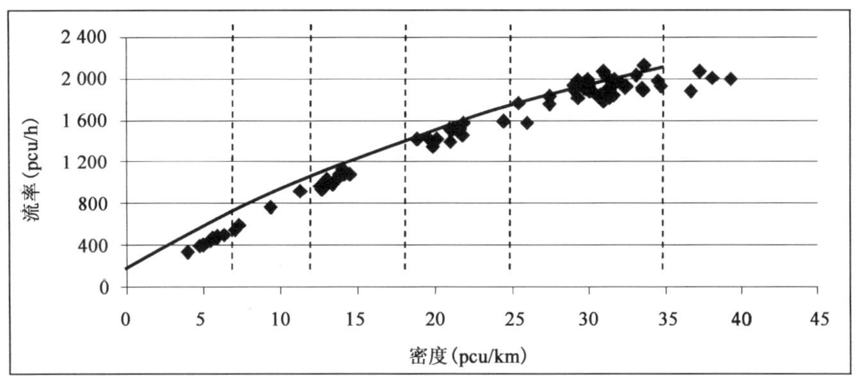

图 3-59　有 2 条开放车道的改扩建施工作业区密度—流量关系

有 2 条及以上开放车道的改扩建施工作业区服务水平分级　　表 3-22

服务水平	密度 [pcu/(km·ln)]	速度 (km/h)	最大服务流量 [pcu/(km·ln)]	饱和度 (V/C)
一	7	≥80	≤560	≤0.29
二	12	≥75	≤900	≤0.47
三	18	≥69	≤1 200	≤0.63
四	25	≥62	≤1 550	≤0.82
五	35	≥54	<1 900	接近 1.0
六	>35	<54	0~1 900	>1.0

根据改扩建施工作业区“通而不畅”的组织原则，在改扩建施工的路段，交通流的服务水平可降低至三级或四级。

五、施工作业区服务水平分析流程

科学合理准确的通行能力与服务水平分析和评价可以为改扩建施工作业区交通管理与控制提供必要的实施依据，是实施改扩建施工交通组织的第一步工作，也是评判改扩建施工交通组织优劣的有力工具。基于以上分析提出改扩建施工作业区通行能力与服务水平分析流程(图 3-60)，便于技术人员遵循和正确应用。

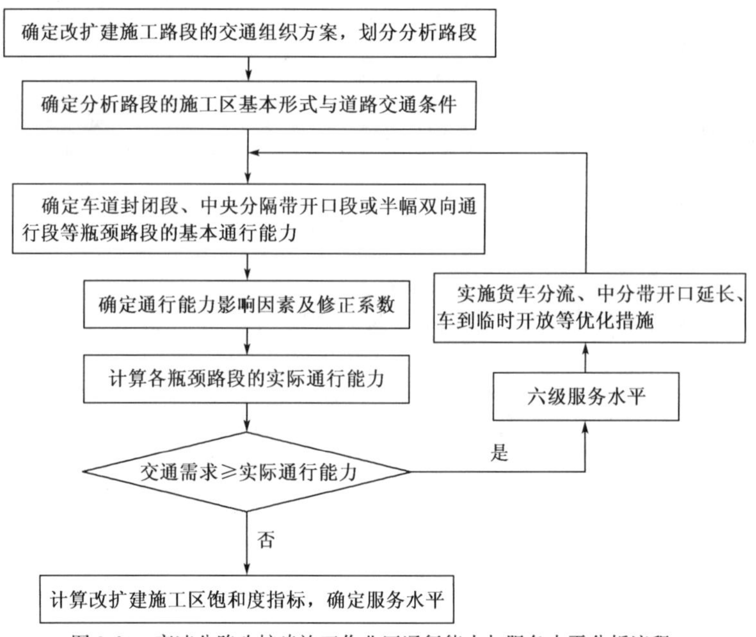

图 3-60　高速公路改扩建施工作业区通行能力与服务水平分析流程

第五节　应用案例——高速改扩建施工作业区的通行能力值确定和服务水平分析

某双向四车道高速公路通过双侧拼接加宽改扩建为双向八车道高速公路，其中半幅全部封闭进行路面面层的最后的整体摊铺，另外半幅外侧两个车道也正进行路面施工，内侧两个车道双向通行，因此，一侧车辆需经过中央分隔带开口转换到对向车道行驶，中央分隔带开后长度为 100m。单方向白天观测到的高峰小时施工条件下的交通量为 536 辆/h；交通组成中小客车占 65%，货车占 35%，中央分隔带过渡区的限速为 60km/h，根据上述条件估算该施工作业区的饱和度和服务水平。

根据已知的道路交通条件确定相关影响因素的修正系数：单向二车道半幅 1 车道通行，而中央分隔带开口长度为 100m，查表 3-14 可知，$f_m=1.07$；货车混入率为 35%，查表 3-15，并进行线形内插取值可得，$f_{HV}=0.765$；因两个方向都正在进行施工作业，所以查查表 3-16，可得 $f_w=0.86$；白天施工作业，查表 3-17，可知光照条件修正 $f_l=1.0$；因作业区的限速为 60km/h，根据表 3-18，取 $f_v=0.98$。

(1)根据表 3-10，确定此施工作业区交通组织方案下的基本通行能力值：$C_b=1350$。

根据施工作业区实际通行能力计算公式和影响因素修正系数，计算通行能力。

$$C=C_b\times f_s(\times f_m)\times f_{HV}\times f_w\times f_l\times f_v$$
$$=1350\times 1.07\times 0.765\times 0.86\times 1.0\times 0.98=932\text{ 辆/h}$$

(2)计算饱和度，并确定服务水平。

$V/C=536/932=0.58$，根据服务分级表 3-21，可知该施工作业区的服务水平处于三级，现有的交通组织方案比较合理，可维持不变。

第四章　公路施工作业区交通安全技术

公路施工作业通常在通车状态下进行，由于公路条件的突变和现场车辆通行的复杂性，公路施工作业路段往往成为交通事故多发段。据统计，公路工程施工过程中发生的各种安全事故，因安全警示设施、设备不健全不规范造成的占到70%以上。因此，针对公路施工作业路段特点，设置其交通安全综合保障技术与装备，以提升公路施工作业区交通安全水平显得尤为重要。

第一节　速度控制技术

车速控制在公路施工作业中有着重要的意义，是降低施工作业区的事故率的重要措施，公路交通事故，很大原因是因为车辆之间速度的不一致导致的。在工作区，如果不进行限速，将导致车辆之间的速度更加不均衡。同时，车辆速度控制也是消除工作区交通堵塞、提高通行能力的重要措施。

限制速度的选择一般考虑以下原则：

第一，限制速度不能超过施工作业区的最大安全速度。施工作业区的最大安全速度和施工作业区行人活动、施工类型和进展情况及道路的情况有关，冲撞事故发生越多、越频繁，最大安全车速应越低。

第二，限制速度应考虑实际通行的大多数车辆的运行速度情况，不能过低。

第三，限制速度宜统一，并能提供给驾驶员对突发事件和交通控制设施及人员指示的反应时间。

美国MUTCD的第六章为temporary traffic controls，详细地规定了美国关于施工作业区的交通组织及安全技术规程，其中关于施工作业区的速度控制相关论述为：大幅度降低限速值，如降低50km/h(30 mph)，会增加交通流运行速度的波动性，从而增加发生碰撞事故的可能。小于16km/h(10 mph)的限速值降低幅度，对交通流运行速度波动性的影响较小，从而对碰撞发生可能性的影响也较小。因此在施工作业区交通管理中，应当尽量不改变原先道路的限速标准，除非非常必要或实际条件限制，即使在这样的情况下，一个区域内的限速值也不应频繁变化。实施交通控制措施时，施工作业区限速值与正常限速值之差应当小于16km/h(10 mph)。大于16km/h的限速值降低幅度只有在实际限制条件非常剧烈的情况下才采用。当采用大于16km/h的限速值降低幅度时，必须设置额外的驾驶员警示设施，并应当在最低限速点前适当区域内逐步降低限速值，配合设置适当的警告设施。降低限速值的措施应当尽量少地采用，因为并不是所有的限速措施都能获得预想的效果。实际运行中，驾驶员是按照自己的判断驾驶车辆，只有当他们清楚地感觉到应该降低行车速度时，他们才会减速。

Rauphail等人于1985年在研究了高速公路施工作业区附近车流速度特性的基础上，确认影响通过施工作业区的车流速度的因素主要包括：①道路几何线形因素，例如车道封闭形式、道路的平纵横曲线特性、有效车道宽度和横向净空大小以及视距等；②交通流因素，例如交通量大小和车流中的大车混入率；③交通控制因素，例如使用的交通安全设施类型以及有无交通指挥等；④施工作业区因素，例如施工作业区所在的位置、施工规模、施工作业区长度等。

1987 年美国联邦公路局的一项研究对施工作业区的常用的 4 种速度控制方法进行了评价，并颁布了相应的实施指南。4 种速度控制方法分别是：①MUTCD 中规定的标准旗语指挥；②一边使用 MUTCD 中的旗语，一边用另一只手示意驾驶员看立在旁边的减速标志；③装有警灯和雷达的警车停在施工作业区内；④现场身着制服的警察指挥交通。试验时每一种方法都在 6 车道的高速公路上被连续应用了 10～15d，结果表明，每一种方法都能显著地降低车辆的速度。相比较而言，设置旗手的方法在两个车道封闭一个车道开通时的效果要优于一个车道封闭两个车道开通时的效果，尽管设置警车和警察的方法能够使速度降低很多，但这种方法的实施需要多个管理部门的协商合作，有一定的难度。

New Brunswick 大学交通研究组的 Eric 等人于 2003 年对乡村临时性施工作业区的速度管理策略进行了研究。利用前后对比分析法对便携式可变信息板（Portable changeable message sign）、便携式橡胶隆声带（Portable rubber rumble strips）、横向路面减速标记（Transverse pavement markings）和橙色荧光施工标志板（Fluorescent orange construction sign sheeting）的减速效果进行了实验分析，4 种限速设施如图 4-1 所示。研究选择了对平均速度、85％位速度、速度标准差的影响，以及夜间实施效果等作为限速措施效果评价指标。根据研究结论，推荐便携式的可变信息板、便携式的橡胶隆声带、横向的路面减速标记作为速度控制的方式，考虑到速度降低效果不明显且使速度波动增加，故不推荐橙色荧光施工标志板作为限速方法。

a)　b)　c)　d)

图 4-1　施工作业区各种限速措施和方法

2000年爱荷华州的交通研究和教育中心(CUTE)对施工作业区的一些常用的速度降低措施进行了评价。文献综述表明旗手和警察执法对降低施工作业区的车速有较积极的影响，但是两者都属于劳动密集型的，长期应用费用比较高，因此，实际应用中这种方法也是比较少的。研究建议可以采用新技术来替代这些措施，如机器人旗手和拍照雷达执法等均是比较可行和有效的。结论还表明一种限速方式很难起到预期的效果，最有效的限速往往是多种技术综合应用的结果。

此外，爱荷华州交通厅还通过信访的方式对其他63个交通机构进行了问卷调查，共有39个机构给予了反馈。问卷调查同样表明，大多数州的施工作业区比正常速度低10mile/h，个别的情况下也有采取比正常速度低20mile/h的，但这种情况基本上都是经过专家讨论通过的。绝大多数管理单位在施工作业区都布设的是限速标志，而不是警告(建议)限速标志。

美国密歇根州交通厅根据相关研究结论，在1997年修改了施工作业区地点车速的限制。具体规定是：

对于宽阔的、没有维修工程的、也没有工人出现的地点，限速60 mile/h。

对于宽阔的、没有维修工程的，但有工人经常出现的地点，限速50 mile/h。

正在进行的维修工作处限速45 mile/h。

《公路养护安全作业规程》中，规定了公路养护维修作业控制区的限制车速分为3种标准：60km/h、40km/h和20km/h，并根据不同的限速标准确定了车道封闭上游过渡区的最小长度和路肩封闭上游过渡区的最小长度。对于为什么取这3个分级标准，以及何种等级的道路在何种情况下取何种大小的限速值，规程中并没有明确地说明和解释。

从上述分析可以看出，国外施工作业区的限速值均比较高，一般情况下只比正常情况下的速度低10～20km/h，而我国工作区的限速值均比较低，以设计速度为120km/h的高速公路为例，限速值通常取60km/h。施工作业区限速值的确定基本上是根据相关规范和指南确定的，也即是根据经验选取的，考虑的均是理想道路交通条件下的速度，实际上施工作业区的速度受道路线形条件、交通量、大车比例等交通流条件影响很大，但相关理论研究却很少，施工作业区速度控制技术亟待突破。

一、限速值确定

施工作业区限速大小对道路通行能力与安全性有重要影响，因此合理的限速值大小必须兼顾通行能力与安全性两方面。通常我们用事故数及严重程度来反映交通安全性，因事故数据获取难度大，所以直接研究限速值大小与事故之间的关系就十分困难，但速度差和标准差与事故率两者有很大的相关性，国内外研究得出的一致结论是随着速度标准差(速度离散性)增大，事故呈几何级数增大，速度差与事故率之间的关系如图4-2所示。因此，可以通过降低速度差来增进公路施工作业区的交通安全，本节将建立限速值和速度标准差之间的影响关系，根据两者之间的关系来确定公路施工作业区最优的限速值。

最优限速值的确定采用实测数据分析、模拟软件仿真评价及理论推导分析相结合的研究模式。当道路环境条件不变时，交通流特征参数中的流量和交通组成是影响速度分布最为敏感的两个变量，针对不同的流量和大型车比例给出限速的合理取值。参照《公路通行能力手册》中交通流状态和服务水平等级的划分，将仿真场景按自由流、稳定流上段、稳定流、饱和流等 4 种状态进行划分，这 4 种状态条件下交通量可定为 0～500，500～1 000，1 000～1 500，＞1 500辆/h。简化交通组成中的车型为两种，分别为小型车和大型车。在本研究中，小型车对应的是《公路工程技术标准》中的小客车；大型车指的是《公路工程技术标准》的中型车、大型车和拖挂车。在每种交通流状态下又按不同的大车率进行划分，分别为大车占 0%～20%，20%～40%，40%～60%，60%～100%四个比例范围（当然，考虑到每个车道通行能力的约束和车辆折算系数对通行能力的影响，当交通量较大时，大车高比例的状态是不可能存在的）。

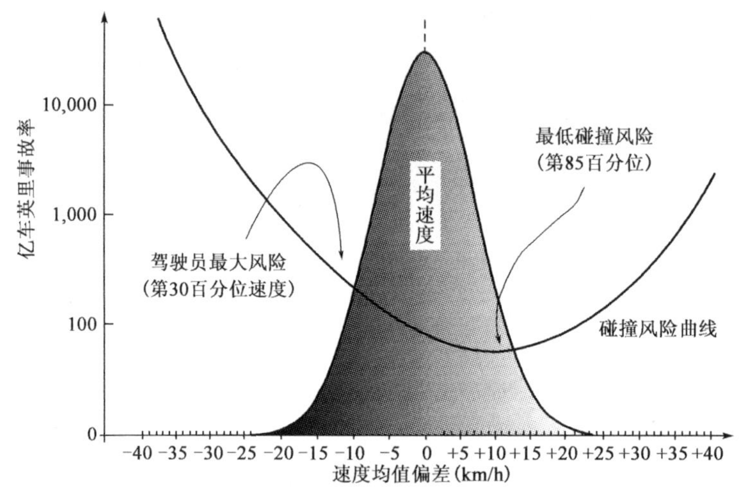

图 4-2 速度、速度均值偏差与事故率之间关系

根据已有相关研究，仿真模型中公路各限速条件下期望速度取值见表 4-1。

不同限速条件下大、小型车的期望速度分布 表 4-1

限速值(km/h)	120	110	100	90	80	70
小型车期望速度(km/h)	115～130	105～120	95～115	90～105	80～100	70～90
大型车期望速度(km/h)	70～80	70～80	70～80	65～75	60～70	55～65

建立公路典型施工作业区仿真模型，输入不同状态条件下的交通量和车型比例，不同车型的期望速度分布取值采用表 4-1 所示数值，等待消除时间与最小车头时距分别取 120s 与 4m，对仿真运行的数据进行统计和分析。

1. 交通量为 0～500 辆/h

运行仿真并统计结果，施工作业区段平均速度仿真结果如图 4-3 所示，速度减小值是指施工作业区内所设的限速值比基本路段限速值的降低值，如基本路段原限速值为 120km/h，施工作业区内的限速值为 90km/h，则速度减小值为 30km/h。

从图 4-3 可看出，随着相对于上游限速值的减小和大车比率的增大，施工作业区段速度也逐渐降低。施工作业区段速度标准差随限速减少值变化仿真结果如图 4-4 所示。

从图 4-4 可看出，在限速的减小值在 0～30km/h 之间时，随着限速减小值增大，速度标准差也在减小，例如对于 50% 大车率，速度标准差由 25. 3km/h 依次减小到 18. 2km/h、

15.6km/h、12.3km/h，当限速的减小值从30km/h继续增大时，速度标准差趋于稳定而收敛，50％大车率在速度降低值为40km/h与50km/h时，标准差分别为12.7km/h与12.3km/h。其他大车率条件下速度标准差随限速值减小变化也表现为相同的趋势；在相同限速条件下，10％、50％的大车率对应的速度标准差分别为最小、最大，这与实际的交通运行情况相吻合；30％、70％的大车率对应的速度标准差次之，并且两者结果接近。

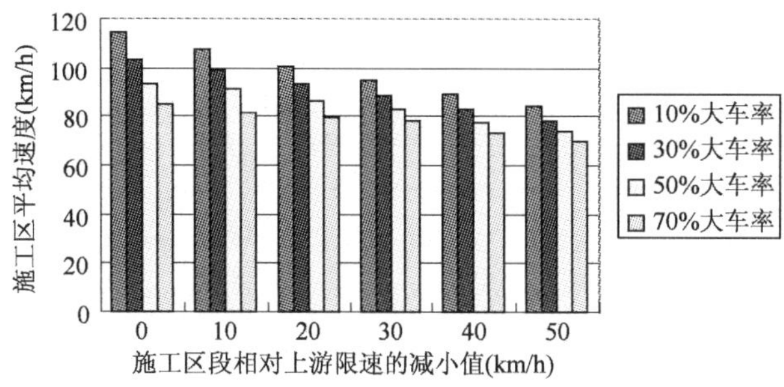

图4-3 施工作业区段平均速度仿真结果

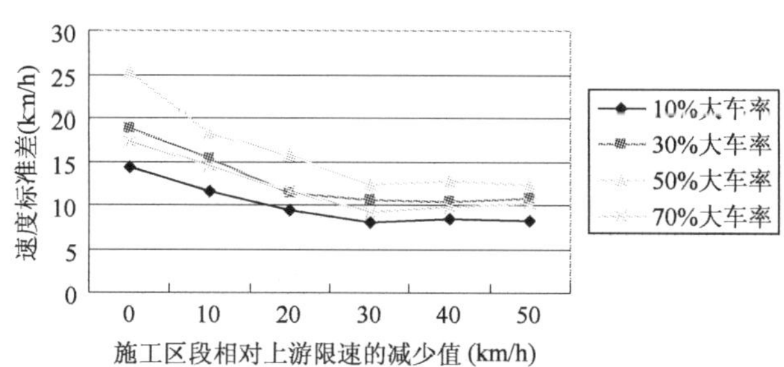

图4-4 施工作业区段速度标准差仿真结果

2. 交通量为500～1 000辆/h

运行仿真并统计输出结果，施工作业区段平均速度仿真结果如图4-5所示。

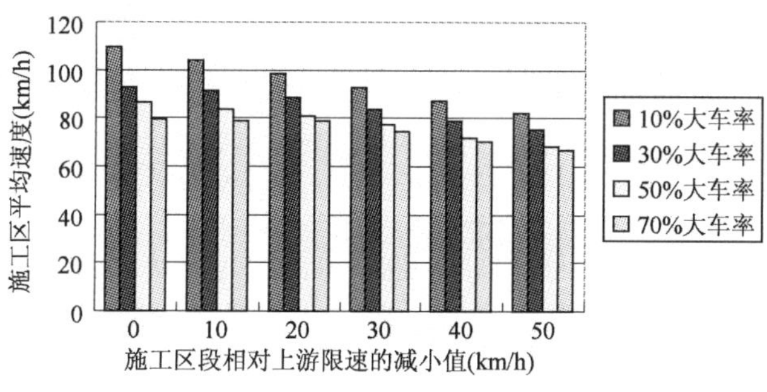

图4-5 施工作业区段平均速度仿真结果

从图4-5可看出，随着限速值的减小与大车率的增大，施工作业区段平均速度在减小，相比交通量为0～500辆/h情况下的交通仿真结果，各车型的平均速度也都有所降低，但差值并不明显。施工作业区段速度标准差随限速减少值变化结果如图 4-6 所示。

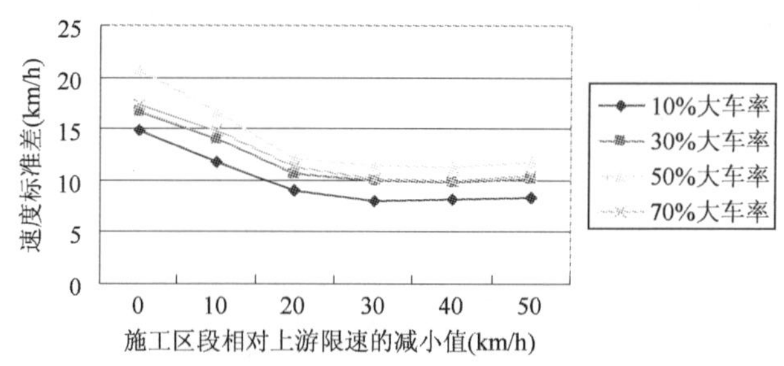

图 4-6　施工作业区段速度标准差仿真结果

从图 4-6 可看出，速度标准差的分布规律基本与交通量为 0～500 辆/h 的情况一致，只是速度的标准差要小些，仍然是当限速值为比正常路段低 30km/h 时，速度的标准差趋于最小。

前两种情况的交通流属于自由流状态和稳定流的上段，车辆间相互影响少，可建立速度标准差与大车率的理论模型。设小型车比例为 A，则大型车比例为 $(1-A)$，设小型车的运行速度为 v_1，大型车的运行速度为 v_2，则速度的标准差可由式(4-1)求得。

$$\overline{v} = A \cdot v_1 + (1-A) \cdot v_2 \tag{4-1}$$

$$\begin{aligned} S &= \sqrt{A \cdot (v_1 - \overline{v})^2 + (1-A) \cdot (v_2 - \overline{v})^2} \\ &= \sqrt{(v_1 - v_2)^2 \cdot A(1-A)} \\ &= (v_1 - v_2) \cdot [A(1-A)]^{\frac{1}{2}} \end{aligned} \tag{4-2}$$

当交通流处于不同的流量状态下时，可以认为大、小车的运行速度是定值，这样从式(4-2)所示的速度标准差与大型车比例的关系可知，速度的标准差在大型车比例为 50%达到最大，大型车比例为 10%时最小，这一点和上述仿真分析的结果非常吻合。

3. 交通量为 1 000～1 500 辆/h

运行仿真并统计结果，施工作业区段平均速度仿真结果如图 4-7 所示。

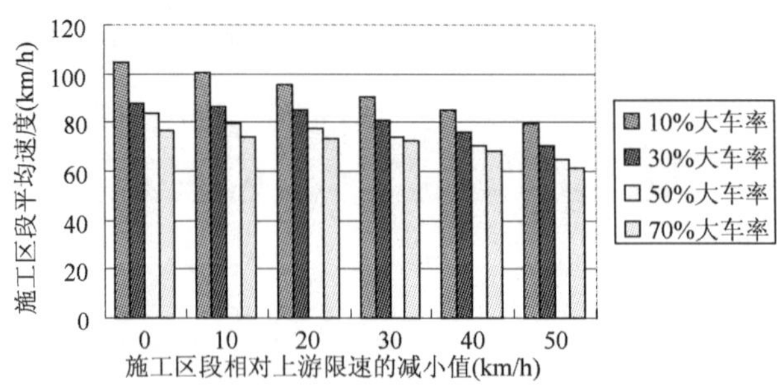

图 4-7　施工作业区段平均速度仿真结果

从图 4-7 可看出，随着限速值减小与大车率增大，施工作业区段速度在减小。施工作业区段速度标准差随限速减少值变化仿真结果如图 4-8 所示。

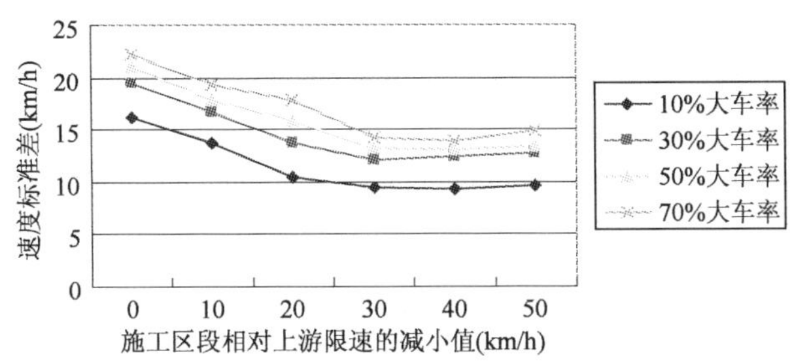

图 4-8　施工作业区段速度标准差仿真结果

从图 4-8 可看出，速度标准差变化趋势基本与交通量为 0～500 辆/h 和 500～1 000 辆/h 之间时相同；速度标准差除了受车型组成的影响之外，还受到交通量的影响。在稳定流阶段，车辆互相之间影响非常大，由于大型车机动性差，当大型车比例增加时，会引起速度波动增大，随着大型车比例增加，速度标准差也在增大，因此可以看出在相同的限速条件下 70％的大型车比例对应的速度标准差最大。50％、30％、10％的大型车比例对应的速度标准差依次减少。同样地，当限速的减小值为 30km/h 时，速度标准差的变化趋于稳定。

4. 交通量大于 1 500 辆/h

这种情况下当大型车比例大于 20％时，交通流已处于饱和状态，此时，车流的运行速度比较低（小于 60km/h），车辆的速度更多是由于车辆之间的互相干扰所导致，驾驶员并不能根据自己的意愿选择期望的车速行驶，因此稍高限速值的设置并不对驾驶员产生任何影响。建议该种状态下根据实际道路交通条件确定限速值的大小，本书推荐的限速值是 60km/h。

需补充说明的是，该种交通状态是非常不稳定的，一旦发生小的交通事件将有可能导致整个道路系统的瘫痪，对道路通行是非常不利的。这种情况也是与《公路工程技术标准》中关于高速公路的改（扩）建中，维持通车路段的服务水平降低一级相违背的。因此，建议当每车道的交通流量超过 1 500 辆/h 而大型车具有一定比例时，应采取分流部分车辆的方式组织施工作业区的交通运行。

5. 施工作业区实测速度分析

上述是通过仿真方法综合考虑通行效率和交通安全得出的相关结果。对高速公路大中修施工作业两种典型交通组织方式下车辆的运行速度进行了统计分析。表 4-2 是单侧两车道双向通行作业区中工作区和过渡区中几处断面的速度统计结果。其中，小客车的运行速度最大，可以看出尽管由于作业区的存在对运行车速有一定的影响，但这种影响不是特别大。绝大部分断面小客车的 85％位车速都大于 80km/h。

表 4-3 是单侧两车道封闭外侧一车道作业区的运行速度统计结果。同样可以得出，车辆在一个车道封闭、一个车道通行的情况下，仍保持较高的运行速度。无论是工作区、过渡区还是警告区，小客车 85％位运行速度值也均超过了 80km/h。

单侧两车道双向通行作业区(单位:km/h)　表 4-2

位　置	车型	最小	最大	平均	50%	85%	标准差
工作区(1)(两车道封闭内侧一车道)	小客车	37.7	84.6	62	61.5	69.4	7.2
	中型车	43.1	70.4	58.9	60.2	64.8	6.3
	大型车	38.3	68.5	54.9	58.3	66.5	12
工作区(2)(两车道封闭内侧一车道)	小客车	21.4	140	80.1	79	93.9	13.6
	中型车	42.9	95	78.5	80	86.9	9.4
	大型车	58.8	99.4	77.6	77.7	88.1	10.2
过渡区(1)(单侧双向通行:方向 1)	小客车	30.8	144.8	81.9	80.9	95.6	13.6
	中型车	56.4	96.3	79.5	81.1	87.1	8
	大型车	66.2	125.7	81.7	78.2	101.2	17.2
过渡区(2)(单侧双向通行:方向 2)	小客车	12.8	111.1	66.1	65.6	77.2	11.3
	中型车	49	76.8	64.1	64.3	71.3	6.6
	大型车	44.6	75.2	61.6	63.1	72.3	8.9
工作区(3)(单侧双向通行:方向 1)	小客车	50	147.7	89.1	87.4	102.8	14.3
	中型车	61.3	116.4	89	90.2	98.9	9.4
	大型车	67.7	127.1	88.1	86.8	100.1	12.5
工作区(4)(单侧双向通行:方向 2)	小客车	46.1	148.8	74.1	73.1	86.7	12.5
	中型车	49	84.9	73.2	73.9	81.9	8.3
	大型车	54.3	81.4	69.6	70.1	80.5	9.2

单侧两车道封闭外侧一车道作业区(单位:km/h)　表 4-3

位　置	车　型	最　小	最　大	平　均	50%	85%	标准差
工作区	小客车	19.2	142.9	79	78.6	97.7	19
	中型车	27.2	99.8	56.9	56.9	70.1	14
	大型车	18.9	102.3	64.2	64	76.4	12.5
过渡区	小客车	27.6	130.2	80.1	80.4	95.9	16.1
	中型车	46	85.9	61.2	60.4	72.9	10.1
	大型车	18.8	102.4	67.1	66.5	77.7	10.8
警告区	小客车	14	156.5	101.1	103.4	121.3	21.7
	中型车	50.1	132.6	74.5	73.9	87.5	14.7
	大型车	19.4	112.7	79.3	79.9	90.5	12.2

通过以上分析,综合交通仿真和实际观测数据分析两个方面的结果。推荐高速公路施工作业区正常通行路段的最高限速值为 80km/h,此时的安全性可以达到较高的水平,同时又能

保证通行能力的需要。当原公路正常路段设计车速为100km/h及以下时，施工作业区最高限速值可取比该限速值低30km/h较为合理。在施工作业人员和机械比较密集的区域、特殊作业区段，以及交通流转换区域可以根据实地道路交通条件适当降低限速值。

二、限速措施效果评价

施工作业区的限速措施包括交通标志牌、旗手、交通警察（警车）、车道变窄、“颠簸”车道、雷达报警器、速度追踪显示屏、视觉限速标线等。国外学者对这些措施限速效果研究较多，大多数结果表明这些方法都能降低车辆的速度，但效果有所差异，相比较而言，限速标志牌的效果最小，旗手和交通警察使速度降低幅度最大。

（1）限速标志（图4-9）

限速标志作为目前速度控制最普遍的一种交通管制方法，在公路施工作业过程中也较为常用。我国《公路养护安全作业规程》（JTG H30—2004）具体规定了在警告区内设置施工标志、限速标志和可变标志牌或线形诱导标等。

a)

b)

图4-9　施工作业区限速标志

（2）视错觉标线（图4-10）

利用司机的视觉效应，使司机在较远处感觉路面上有立体障碍物的错觉，从而降低车速。主要用于转弯路段及事故高发路段。

a)

b)

图4-10　视错觉标线

（3）旗手（图4-11）

旗手是施工作业区常用的控制速度的方法。许多试验表明，旗手的作用比交通标志大。

旗手还能起到疏导交通的作用。旗手必须具备相当的智力、反应灵活机警；健康状况良好、视力听力俱佳、服装整洁得体、有责任感；具有指挥交通的经验。

a)

b)

图 4-11 旗手

(4)警车(交通警察)

利用警车(交通警察)控制施工作业区车辆速度是最有效的方法之一。这种方法在美国等一些发达国家使用较为普遍。根据警车工作方式，可分为两类：动态方式和静态方式。动态方式指警车在施工作业区范围内巡逻；静态方式指警车停驻在路旁。

(5)车道变窄

车道变窄属于改变道路条件进行限速的方法。车辆速度可以通过将施工作业区的车道宽度变窄而得到控制。车道变窄通过使用多种渠化设施，如锥形交通路标、防撞桶和混凝土护栏等来实现。然而，采用车速变窄进行速度控制也存在一些缺点，比如较窄的车道难以为侧向运动或驾驶员的过失提供足够的空间，驾驶员可能会提高车头间距来弥补侧向净空的损失，这会降低施工作业区的通行能力而可能导致对交通流的干扰，增加事故发生的概率，会使一些事故类型如刮擦随之增加。有研究表明，车道变窄会使施工期间的事故率上升 17.6%，而正常车道宽度的施工作业区事故率仅上升 6.6%。因此，采用车道变窄进行速度控制时要相对慎重，特别是大型货车比例较高的路段。车道变窄一般用于长期的养护维修作业中，对于短期施工，由于设施的安置和维护需要耗费大量的人力，一般不宜采用。

(6)临时振动带

临时振动带是一种能自己黏附在路面上的橡胶条，或者直接用减速丘，如图 4-12 所示，其减速效果取决于振动带的类型及在不同交通和天气条件下的功能。

图 4-12 临时振动带

(7)速度监控显示屏(动态速度显示标志)

速度监控显示屏通过雷达测速，然后把测得的速度显示在显示屏上。采用这种措施时一般假定驾驶员一旦知道他们的车速过快，会将车速降到可接受的水平。

本章利用实地采集到的数据，对我国公路施工作业区中限速标志、视错觉减速标线、警告标志、旗手、旗手与限速标志并用、摄像头标志 6 种限速措施的减速效果进行评价。限速标志的效果试验是在高速公路施工作业区上进行的，分为限速 80km/h、60km/h 和 40km/h 三种情况，而视错觉减速标线、减速丘、旗手、摄像头标志，以及减速标志等效果试验是在一级公路的施工作业区内进行的。

1. 限速标志的效果分析

限速标志 80km/h、60km/h 和 40km/h 分别布设在警告区开始处、上游过渡区开始处和缓冲区开始处，用以指导驾驶员适应限速值梯级过渡的变化。数据分析表明，施工控制区内的车辆运行速度都比限速值高，驾驶员对限速标志的遵守比较差。不同限速值下大、小车速度的变化如图 4-13 所示。

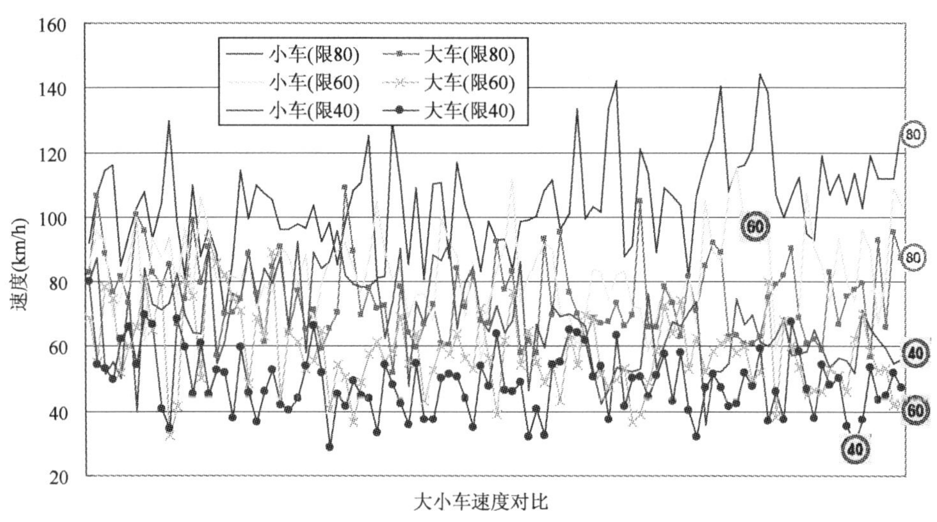

图 4-13 不同限速值下大小车速度对比

无论在哪一级限速下的大车速度都明显的低于小车的速度。在限速为 80km/h 时，小车平均速度比大车平均速度高 29.5km/h；限速为 60km/h 时，小车平均速度比大车平均速度高 24.9km/h；限速为 40km/h 时，小车平均速度比大车平均速度高 19.1km/h。规律显示，在限速值比较低时，大、小车之间的速度差也比较低，具体统计值如表 4-4 所示。而无论 85%车速还是平均车速，均高于该段的限速值，平均超速在 20km/h 以上，个别车辆超速甚至超过了 100%(速度最大值与限速值比较)。因为没有做有无限速标志的对比试验，所以不能说限速标志对速度降低没有起到任何作用，但实际数据证明限速标志不能起到预期的效果。尽管从上游警告区到工作区速度有所降低，但从现场来看更多的是因为车道数减少、车辆合流和单车道流量增加所致。这一现象和正常情况下驾驶员对限速标志的遵守程度一样，即在没有严格执法的情况下，相当数量的驾驶员对限速标志是漠视的。

不同限速条件下的速度统计 表 4-4

速度(km/h)	限速 80		限速 60		限速 40	
	小车	大车	小车	大车	小车	大车
最大值	144.2	109	115.6	93.4	95.7	80.2
85%位值	117.2	89.4	96.5	71.5	84.1	59.5
平均值	104.7	75.2	83.5	58.6	67.9	48.8
最小值	69.3	51.7	54.8	32.3	35.6	28.9

2. 视错觉减速标线和减速丘的效果分析

视错觉减速标线和减速丘的试验是在国道上进行的，试验路段为双向四车道的一级公路，基本路段限速为70km/h，施工作业区内限速为40km/h，施工作业区形式为外侧车道封闭，内侧车道通行。试验分别在警告区中间和上游过渡区中间设置了视错觉减速标线和减速丘，并分别在减速设施前后设置数据采集仪。图4-14是限速设施前后以及工作区内的速度分布情况。

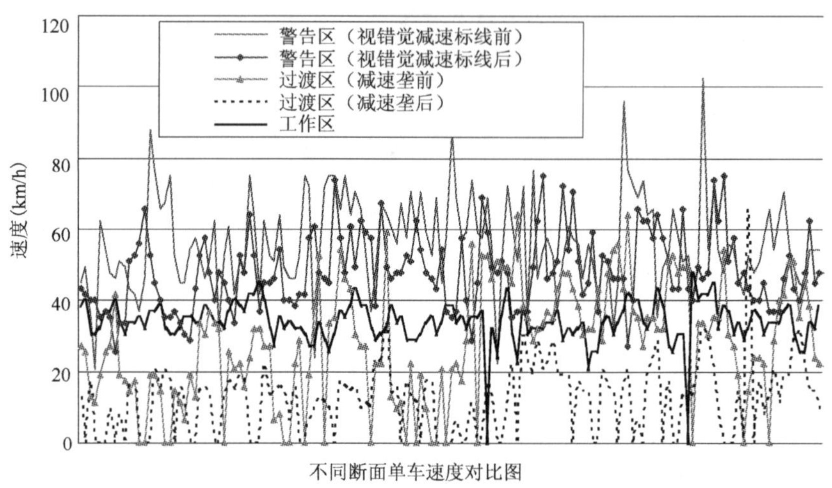

图4-14 限速措施前后速度变化图

就“视错觉减速标线”和“减速丘”的减速效果而言，减速标线的存在使平均速度降低了8km/h，减速丘的存在使速度降低了17km/h，不同断面的速度统计如表4-5所示。必须说明的是，这两种设施减速效果的衡量并不能排除其他因素的影响，如限速标志、施工作业区内其他警告标志等。因为从其他施工作业区观测数据分析来看，速度从警告区、上游过渡区、缓冲区，一直到工作区也有这样一个逐渐降低的趋势。但从观测车辆刹车灯变化来看(刹车灯亮，说明有明显减速，反之则没有)，“视错觉减速标线”有一定的减速效果，但过渡区内“减速丘”的减速效果则更为明显，车辆到减速丘前有明显的刹车动作。

不同断面速度统计 表4-5

速度(km/h)	警告区(视错觉减速标志前)	警告区(视错觉减速标志后)	过渡区(减速丘前)	过渡区(减速丘后)	工作区
最大值	102	75	64	65	48
85%位值	70.4	59.2	48	20.8	38.4
平均值	56	48	28	11	33
最小值	25	21	0	0	10
标准差	13.2	10.5	16.6	10.3	6.1

就安全角度而言，速度波动（速度差、标准差等）越大，对交通安全就越不利。可以看出，过渡区减速丘前的速度标准差比其他断面都大，为 16.6km/h，而该断面的平均速度才为 28km/h，可以说减速丘的存在对安全造成了非常不利的影响。减速丘前后的平均速度均低于限速值很多，减速丘后的平均速度仅为 11km/h，从通行能力和服务水平角度而言，由于过渡区内的速度值过低，在折算后交通量不到 700 pcu/h 时，就产生了排队拥堵现象。根据已有文献服务水平的判断指标可以知道，该路段的服务水平早已处在四级的下半部。可以说减速丘的存在严重影响了道路交通的正常运行。笔者认为只有在交通量比较小，且对车速要求较为严格的条件采取减速丘来限制车辆速度才是恰当的，就限速值较高的高等级公路而言减速丘所起到的效果可能是相反的。

3. 多种限速措施效果对比分析

在一级公路上对警告标志（“前方施工区，减速慢行”）、视错觉减速标线、旗手、限速标志及限速标志加摄像头组合等多种限速措施效果进行了对比实验。分析表明，在限速措施存在的条件下下游速度比上游速度有了不同程度的降低；此外，除视错觉标线下的速度波动增大外，速度分布总体呈现变均匀趋势。对不同限速措施条件下上、下游的速度统计，如表 4-6 所示。

不同限速措施条件下上、下游的速度统计　　表 4-6

速度 (km/h)	小型车	大型车	平均值	平速度降低值 (降低百分比)	总体标准差
上游	78.2	64.3	72.5	-	19.5
警告标志	76.4	63.6	71.2	1.3(1.8%)	16.5
视错觉标线	70.6	58.8	65.7	6.8(9.4%)	20.9
旗手	72.5	62.7	68.4	4.1(5.7%)	15.3
限速标志	69.5	62.3	66.5	6.8(9.4%)	13.1
旗手与限速标志并用	68.8	61.6	65.7	7.8(10.8%)	12.6
摄像头标志	62.6	59.5	61.2	11.3(15.6%)	9.4

从表 4-6 可以看出，设置警告标志情况下对应的下游平均速度为 71.2km/h，比上游降低了 1.3km/h，速度标准差为 16.5km/h，比上游降低了 3km/h；视错觉标线情况下对应的下游速度比上游降低了 6.8km/h，速度标准差为 20.9km/h，比上游还略有增长。问卷调查发现部分驾驶员在看到视错觉标线时以为是遇到障碍物容易急刹车，造成速度波动大。旗手、限速标志、旗手与限速标志并用限速措施分别使得平均速度降低了 4.1km/h、6.8km/h、7.8km/h，速度标准差分别降低了 4.2km/h、6.4km/h、6.9km/h；摄像头标志使平均速度降低幅度达到了 11.3km/h，速度标准差降低了 10.1km/h。

相比较而言，限速措施对大型车的减速作用比对小型车的减速作用小。例如，对于限速作用最小的警告标志，小型车的平均速度降低了 1.8km/h，大型车的平均速度只降低了0.7km/h。对限速作用最大的摄像头标志，小型车的平均速度降低了 15.6km/h，大型车的平均速度只降低了 4.8km/h。

6 种限速措施条件下平均速度降低值按车型分类统计如图 4-15 所示。

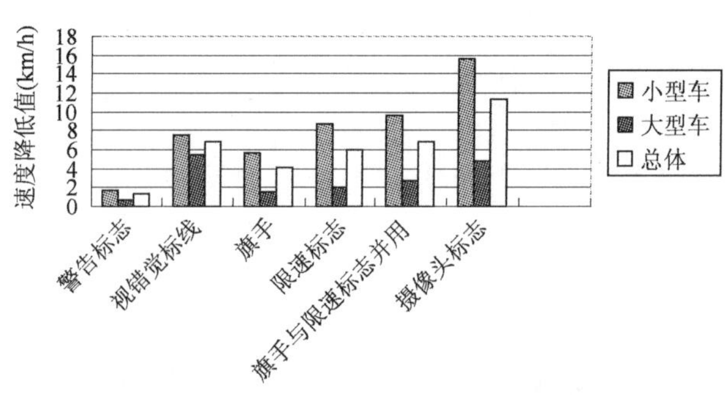

图 4-15　不同限速措施条件下大、小型车速度降低值

从图 4-15 可以看出，这些限速措施都有一定的降低速度的作用，但是差异较大，为检验这些措施的速度控制的有效性，对控制设施设置前后速度有无显著差异进行分车型配对 t 检验分析，最终结果可统计为表 4-7。

不同限速措施条件下前后速度有无显著差异统计　　表 4-7

限速措施	小型车	大型车	总体
警告标志	无	无	无
视错觉标线	有	有	有
旗手	有	无	有
限速标志	有	无	有
旗手与限速标志并用	有	有	有
摄像头标志	有	有	有

由上面数据分析可知，警告标志没有使大、小型车速度发生显著变化，可认为它没有减速效果；旗手与限速标志使得小型车与总体速度发生显著变化，但没有使大型车速度发生显著变化；视错觉标线、旗手与限速标志并用、摄像头标志使得大、小型车速度均发生显著变化，速度控制效果较为明显。

总体而言，单一的限速标志所能取得的效果很有限，驾驶员往往不遵守限速标志的要求，而是按照自己的判断驾驶车辆，只有当他们感觉到应该降低行车速度时，才会减速。养护施工作业时应根据不同的道路等级、不同的作业区类型，以及对限速值要求的严格程度选择不同的限速措施及组合。对于高速公路应首选限速标志和旗手，对于关键点段的施工作业可以在其上游停靠警车和带警灯的路政车辆以引起过往车辆的注意，合理减速。减速丘由于减速效果过于明显则不宜在高速公路上使用，而宜设置在交通量不大、路面较窄边施工边通行的低等级公路上。考虑到限速措施的使用不应导致速度波动太大，从安全角度讲应该慎用视错觉减速标线。

第二节　施工作业区交通标志标线

道路交通标志和标线是引导道路使用者有秩序地使用道路的一个重要管理手段。在施工作业区路段设置合理的交通标志和标线能有效地告示道路施工作业的情况，规范交通流运行秩序，既能保障施工作业区交通安全，又有助于提高道路的运行效率。

由于高速公路上车辆速度较高，突然出现的施工作业区的相对危险更大，因此高速公路上的施工作业区应更注重利用交通标志和标线进行施工作业区的提前警告和导流；一般公路上的施工作业区与高速公路相比通行条件较复杂，运行车速范围宽，施工作业区对交通秩序的影响更大，因此一般公路施工作业区的标志标线设置应注重交通秩序的维持。与公路相比城市区域路网较密，当某一条道路局部进行施工时，大多数驾驶员会选择其他绕行路线，由于路网容量的限制，绕行车辆将会对区域交通产生不同程度的影响，导致原路网中本已交通量接近饱和状态的路段，交通拥堵现象更加严重，从而易引起大范围区域路网通行效率和安全性的降低。因此，城市道路上的施工作业区交通标志和标线的设置应主要侧重于施工路段信息发布和绕行路线的引导。

在道路施工临时控制区内，有关交通标志标线使用目的就是向道路使用者传达一般和具体的信息，其类型也分为禁令、警告、指示和其他标志几类。本章主要对比分析了美国的《统一交通控制设施手册》(MUTCD)、港澳台道路施工交通标志标线、我国的《公路养护安全施工作业规程》以及《道路交通标志和标线》中施工作业区交通标志的异同点，在此基础上设计出我国施工作业区新的交通标志标线，并对施工作业区标志的使用进行了说明。本章内容以交通标志为主，标线使用只做简要的说明。

一、美国道路施工作业区标志标线

1. 标志

国外对交通标志标线的设计模式进行了系统的研究，体现在其标志标线设置指南中，如美国的 MUTCD 等。道路施工警告区标志的底色为橙色，边框以菱形居多，但也三角形和矩形，文字和图案信息为黑色，如图 4-16。一般情况下，交通标志的大小采用标准尺寸，为提高警示性，也可加大尺寸。所有标志均具有反光性，并保证无论黑夜或白天，标志的形状和颜色都保持不变。标志的照明可以是主动发光标志，也可是被动放光标志，但是频闪灯不能当做交通标志外部照明设施。

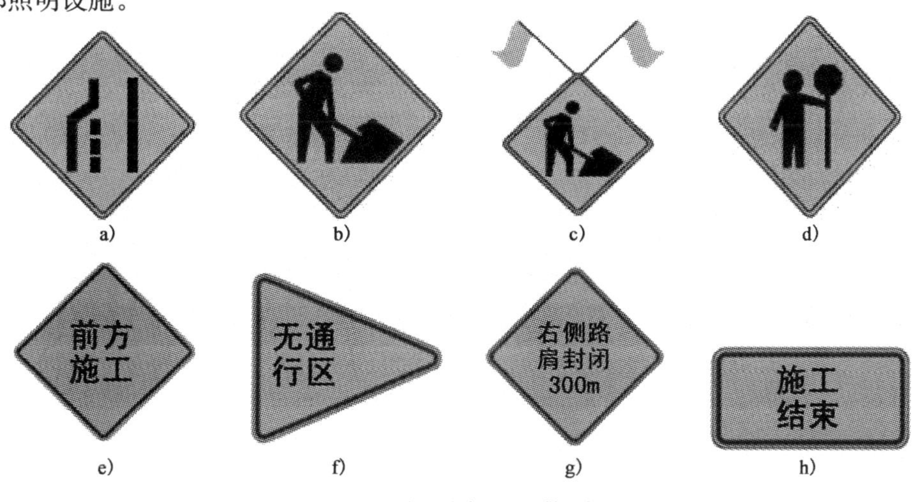

图 4-16　美国道路施工区警告标志

MUTCD还给出了各种条件下不同等级公路标志的设置位置、支撑方式、设置频率等内容，这方面的研究已成熟完善，用于施工区的警告、指示和禁令标志也很多，手册中对这些标志的使用方法和条件介绍得很具体。MUTCD还规定了设置旗手的程序，旗手应该手持“停车、慢行”标志牌，只有在紧急情况下才使用红色旗帜，如图4-17。

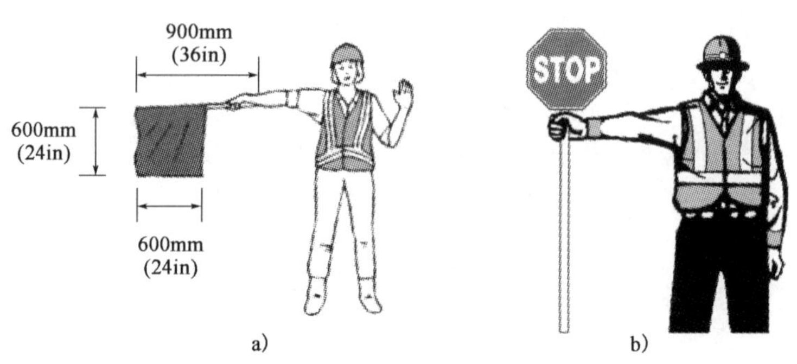

图4-17 美国公路养护旗手示例

2. 标线

对中长期交通控制来说，道路施工区的路面标线尽量和原有道路的路面标线相似，尤其是作业区两端的路面标线。在道路施工期间，要在整个绕行路线的路面上设立标线，一旦施工结束，要清除那些失效的路面标线。车辆行驶路线划定要清楚，以保证无论白天还是夜间，无论晴天还是雨天，道路使用者都能看见。当无法及时设置中长时间的路面标线时，可以先设立临时或短期路面标线。临时路面标线的使用不超过两周。在道路施工区内还可设立突起路标代替路面虚线标线。

标线一般不考虑用于短期、移动或临时交通控制区的事故管理，而是用于长期或中期的固定的临时交通控制区、街道和公路沿线，要与临时交通控制区外的标线相匹配。在绕行路线和临时路线开放前，应在全线设置好标线。

对于长期固定的施工，临时车道的标线不再适用，施工前要计划和筹备标线的清除，并清除旧的标线涂料。标线的清除应对路面的伤害最小。在现有的标线上涂上黑色油漆或喷上沥青被认为是不合适的清除标线的方法。可移动、不反光、预制的带状物可以用于临时覆盖标线。

警告标志、渠化设施和图形标志在标线不能提供清晰路线的路段，给驾驶者指明了临时交通控制区的路径。所有的用于指路的标线和设施在白天和夜间都要能够看到；同时提供给驾驶者临时交通控制区标线和沿线公路通常标线的比较，特别是临时交通控制区结束位置处，要详细说明白天、晚上、黎明，湿润、干燥车道环境下的车辆行驶路径。

二、香港道路施工作业区标志

香港特别行政区对道路工程施工相关标志也进行了规定，其标志种类和设置具体要求如下。

1. 一般道路工程标志

(1)道路工程(图4-18)

驾驶员在接近障碍物时应看见的第一个标志。

(2)行车线封闭的预先警告(图 4-19)

这些标志用以表示行车线暂时封闭。

图 4-18　“道路工程”标志

a)

b)

图 4-19　“行车线封闭的预先警告”标志

(3)改道驶入双程分隔车道的另一行车道(图 4-20)

本标志用以指示双程分隔车道的车辆由一条行车道驶入另一行车道。

(4)路障(图 4-21)

用以表示一条行车线或行车道封闭。也可以用以表示障碍物或掘路的范围。

(5)临时急转标志(图 4-22)

用以标志车辆要急转,以避开道路工程或其他临时障碍物。标志设置高度约为 1m。标志尺寸见表 4-8。

图 4-20　“改道驶入双程分隔车道的另一行车道”标志

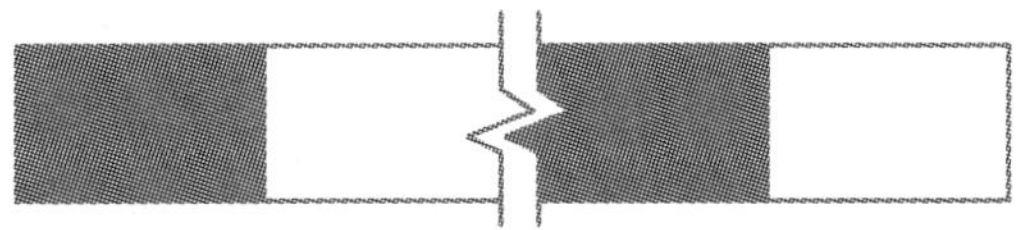

图 4-21　“路障”标志

图 4-22　“临时急转”标志

“临时急转”标志尺寸　　表 4-8

速度(km/h)	高度(m)	最小长度(m)
小于 50	0.2	0.9
50~80	0.4	1.8
大于 80	0.8	3.6

(6)前面道路封闭(图 4-23)

用以表示前面道路封闭,不能通车,或需使用改道标志。

(7)道路封闭(图 4-24)

用以表示标志设置地点以后的道路已经封闭,或需使用改道标志。

图 4-23 “前面道路封闭”标志

图 4-24 “道路封闭”标志

(8)道路工程范围终止(图 4-25)

本标志组合设在临时障碍物之后,是驾驶员应看见的最后一个标志。本标志也可连同其他标志使用,以表示某一类危险已告终止。

a)

b)

图 4-25 “道路工程范围终止”标志

2.改道标志

(1)前面改道(图 4-26)

本标志在改道前面使用,警告驾驶员已开始改道,标志上的距离可以更改,但不应超过 400m。

(2)改道(图 4-27)

如果只有一条替代路线,必须使用改道标志,箭头方向可以更改。

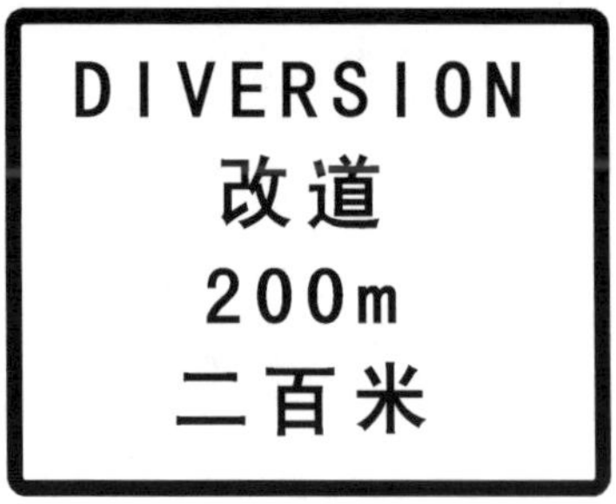

图 4-26 “前面改道”标志

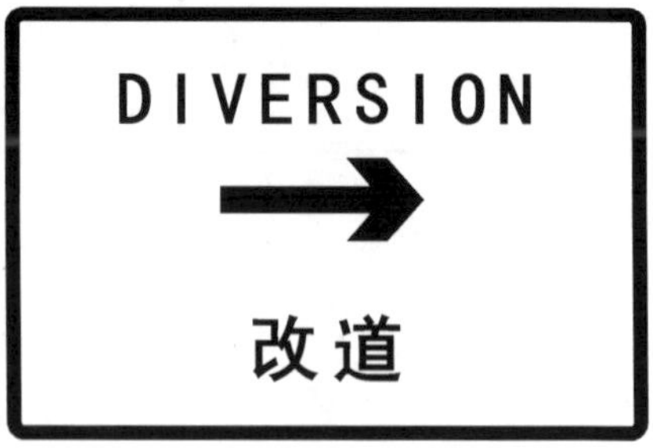

图 4-27 “改道”标志

(3)交通改道(图 4-28)

表示所有改道交通的方向。

(4)改道终止(图 4-29)

在临时改道终止的地点使用,向驾驶员表示特别临时标志在此地点结束,而在这地点之后应遵守永久标志的指示。

图 4-28　“交通改道”标志

DIVERSION
ENDS
改道终止

图 4-29　“改道终止”标志

三、澳门道路施工作业区标志标线

澳门特别行政区交通事务局制定的《道路工程施工交通管制与安全设施手册》中对施工作业路段标志的设置进行了规定。规定有关工程预先警告标志应于工程范围前 40～60m 处进行设置,在澳门特别行政区交通事务局同意下才可根据现场的实际情况做出调整。第一个标志必定是“前面有道路工程”标志,并须设置于如表 4-9 中所述在道路工程之前的位置,使驾驶员至少能在表 4-9 所示的距离之前看到。对来车速度不超过 60km/h 的道路而言,在第一个标志和危险处的中间,应最少增设一个说明危险情况的预先警告标志,而在较高速的道路则需要增设两个标志,并以相同的间距设在第一个标志和工程之间。

设置预先警告标志的位置　　表 4-9

估计来车速度(km/h)	道路工程与前面第一个标志的距离(m)	道路工程前面设置标志的最少数目(个)	驾驶员应能在这距离之前看到第一个标志(m)
40 或以下	不少于 40	2	50
40～60	40～100	2	60
60～80	100～300	3	70

如前路情况会令驾驶员看不到警告标志,例如前路是向左转的弯角,则应在道路的右边加设一套相同的标志。在分隔车道上,路边和中央分隔带均需设置标志。

表 4-10 显示“道路工程终止”标志的设置距离,应按照这距离把标志放在工程范围界限之后,在分隔车道上,相同的标志应分别设在道路边缘和中央分隔带。在澳门特别行政区交通事务局同意下根据现场的实际情况做出调整。

上述设置的距离以现场实际情况可作合理调整,下坡路段应适当增加其距离。

设置“道路工程终止”标志的位置　　表 4-10

估计来车速度(km/h)	工程范围之后的距离(m)	估计来车速度(km/h)	工程范围之后的距离(m)
40 或以下	10～20	60～80	30～40
40～60	20～30		

上述设置的距离以现场实际情况可作合理调整，下坡路段应适当增加其距离。

1. 一般道路工程标志

(1)前面有道路工程(图 4-30)

本标志显示在前面的道路正进行道路工程。

(2)前面道路左/右边收窄(图 4-31)

图 4-30 “前面有道路工程”标志

a)

b)

图 4-31 “前面左/右边收窄”标志

(3)前面道路两边收窄(图 4-32)

这些标志用以警告驾驶员现有车行道的宽度会受到限制。如何使用标志根据限制形式。在适当情况下，这些标志可连同辅助字牌同用。

(4)路障(图 4-33)

本路障显示障碍物或挖掘处的范围或表示有一条行车线或车道已封闭。

最少长度 1m，路障板高度一般道路 0.15～0.3m，来车速度超过或等于 80km/h 的道路 0.6m，装置高度约 1m。

(5)暂时实施道路急转(图 4-34)

本标志显示道路急转，以避开在该车行道上的道路工程或其他临时障碍物。标志设置高度约为 1m。标志尺寸见表 4-11。

图4-32 “前面道路两边收窄”标志

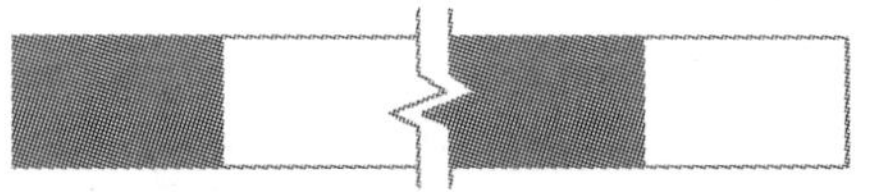

图 4-33 “路障”标志

图 4-34 “暂时实施道路急转”标志

标志可转至相反方向，以显示道路急向右转。

“暂时实施道路急转”标志尺寸 表 4-11

速度(km/h)	高度(m)	最小长度(m)
小于或等于 60	0.2	0.9
60～80	0.4	1.8

装置高度约为 1m。

2. 警告标志

(1)双向行车(图 4-35)

本标志通知道路用户:从该处开始,该段道路容许在同一车行道上双向行车,而在先前的一段道路乃为单向行车的车行道。

于工程施工期间,此标志除置于出入口外亦应在每隔约 30 米的地方设置。

(2)道路工程终止(图 4-36)

本标志组合放置在临时障碍物之后,是驾驶员应看见的最后一个临时标志。如使用本标志会令人混淆毗连的道路工程,则可省去不用。

图 4-35 “双向行车”标志

图 4-36 “道路工程终止”标志

注意:终止标志亦可连同其他标志使用,以表示某一类危险已告终止。

3. 临时方向指示标志

(1)交通改道(图 4-37)

本标志在临时改道前使用,向驾驶员显示改道的区域及绕道之方向。

(2)封闭道路(图 4-38)

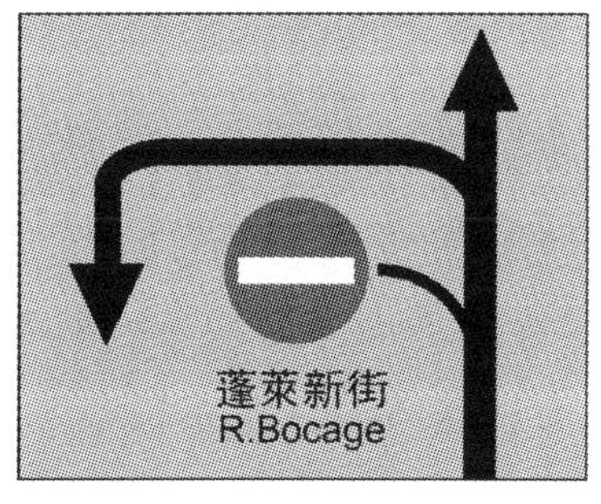

图 4-37 “临时方向指示”标志

图 4-38 “封闭道路”标志

4. 特别临时警告标志

(1)慢驶,道路工程(图 4-39)

本标志应设立于两线或以上车行道上的工地开端。如行车线封闭长于 135m,标志应重复加设在适当的地点。

(2)开始减速，前面工程(图 4-40)

本标志应设立于两线或以上行车道上的“慢驶，道路工程”标志前约 100m 处。一般单线车行道由于车行道宽的关系，只需使用《道路交通法》上标志。

图 4-39 “慢驶，道路工程”标志

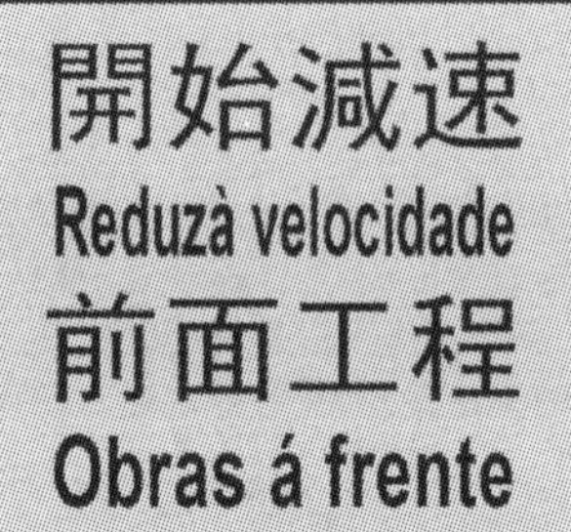

图 4-40 “开始减速，前面工程”标志

四、台湾道路施工作业区标志标线

施工标志用以告示前方道路施工，车辆应减速慢行或改道行驶，设于施工路段附近。其设计及设置要点如下：

(1)本标志为菱形或长方形，橙底黑字黑色或白色图案及黑色细边，具有反光性能。菱形标准型牌面边长 70 cm，放大型牌面边长 90 cm，长方形牌面长 100cm、宽 60cm。

(2)本标志在高(快)速公路主线或行车速度较高且路面宽阔之一般公路上应采用放大型，其余一律采用标准型，其装设方法同一般竖立式标志。

(3)本标志牌面依其设置位置及功能分为下列数种：

①用于前方道路施工者，如图 4-41 所示。

图 4-41 施工标志(用于前方道路施工)

②用于前方道路全部封闭者，如图 4-42 所示。

图 4-42 施工标志(用于前方道路全部封闭)

③用于前方部分车道封闭者，如图 4-43 所示。

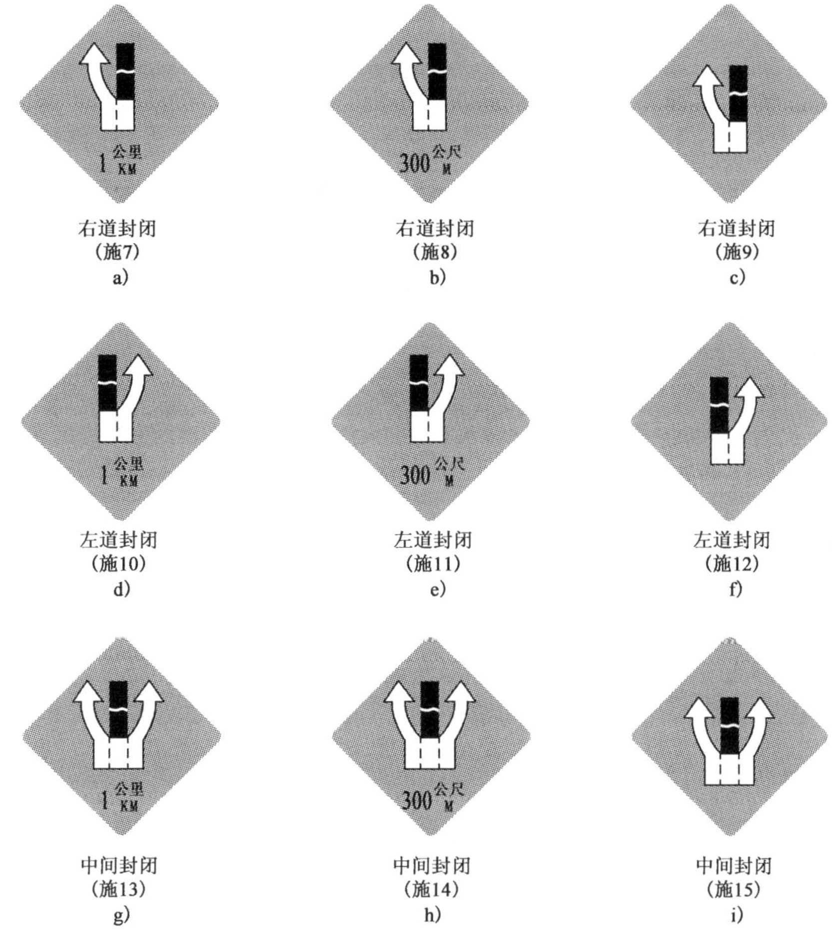

右道封闭（施7） a)　右道封闭（施8） b)　右道封闭（施9） c)

左道封闭（施10） d)　左道封闭（施11） e)　左道封闭（施12） f)

中间封闭（施13） g)　中间封闭（施14） h)　中间封闭（施15） i)

图 4-43　施工标志（用于前方部分车道封闭）

④用于车辆改道行驶及指示改道方向者，如图 4-44 所示。

(4)用于部分车道封闭，改单线管制行车者，如图 4-45 所示。

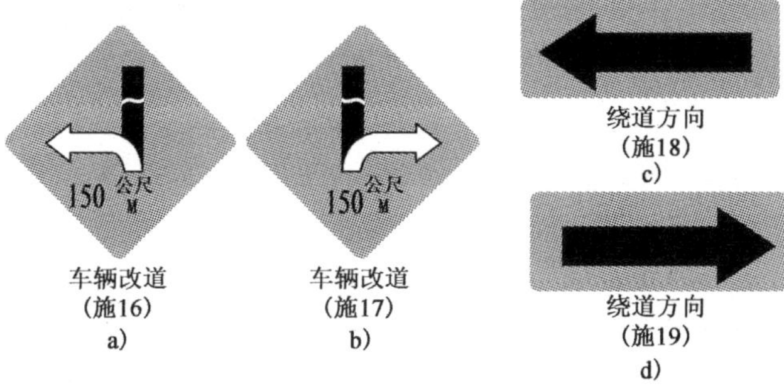

车辆改道（施16） a)　车辆改道（施17） b)　绕道方向（施18） c)　绕道方向（施19） d)

图 4-44　施工标志（用于车辆改道行驶及指示改道方向）

單線行車（施20）

图 4-45　施工标志（用于部分车道封闭，改单线管制行车）

道路封闭路段如需要利用其他道路绕道行驶维持交通时，除应设置道路封闭标志外，应在封闭路段两端可供绕道之交叉路口增设告示牌，告示封闭路段之起讫点及绕道行驶路线。

五、国内道路施工作业区标志标线

1. 已有施工作业区标志

在公路施工作业标志标线设置方面最为重要的两个参考依据就是《公路养护安全作业规程》(JTG H30—2004)和《道路交通标志和标线》(GB 5768—1999)。

《公路养护安全作业规程》在附录中对养护维修作业的安全设施进行了列举，并给出了18种养护维修作业交通标志的设置图和包括高等级公路、低等级公路、立交出入口、隧道、平面交叉口、环形交叉口和收费广场在内的52种养护维修作业控制区布置图。图4-46至图4-47分别是不改变交通流方向的内侧车道封闭施工的控制区布置图和临时定点养护维修作业的控制区布置图。可以看出的是，规程中部分标志的形状和版面设计与国标5768还是有一定差别的，如“向左(右)行驶”、“前方××m施工”等。

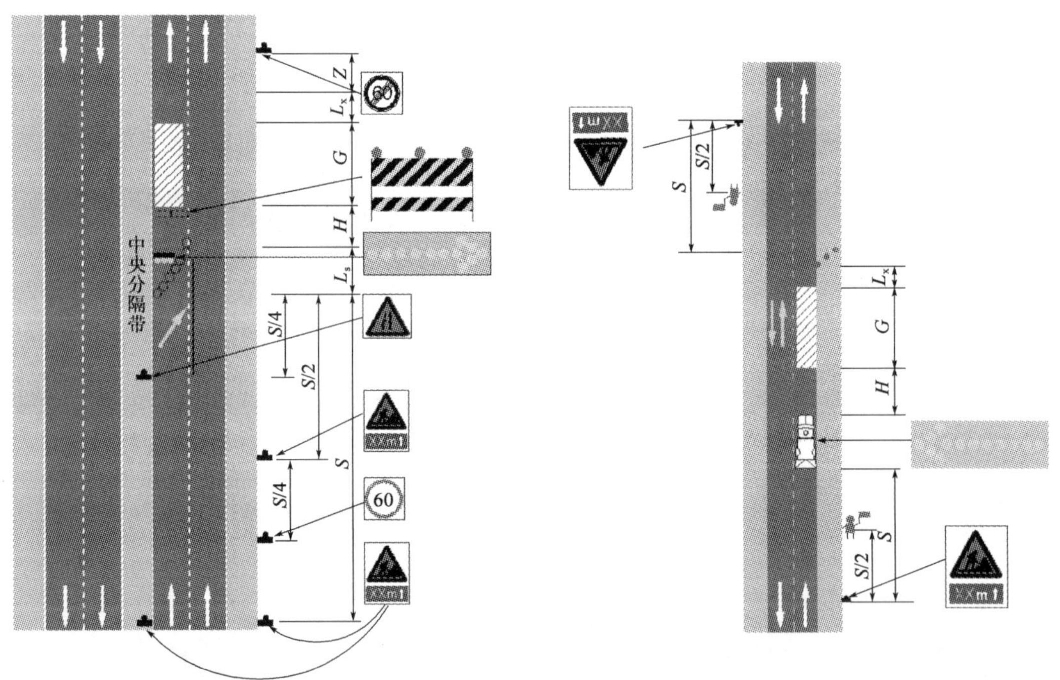

图4-46　不改变交通流方向的内侧车道封闭施工作业

图4-47　临时定点养护维修作业

《道路交通标志和标线》中规定了施工区标志和移动性施工标志的形式：

1)施工区标志

用以通告高速公路及一般道路交通阻断、绕行等情况。设在道路施工、养护等路段前适当位置。施工标志为长方形，蓝底白字，图案部分为黄底黑图案，见图4-48。可根据道路交通情况选择使用。

图 4-48　《道路交通标志和标线》作业区标志组图

2)移动性施工标志

用以警告前方道路有作业车正在施工,车辆驾驶人应减速或变换车道行驶。移动性施工标志悬挂于工程车辆或机械后部。

本标志为黄底黑色图案、黑边框、反光,背面斜插 2 面色旗。移动性施工标志见图 4-49。

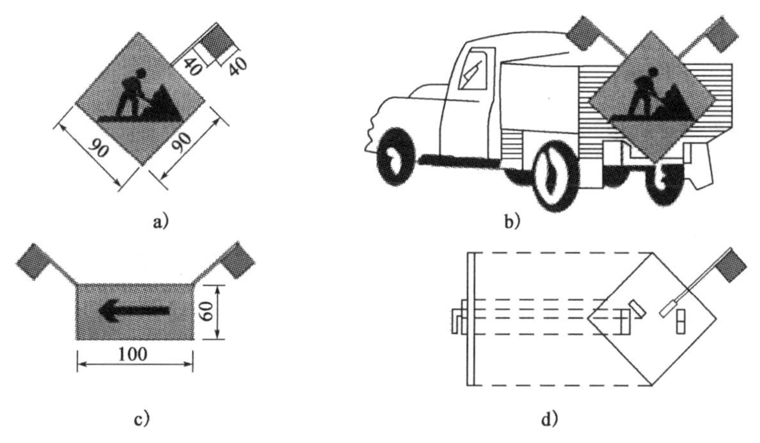

图 4-49　移动性施工标志示例

2. 施工作业区标志优化设计

对比分析可以看出,国内在公路施工作业时参考最多的两本规范《公路养护安全作业规程》和《道路交通标志和标线》在施工作业区标志规定方面还有很多不统一之处，经常有交通管理部门不认可公路部门设置的交通标志的情形出现，给施工作业和交通管理都带来了很大的不便。此外也可以看出国内施工作业区交通标志与美国、港澳台等地区的标志在版面、颜色、大小等设计参数上也有诸多不同。基于以上原因，参考多方面的成果对我国部分标准中提出的施工作业区的标志进行了适当的改善和优化。

施工作业路段设置交通标志和标线时，除了保证交通安全性之外，还应尽量提高通行效率。作业区标志“用以通告道路交通阻断、绕行等情况。设在道路施工、养护等路段前适当位置。用于作业区的标志为警告标志、禁令标志、指示标志及指路标志，其中警告标志为橙底黑图形，指路标志为在已有的指路标志上增加橙色绕行箭头或者为橙底黑图形。”

根据实际的路况，警告标志、指示标志、绕行标志设置于施工作业路段时，应为橙底黑图案。

1)施工标志(图 4-50)

用以告示前方道路施工，车辆应减速慢行或绕道行驶。该标志一般设置于作业路段的起点之外，对驾驶员进行警示。该标志可以作为临时标志支设在施工路段以前适当位置。可设置辅助标志说明与作业区的距离、作业区长度等信息。

2)道路封闭标志(图 4-51)

用于指示前方道路封闭，一般设置于封闭路段的起点之外。

a)作业标志

b)附加说明作业区长度的作业标志

c)附加距离的作业标志

图 4-50　带辅助标志的示例

图 4-51　道路封闭标志

3)车道封闭标志(图 4-52)

用于指示前方车道封闭的情况，一般设置于封闭车道的起点外。根据实际情况，有左道封闭、右道封闭、中间封闭三种。

4)改道标志(图 4-53)

由于施工原因引起道路单向封闭或完全封闭，途径车辆需借用对向车道或改道于施工便道时，可用此标志指示车辆改道行驶的方向，设置于封闭地点前的适当位置。

5)绕行标志

由于施工原因引起道路完全封闭时，可用橙色箭头和绕行标志牌指引车辆绕行的路线。橙色箭头一般用于公路，城市道路一般用绕行箭头指示。

(1)橙色箭头(图 4-54)

前方道路封闭需要绕行时，将橙色箭头附着于原有指路标志的右上角，箭头指向绕行路线的方向，沿箭头所指方向行驶即可绕过施工路段回到原路。

a) 右侧车道封闭　b) 左侧车道封闭　c) 中间车道封闭

图 4-52　车道封闭标志

a) 向左改道　b) 向右改道

图 4-53　改道标志

(2)绕行标志(图 4-55)

该绕行标志版面与《道路交通标志和标线》(GB 5768.2—2009)中绕行标志相同,其版面为橙底黑图形,用箭头表示绕行路线。

图 4-54　橙色箭头

图 4-55　绕行标志

6)导向标志(图 4-56)

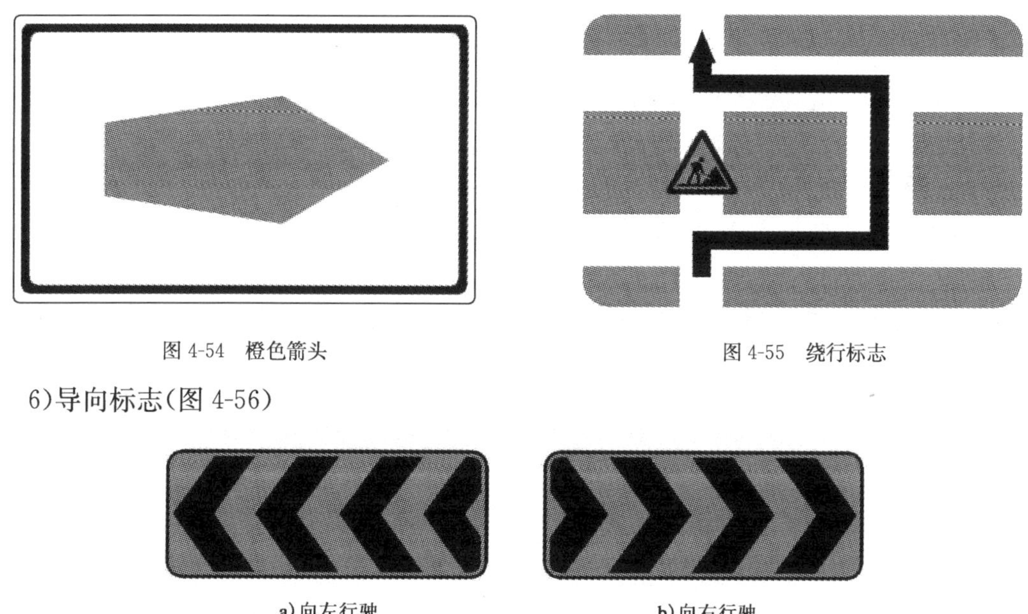

a) 向左行驶　b) 向右行驶

图 4-56　导向标志

用于引导车辆驾驶员改变行驶方向,设置于作业区路段车辆需变换车道、绕行等改变行驶方向的路段端部,或危险区域和非车辆通行区域的外围。设置位置距离行车道边缘 1m 处。

箭头方向应始终指向车辆行驶方向。

导向标志的尺寸应根据设计速度确定，设计速度大于或等于 80km/h 时，选用 800mm×2 000mm；设计速度小于 80km/h 时，可选用 600mm×1 300mm；最小不得小于 400mm×700mm。基本单元尺寸取值按照 GB 5768.2 中线形诱导标的相关规定执行。

7)旗手标志(图 4-57)

用以警告驾驶员前方有旗手指挥作业区路段交通，设置在旗手位置前方适当位置。

8)出口情况说明标志(图 4-58)

用以说明出口开放、关闭的情况以及车辆驶出位置，用于作业区的位置影响到驾驶员对出口位置和开放情况的判断，设置在车辆驶出地点前方适当位置。

出口情况说明标志的尺寸参照指路标志尺寸标准确定。

图 4-57　旗手标志

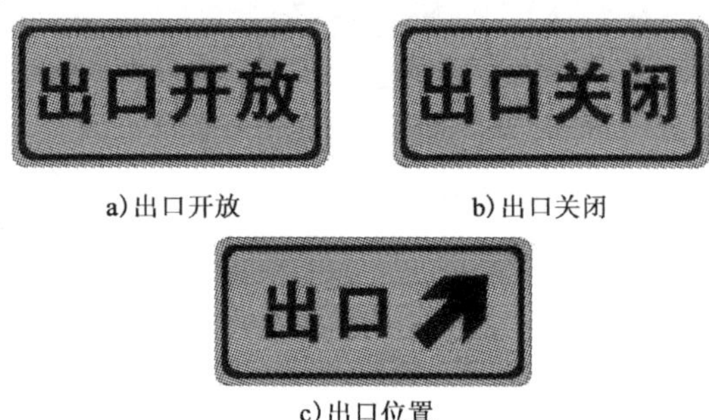

a)出口开放　b)出口关闭

c)出口位置

图 4-58　出口情况说明标志

3.施工作业区标线设置

为了便于交通管制与引导，施工作业路段应按照交通流组织的要求设置标线。如果原有标线能符合施工期间的交通流组织要求，则保留原有标线；若原有标线不符合施工期间交通组织的要求或有可能误导驾驶员时，则最好清除原有标线并按照施工交通组织的要求画橙色施工作业区标线。

尤其是当施工占用行车道宽度而导致车道缩窄时，应施画橙色边缘线(实际上很多时候采用的是连续锥形桶的设置来代替该标线)；因车道封闭施工而需要进行车道转换时，应在施工控制区内设置橙色导向箭头，如图 4-59，并在过渡区之前的警告区和过渡区内设置竖向橙色车道分界线，分界线设置在可通行车道内的最外侧，长度为四分之一警告区长度加上过渡区的长度。

图 4-59　橙色施工作业区临时标线和临时性导性箭头标线

六、施工作业区交通标志和标线设置

1.路外施工作业区

如图4-60，施工作业区位于路侧公路用地界限内，施工作业区不占用行车道和路肩，但与路肩距离较近，应在警告区前端设置施工标志（警告区、过渡区、缓冲区等各控制区的长度，参考第五章取值计算）。

作业区虽然不占用行车道，但考虑到作业区的车辆、人员和机械会出现于驾驶员的视野内，会对驾驶员的心理产生一定的影响，为避免驾驶员盲目采取一些不必要的避让行为而导致交通事故发生（如驾驶员错误地认为作业区会影响到自己的正常行驶，避让过大而占用对向车道，从而引发对撞事故），在警告区前端设置施工标志，使驾驶员意识到该处作业区有完整的标志指引，驾驶员就会自觉的等待下一个标志并准备按照指引行驶，从而避免了驾驶员的盲目避让行为可能引起的交通危险。

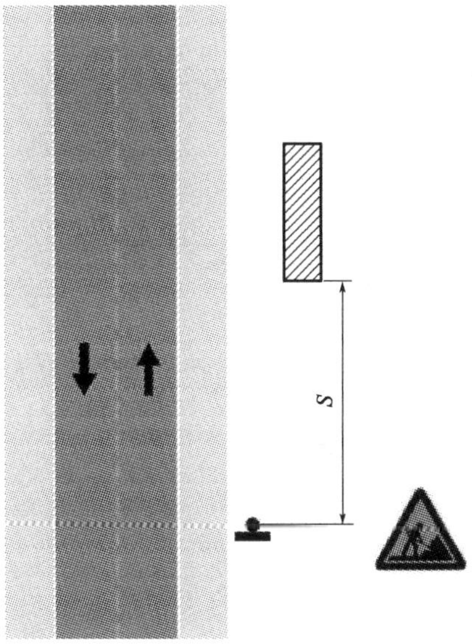

图4-60　路外施工的作业区安全标志布设示例

符合以下情况的路外施工作业区可不设置施工标志：

（1）当作业区边缘与硬路肩边缘距离较大时（大于5m）可以不设置施工标志，此时驾驶员能清楚辨别作业区位于路外，不会对行车造成影响。

（2）当对应路段设置了护栏且作业区边缘与护栏间距大于护栏的最大变形量时，如表4-12，可以不设置施工标志，因为护栏能给驾驶员以清晰的视线诱导，帮助驾驶员分辨作业区是在护栏的外侧。作业区边缘与护栏间距之间的距离要满足护栏的最大变形量，这样才能保证一旦车辆与作业区路段护栏发生碰撞时，车辆不会与作业区内的机械发生二次事故。

不设道路作业安全标志时作业区与护栏的最小间距　　表4-12

护栏形式	混凝土护栏	波形梁护栏	缆索护栏
最小间距(m)	>1	>3	>5

（3）设置了警告灯（闪烁或旋转）的短时施工作业区，因为警告灯可以起到足够的警示作用。

2.路肩、人行道或中央分隔带内的施工作业区

施工作业区位于路肩或人行道上，并未侵入行车道，为警示来往车辆注意施工机械，在警示区前端设置施工标志，如图4-61。

若施工作业区占用一部分行车道时，设计速度小于等于40km/h时的道路且除去被占用的路面后行车道能保证最小宽度为3 m时，可用锥形交通路标将作业区和开放交通的车道进

行分隔，并根据路肩施工作业设置施工标志。设计速度大于 40km/h 的道路，由于车辆高速行驶时横向的摆动较大，出于安全的考虑最好将被占用的车道封闭，或采取限速措施将高路段的行驶速度控制在 40km/h 以下。

当施工作业区位于高速公路的路肩上时，可在施工标志前至少 500m 处设置如图 4-62 所示的预告标志。

当施工作业区位于道路的中央分隔带内且未侵入行车道时，为避免施工作业区对驾驶员造成不良的心理影响而诱发事故，也最好参照路肩作业区的方式设置施工标志和预告标志。对于没有设置中央分隔带护栏的路段最好设置锥形交通标标明作业区的边界。

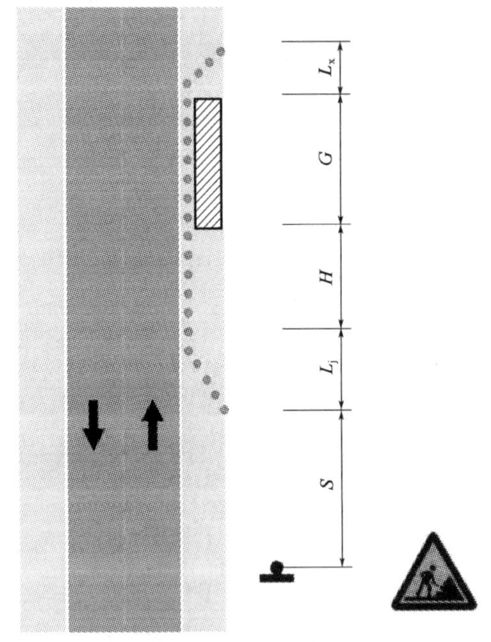

图 4-61　一般道路路肩作业区安全标志布设示例

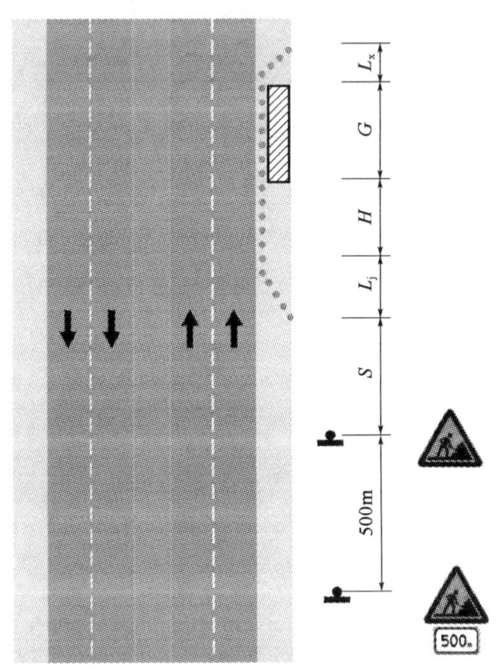

图 4-62　高速公路及城市快速路路肩作业区安全标志布设示例

3. 双向两车道公路封闭一条车道的施工作业区

为了保证公路的畅通，双车道公路上进行施工维修时通常封闭一条车道而保留一条车道开放交通。这就造成了双向交通流使用一条车道的问题，若不能进行有效的交通组织，轻则引起交通拥堵，重则发生严重的对撞事故，甚至多车事故。因此这类施工作业区除设置必要的作业区、行车道改变等警示标志外，还需要进行必要的路权方面的管理和引导，可以采用设置交通标志和设置交通信号灯(旗手)两种方式。

交通量较小且通视条件好的路段，可参照图 4-63 的方式，利用设置会车让行和会车先行的标志确定施工路段的优先通行权，一般交通量较大的方向享有优先通行权。在距离作业区端点 $S/4$ 处设置会车先行标志指示该向车辆享有有限通行权，在作业区另一端点前 $S/4$ 处的对向车道设置会车让行标志，并在渐变区前适当位置设置停车线，使驾驶员在停车线处停车瞭望对向来车情况、等待对向车辆通过后或确认安全后，再通过施工作业路段。

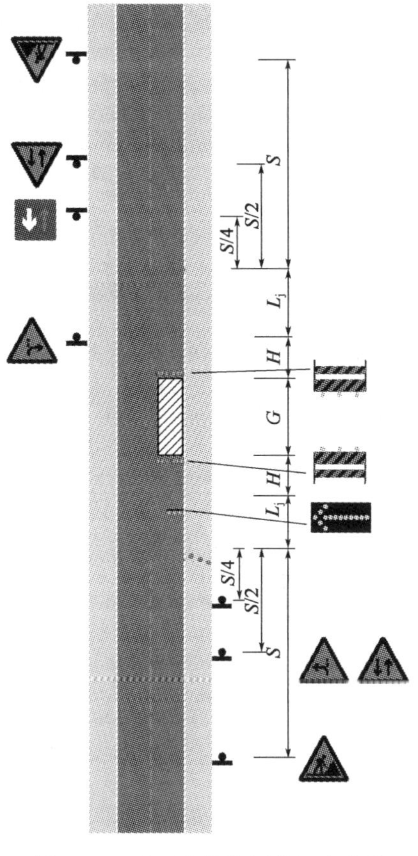

图 4-63　双向两车道道路封闭一条车道进行施工作业时作业区布置示例

利用标志明确路权的方式只是用于交通量较小，且同时条件好的路段。在交通量较大时，享有优先权方向的交通流形成连续流，连续地通过作业区路段，让行方向车辆的等待时间会大大增加，一旦等待时间超过了驾驶员的心理预期，某些驾驶员就会选择强行进入作业区路段，极易导致交通阻塞甚至交通事故。由于封闭一条车道后，整条路的交通量都转移到开放交通的那一条车道承担，因此一旦主要交通流方向的饱和度在 0.5 以上，优先车道就会挤占让行车道上车辆的通行时间，增加驾驶员强行通过的几率。因此，利用交通标志确定路权的方式适用于主要交通方向交通流饱和度小于 0.5时。

良好的通视条件是保证让行方向驾驶员能够正确评估对向来车情况的前提。良好的条件包括两方面：无障碍物和距离不宜过长。距离过长时，驾驶员不能在作业区的一端看清作业区的全貌，因此不能正确判定对向来车情况。综合考虑驾驶员视野和等待时间，推荐作业区小于 300m 时适宜通过设置标志方式明确路权。

当主要交通方向的交通饱和度大于 0.5，或作业区长度大于 300m，或作业区路段位于弯道、视距不良的凸曲线顶部，或作业区存在障碍物影响驾驶员的通视时，推荐采用在作业区两端设置信号灯或旗手的方式组织和管理交通。两端设置的信号灯应进行联动控制，一个方向为绿灯时，另一个方向为红灯，绿灯方向变为红灯后，原红灯方向应继续维持红灯一段时间，保证对向车辆全部驶出作业区路段后，再变为红灯。具体的信号相位和时长应由专业人员进行设计。作业区两端应同时配合设置停车线。这类作业区也可以利用旗手管理交通，旗手应分别在作业区两侧，相互配合确定本方向是否开放交通，值得注意的是，旗手应 24h 值守，并配备反光衣和反光指挥棒。

4. 四车道道路封闭一条车道的施工作业区

多车道道路封闭一条车道的施工作业区，是目前道路进行大中修时比较常见的一种类型，如图 4-64。这种类型施工作业区的优点是只降低施工方向的局部车道的通行能力，对对向车流没有影响。保证施工路段的通行能力是该类型施工作业区的主要问题。根据目前的研究成果，对施工作业区路段通行能力影响较大的主要有两个因素：工作区段长度 G 和车辆合流位置。

工作区段越长，车辆排队通过工作区段的时间就越长，排队距离越长，拥堵规模越大，排队消散时间越长，排队对工作区前方车流运行的影响就越大，附近路段通行能力降低越多。工作区段的长度与施工作业区转场、现场布置等费用以及车辆延误有关。

施工作业区路段的上游过渡区是事故发生频率最高的路段，车辆在合流过程中常发生刮擦、追尾等事故，因此在过渡区前方提示驾驶员路段施工和车道封闭显得尤为重要。在施工区前方最少由远及近设置两块施工标志，在第二块施工标志处配合设置车道数变少标志，在靠近施工作业区处设置车道封闭标志，并在上游过渡区的两端设置可变箭头信号诱导车道合流。

为了提高作业区的通行能力，在交通量较大的施工作业区可以在图 4-64 所示的车道数变少标志之前适当位置再重复设置一处，也可以适当加长上游过渡区的长度。

5. 六车道道路封闭一条车道的施工作业区

六车道道路封闭一条车道的施工作业区布置与四车道道路的基本相同。当施工作业区域位于中间车道时，为了使合流过程更加平滑，推荐采用逐渐过渡的方法，如图 4-65 所示。

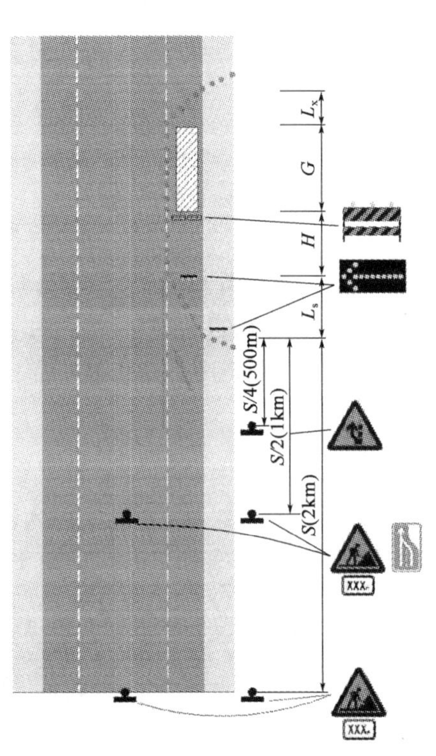

图 4-64 双向四车道道路封闭一条车道进行施工作业时作业区布置示例

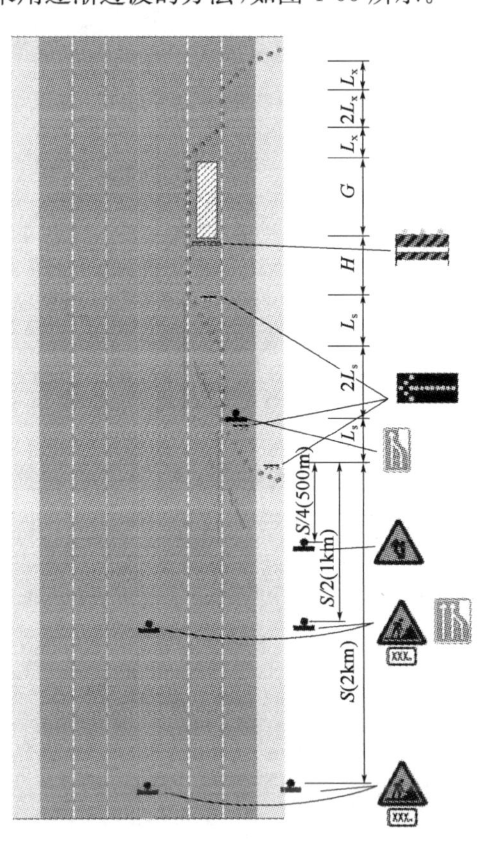

图 4-65 双向六车道道路封闭外侧两车道作业区的布置示例

6. 弯道路段的施工作业区

弯道路段施工作业区的主要问题是施工作业区和弯道可能相互遮挡，使驾驶员不能提前了解前方道路状况而发生危险。这种情况主要发生在急弯路段或视距受限路段。

根据道路条件和视距条件，主要分为以下几种情况：

1)高速公路、一级公路上的弯道路段施工作业区

高速公路和一级公路有分隔、单向双车道以上，由于路面较宽、视野较好、参照物多，驾驶员对路况的判断可以依靠多方面的信息，不容易形成弯道与施工作业区的相互遮挡。视线良好时可按照一般路段的方式布置交通标志和标线；视距受限时应在路段的前方提供弯道和施工作业区两个警告信息。根据距离由近到远，从左到右或由上到下排列，其余参照一般路段布置交通标志和标线。

2)二级及二级以下公路

由于二级及二级以下公路都为双车道公路，情况比高速公路和一级公路复杂，因此作业区两侧应设置专职的人员组织、管理交通。

弯道与作业区的位置关系影响到标志的设置位置，根据施工作业区控制区长度，一般距离作业区最远的标志与作业区的距离为 S，考虑到驾驶员对标志的提前视认，以 S 和 $2S$ 为特征点，将弯道与施工作业区的位置关系分为以下几种：

(1)作业区位于弯道前方，作业区终点与弯道终点距离 $L<S$，如图 4-66。

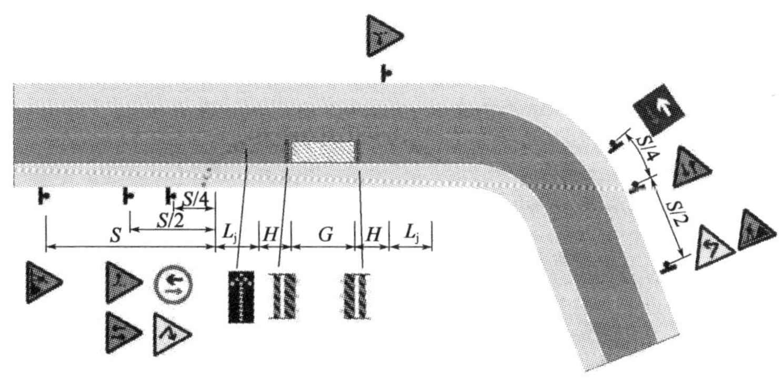

图 4-66　二级及二级以下公路弯道作业区布置(示例一)

主要是施工车道对向车流受到弯道的遮挡，不易发现施工作业区，如不提前进行警示并说明施工路段路权状况，则可能与受施工影响而换车道行驶的车辆发生后果严重的对撞事故，因此要将施工作业区一系列标志提前到弯道起点设置。同时提醒施工车道车辆注意前方弯道情况，在施工作业区前设置急弯警告标志。

(2)作业区位于弯道后方，作业区终点与弯道终点距离 $L<S$，如图 4-67。

作业区位置弯道后方且距离较近，按照一般路段的布置方式，车辆将在弯道路段上变换车道，与对向车辆共用一条车道，再加上弯道视线条件不好、施工作业区的存在影响驾驶员的视线等原因，使弯道上变换车道更为危险，因此将上游过渡区延长，提前至弯道起点，使变换车道的车辆拥有更好的视线条件。

(3)作业区起(终)点与弯道起(终)点距离 L，$S\leqslant L<2S$，如图 4-68。

由于弯道起(终)点与施工作业区的起(终)点相距较远，如将标志提前到弯道起(终)点设置，警示效果不强，因此在弯道起(终)点处加设一处急弯与作业区组合标志。

(4)作业区起(终)点与弯道起(终)点距离大于 $2S$。

作业区与弯道的距离较长，其相互干扰较小，可以作为两个独立的路段进行处置，此时作业区按照一般路段布置。

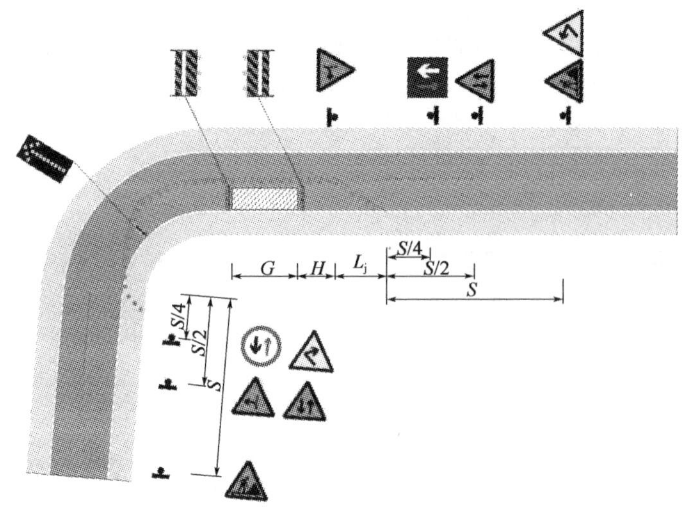

图 4-67　二级及二级以下公路弯道作业区布置(示例二)

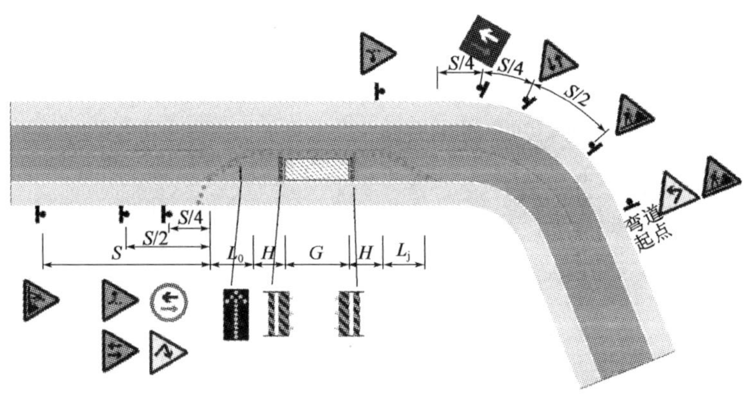

图 4-68　二级及二级以下公路弯道作业区布置(示例三)

7.道路因施工封闭,绕行路径的指示

施工封闭路段的绕行路径,主要通过橙色箭头和绕行标志来指示。橙色箭头主要应用于公路,绕行标志主要应用于城市道路。

公路施工封闭绕行路段用橙色箭头指示,驾驶员按照橙色箭头所指示的方向行驶就能顺利的绕过施工封闭路段回到原路上。为了保证指示信息的连续性,绕行路线经过的每个交叉口均需要设置橙色箭头,一般附着在原有指路标志的右上角,箭头朝向车辆行驶的方向。

如图 4-69 所示,S102 上梨市到重阳部分路段因施工原因封闭交通,由梨市去往重阳的交通流需要绕行 X207、X323、X214。图 4-70 表示由梨市往重阳方向利用橙色箭头指示的绕行路线的示例(该路段原有其他标志略)。

高速公路某一路段封闭时,车辆只能从距离封闭路段最近的出口和入口进行绕行,因此高速公路上橙色箭头设置在距离封闭路段最近的“入口预告标志”、“地点、方向标志”、“出口预告标志”、“出口地点方向标志”上，如图 4-71。

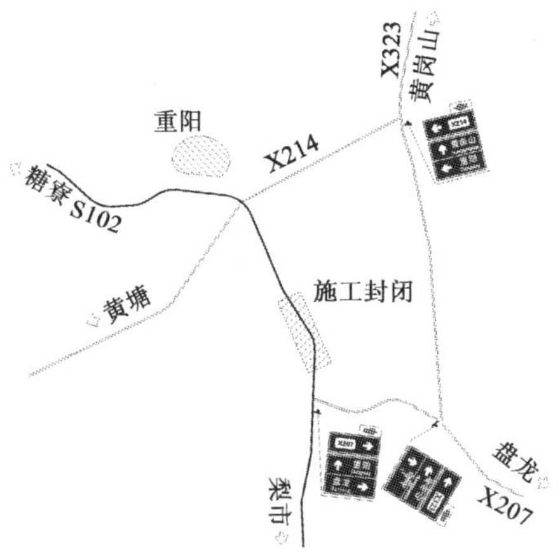

图 4-69　一般公路施工封闭路段绕行路径指示

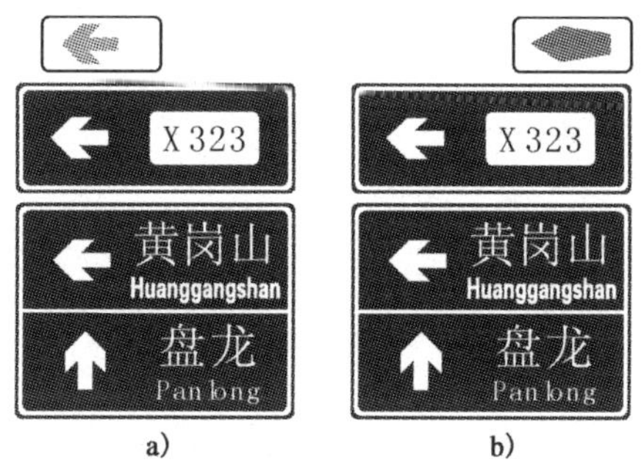

图 4-70　橙色箭头附着于指路标志
（左图：附着橙色箭头前；右图：附着橙色箭头后）

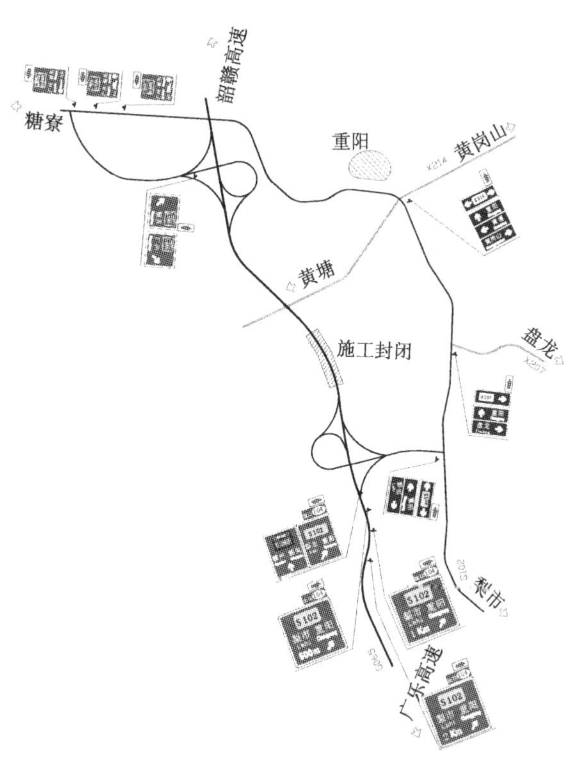

图 4-71　高速公路施工封闭路段绕行路径指示

8. 交叉口作业区

作业区与交叉口距离较近，作业区的存在对交叉口的交通组织产生一定影响时，属于交叉口作业区。由于交叉口是车流汇集与转向的地点，交叉口本身的交通运行就比较复杂，作业区的存在更增加了交叉口交通流的混乱程度，因此交叉口作业区最好采用硬质围挡将作业区域与交通流分隔，同时设置施工警告灯围绕一周标识作业区域，使作业区域更加醒目，同时遮挡施工作业机械、工人及材料，减少交叉口的繁乱。

交叉口作业区位于交叉口的一个进口道上时，在作业区的前方设置车道封闭标志和施工标志即可，如图 4-72。如果该进口道交通量较大，封闭一个车道会引起严重的拥堵，可以根据交叉口通行能力计算的结果借用对向车道组织交通，如图 4-73。为使交通流平滑可在对向进口道提前设置过渡区，使车流以一车道形式通过交叉口，避免车流在交叉口范围内合流而造成拥挤与事故。借用对向车道导致行车道错位时可在交叉口设置导流标线引导车流。如果通行能力计算表明，借用对向车道也不能缓解车道封闭引起的拥挤或将会导致对向车流的拥挤，则建议在该路段前一个交叉口提前采取绕行措施。

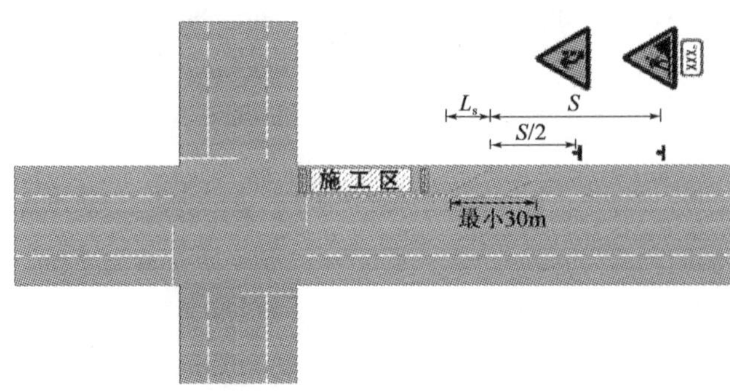

图 4-72　交叉口进口道作业区布置示例

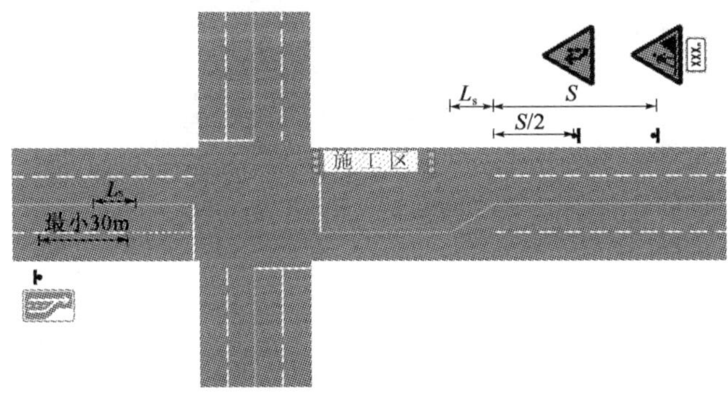

图 4-73　交叉口进口道作业区借用对向车道组织交通的布置示例

作业区位于交叉口的出口车道上，所在路段无中央分隔带，且作业区位于左侧车道时，对向交通流会受到作业区的影响，因此在对向车道也要设置施工标志警示驾驶员小心驾驶。对于交叉口的其他进口道，可以在交叉口前方适当位置设置施工标志警示转向车辆的驾驶员小心作业区对交通造成的影响，如图 4-74。

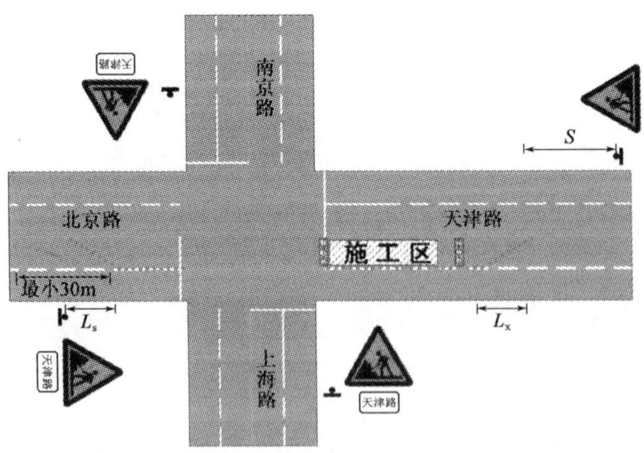

图 4-74　交叉口出口道左侧车道且无中央分隔带时施工标志布置

作业区位于交叉口中心区时，作业区的迎交通面可以设置导向箭头来指明交通车辆的行驶方向，夜间施工要保证照明。作业区位于交叉口正中时，可按照环形交通进行组织，设置环岛行驶标志代替导向箭头，如图 4-75。

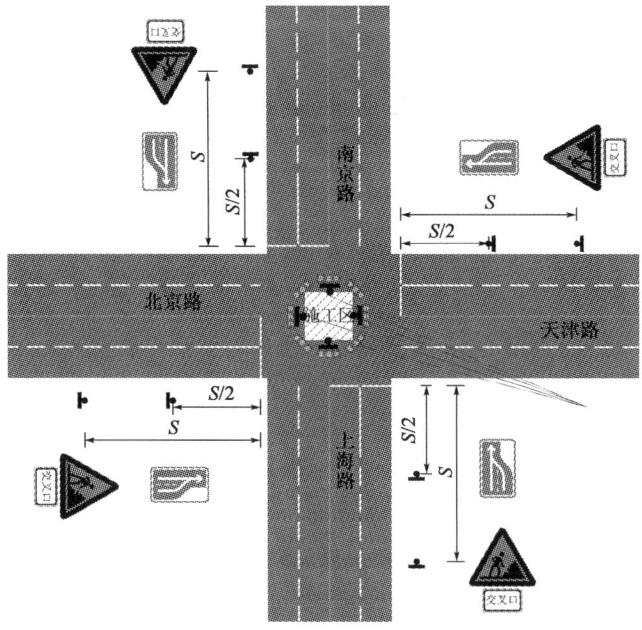

图 4-75 作业区位于交叉口中央时环形交通组织示例

第三节 施工作业区安全防护

施工作业区与正常路段相比，道路交通条件骤然发生变化，不再保持与非作业区相一致的行车条件，过往车辆与施工机械相互碰撞以及车辆与作业人员相互碰撞的安全隐患显著增加。在施工作业区内合理地设置安全防护设施，可以有效地防止过往车辆闯入施工区而造成人员伤亡或财物损失。相反，如果施工作业区的防护设施由于自身设计或者设置不当而不能满足防护标准，则不但危及驾驶人的安全还将危及施工作业人员的安全。

根据功能的不同，可将安全设施分为隔离和防护两类。隔离类安全设施，如安全锥、防撞桶、路栏等，只具有警示、隔离的作用，提示驾驶员施工作业区的位置和隔离区域；防护类安全设施，如移动式护栏、车载式防撞垫等，对碰撞车辆具有拦挡作用。安全设施的选择和设置应综合考虑道路交通量、车辆构成、限制行驶速度、道路线形、路侧危险等级、施工作业周期、是否有施工作业机械和作业人员、车辆冲入施工区可能造成的交通事故等级等多种因素。根据不同的条件正确设置合适的安全防护设施，对于提高施工作业区交通安全水平的意义重大。

一、施工作业区安全防护设施

1. *移动式护栏*

移动式护栏可有效防止过往车辆冲入施工作业区，与施工机械或作业人员发生碰撞事故。移动式护栏设置在施工作业区的工作区，可根据实际情况和防护需求，向上、下游过渡区延伸。

移动式护栏通常为分段结构，拆装方便，便于运输。单元段之间可稳定连接，单元段与地面固定，车辆与护栏发生碰撞后，通过护栏的变形和横向位移吸收碰撞能量。

移动式护栏安全性能评价的内容主要包括：车辆与移动式护栏发生碰撞时应能保证车内乘员的生命安全，不受到严重伤害；标准碰撞条件下车体重心处三向加速度 10ms 间隔平均值的最大值均应小于 20g(g 为重力加速度)；能够有效地阻挡车辆并对车辆进行正确导向，车辆不得穿越、翻越、骑跨、下穿移动式护栏；车辆碰撞后的驶出角度应小于碰撞角度的 60%；碰撞后车辆应保持正常行驶姿态，不发生横转、掉头等现象；移动式护栏的最大动态变形量应小于 1 200mm。

美国全得公司推出了两款用于施工作业区的活动护栏：Vulcan 钢屏障移动式护栏和 Triton 注水式塑料移动护栏。

Vulcan 钢屏障移动式护栏（图 4-76）是一种可移动和固定安装的钢制护栏，符合美国 NCHRP 350 TL-3 及欧盟 EN 1317-3（时速 100km/h）对纵向导正性安全护栏的要求。护栏有 4m、8m 和 12m 三种长度。Vulcan 钢屏障移动式护栏使用销钉连接各模块，从而使该系统每 4m 区间内可以形成 6°的曲线。

图 4-76　Vulcan 钢屏障移动式护栏

Vulcan 钢屏障移动式护栏可作为独立式系统，其设计允许使用各种不同的终端，可以安装不同的脚轮以方便使用和移动。

该种护栏的主要应用及功效包括：

(1)保护公路（高速公路和其他公路）路政施工维护人员及作业车辆的安全；

(2)可放置于大型体育赛事等活动的道路两旁，为人群提供安全保护并疏导交通，如图 4-77和图 4-78 所示。

图 4-77　2006 年英联邦运动会

图 4-78　2007 年墨尔本法拉利赛车

(3)可以用来作为临时出口,用于交通转向调节;

(4)轻便、可堆叠——降低运输成本,一辆卡车可以运输 160m 长的护栏。

该产品已经在全球多个国家应用,并取得了良好的效果。

Triton 注水式塑料移动护栏(图 4-79)是时间和空间受限情况下的理想选择。这种移动护栏由多个相连的 2m(6.5ft)长聚乙烯塑料移动护栏以及一个内置钢架组成。

图 4-79　Triton 注水式塑料移动护栏

Triton 注水式塑料移动护栏已通过中国交通运输部交通安全设施质量监督检测中心的 1.5t 汽车,100km/h 速度下的碰撞测试。

该产品的应用及功效主要有:

(1)适于作为临时性安全屏障,放置于道路施工作业区域旁为工人和设备提供可靠的防撞击保护;

(2)吸收冲击能量,防止车辆穿入工作区域;

(3)降低撞击对驾驶员员的伤害;

(4)可用于重大活动及集会以保障人、车的安全和活动的秩序;

(5)快速简便处理——3 个工人可在 1h 内处理 183m 长的移动护栏;

(6)模块式设计提供各种长度的屏障,可用于笔直或弯曲的路面情况。

该产品也已经在多个国家进行了实际应用,包括中国,如图 4-80 所示。

a)

b)

图 4-80　北京六环路的应用

交通运输部公路交通安全工程研究中心近几年加大了对防护实施研究的投入,也开发出了适用于我国公路施工作业区道路交通环境特点的可移动式钢护栏。该可移动式安全护栏采用模块化设计，由横梁、连接立柱、下导向墩等组成。每个模块长度为 4m，安装长度视养护施工区长度而定，整体两端固定。如安装长度超过 50m，需在中间位置加装固定装置。经国家交通安全设施质量监督检验中心实车碰撞试验（图 4-81），可移动式安全护栏对小型车和大型车均具有良好的防护能力和导向作用，各项结果符合交通行业标准 JTG/T F83《高速公路护栏安全性能评价标准》规定。

a)

b)

图 4-81 可移动式安全护栏小型车实车碰撞试验前后

2. 车载式防撞垫

在施工作业区尾部的施工车辆起到防止过往车辆闯入施工作业区造成人员伤亡或财物损失的作用。但如果过往车辆以较大速度撞向施工车辆时，则两刚性体的碰撞很容易使过往车辆撞入施工车辆底部，车毁人亡，同时被撞车辆受撞击后也容易前移造成其前方工作人员伤亡。为避免这种恶性事故的出现，国外很早就开始了车载防撞垫的应用。

车载式防撞垫（Truck Mounted Attenuators，简称 TMA）是一种安装在施工作业区内卡车后部可分解碰撞能量、防止车辆撞入被撞卡车底部、预防事故的新型道路交通安全设施。它已在多个国家和地区使用，如：美国、澳大利亚、英国、新加坡、比利时、爱尔兰、我国的香港，不同程度地降低了事故损失。车载式防撞垫的出现一方面由于其自身颜色和反光特性对驾驶员起到警示作用，降低事故发生的可能性；另一方面由于其结构吸能性，将大大降低施工作业区内事故人员伤亡及财物损失的程度。其最终达到的效果是：过往车辆撞到车载式防撞垫后，过往车辆前部无破坏或轻度破坏，施工车辆无破坏且无前移。

国外对于车载式防撞垫的研发相对成熟，美国全得公司生产的车载式防撞垫在面向全世界投入使用的 30 年来，共挽救了 5 万人的生命。早在 1988 年，沙特阿拉伯就已经颁布法规要求强制性使用全得公司生产的车载式防撞垫以保护车辆安全。美国全得公司的车载式防撞垫碰撞实验还通过了美国道路安全标准 NCHRP 350 三级测试，成功地受到美国和欧盟的推荐。欧洲标准 EN 1317-3 规定了对防撞垫进行碰撞测试的评价标准和实验方法。如图 4-82 所示，车载式防撞垫由一个配有可二次使用的钢制支撑框架的轻型铝合金盒组成，安装只需一个简单的插口栓附件，为方便保管，还配有液压系统可使其升高和降低，可防恐、防爆、防火、防恶意冲撞、防止追尾事故的恶化。

车载式防撞垫安装在大型车辆尾部，一方面由于其自身颜色和反光特性，对驾驶员起到警示作用，降低事故发生的可能性；另一方面，具备吸能结构的车载式防撞垫可分解碰撞能量，防止小型车辆钻入，大大降低车辆的损伤程度，保护施工作业区内作业人员的安全。

a)

b)

图 4-82 车载式防撞垫

3. 水泥混凝土隔离墩

施工作业周期较长且作业区空间允许时，可设置水泥混凝土隔离墩(图 4-83)。该种设施的自重大，连成一体后具有一定的防撞能力，通过重量抵抗车辆的碰撞荷载，防止车辆冲入施工作业区。相对移动式钢护栏而言，水泥混凝土隔离墩造价较低，但拆装、运输不方便，车辆与其发生碰撞时水泥隔离墩自身不发生变形，因而车辆的损伤较大。其运输安装收回比较困难，成本较高，比较难以实施，而且预制大批量该墩需要相当一段时间，容易耽误工期，工程结束后，其安放处理也很麻烦。

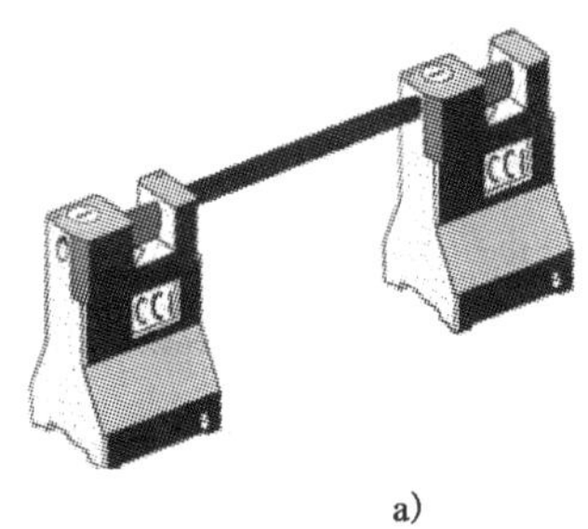

a)

b)

图 4-83 水泥混凝土隔离墩

4. 普通水马

施工作业周期较短且作业区空间受限情况时，可选择普通水马作为临时性安全屏障。普通水马用高强度工程塑料“滚塑”一次成型，外框架由塑料制成，形成封闭空间，内部装载水和砂，放置于施工作业区与行车道之间，为作业人员和施工机械提供防撞击保护。在发生交通意外时，由于产生弹性碰撞，隔离墩起到了吸收一部分冲击力的作用，而不是与冲撞体发生硬性撞击，因而大大提高了车辆和司乘人员的安全。在外观上其色彩明亮，无论白天黑夜都可以保证应有的警示作用。由于采用了高强度工程塑料，因此具备了强度高、不退色、耐腐蚀、耐高温、耐严寒、耐日晒、耐雨淋等一系列优点。其表面光滑流畅，因而又极易清洁。最重要的是该种隔离墩运输安装收回非常方便，可重复利用性强，非常适用于道路施工中将施工现场和道路行车隔离设施。

普通水马的装载重量、设置数量及相互连接应通过计算确定(图 4-84)。合理设置后可吸收冲击能量,防止车辆穿入作业区域,并降低碰撞对驾驶员员的伤害。该设施拆装、运输方便,模块式设计可灵活应用于不同的道路线形路段。在高速公路进行养护作业时,工作区的车道渠化设施优先选用水马,在布置水马有困难时,也可使用锥形交通路标。

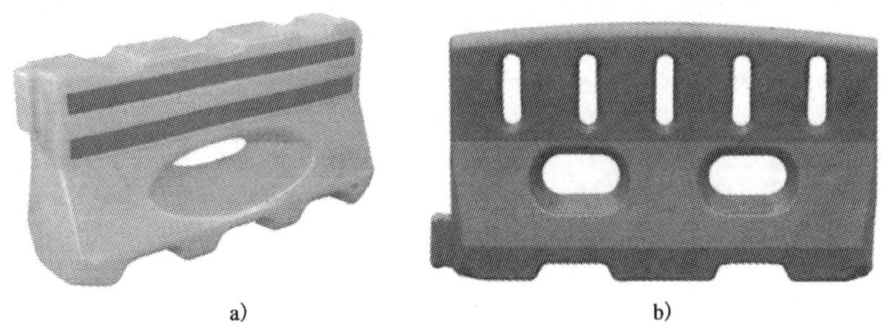

a) b)

图 4-84 普通水马

5. 锥形交通路标

锥形交通路标(也称为安全锥、交通锥)与路栏配合,用以阻挡或分隔交通流。设在需要临时分隔车流,引导交通,指引车辆绕过危险路段,保护施工现场设施和人员等场所周围或以前适当地点。锥形交通路标的基本形式如图 4-85 所示。

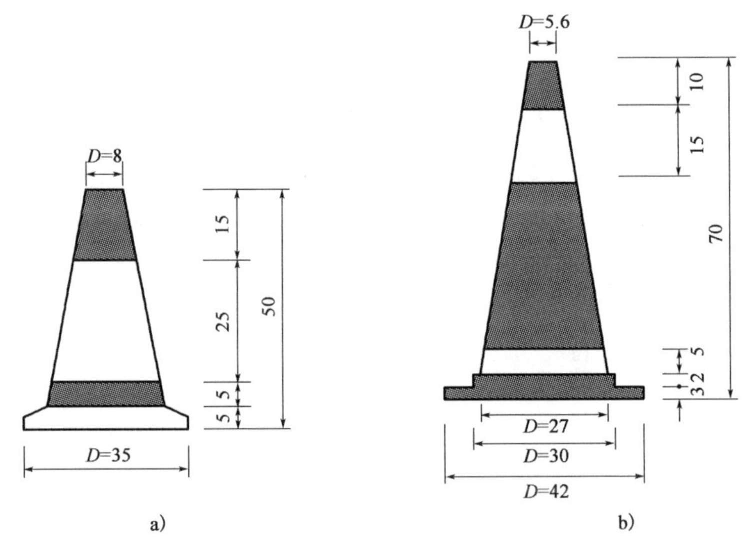

a) b)

图 4-85 锥形交通路标(单位:cm)

目前锥形交通路标在我国使用非常普遍,由于生产厂家众多,因此质量良莠不齐,多数不能满足尺寸、重量、颜色和反光的要求。锥形交通路标只具有警示和隔离作用,不具备防护能力。设置在过渡区的安全锥间距以 3m 为宜,设置在缓冲区和工作区的安全锥间距以 2m 为宜。针对锥形交通路标在货车经过时经常被带(刮)倒的情况,建议适当增加其重量,并派养护人员进行定时的检查、清理,以免影响车辆的正常通行。安全锥夜间使用时上端应安装白色反光材料或反光导标,增加对驾驶员的视线诱导作用。

6. 防撞桶(图 4-86)

防撞桶(防撞墙)的设置方法同安全锥,与安全锥相比,防撞桶的体积和自重均有较大提高,但仍然只具有警示和隔离作用,不具备防护能力。建议设置在过渡区的防撞桶间距为 3m,设置在缓冲区和工作区的防撞桶间距为 2m。防撞桶桶身应安装红白相间或黄黑相间的反光材料,增加对驾驶员的夜间视线诱导作用。

a)

b)

图 4-86 防撞桶

7. 路栏

路栏用以阻挡车辆及行人前进或指示改道,可设在施工作业区的过渡区、缓冲区或终止区。路栏的基本形式如图 4-87 所示。路栏只具有警示和隔离作用,不具备防护能力。

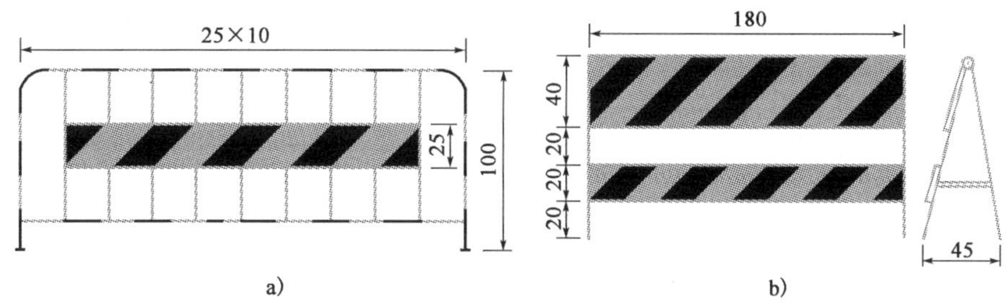

图 4-87 路栏(单位:cm)

8. 警示诱导桩

用于施工作业区域与交通行车区域隔离的警示诱导桩可以代替锥形交通锥,诱导标志的重量大、高度高,更稳定,红白相间也更醒目,且上部安装的照明灯具保证了夜间作业的安全,见图 4-88。

二、安全防护设施的设置条件

1. 移动式护栏设置条件

1)收益—成本比值

相对于路侧固定设置的护栏而言,施工作业区设置的护栏为移动式护栏,施工作业结束后，护栏可移动、拆除。设置护栏的决定因素之一为“收益—成本比值（B/C 比）”，即设置护栏后避免发生交通事故而减小的经济损失与设置护栏所花费的成本之比，并考虑施工作业区内是否有施工机械和作业人员。当 B/C 比≥1.25 时，建议养护施工作业区设置移动式护栏；当 0.75≤B/C 比<1.25 时，建议设置移动式护栏，若有研究表明在该路段设置护栏不合适，可不设置；当 B/C 比<0.75 时，在通常情况下、非特殊的环境中，施工作业区可不设置移动式护栏。

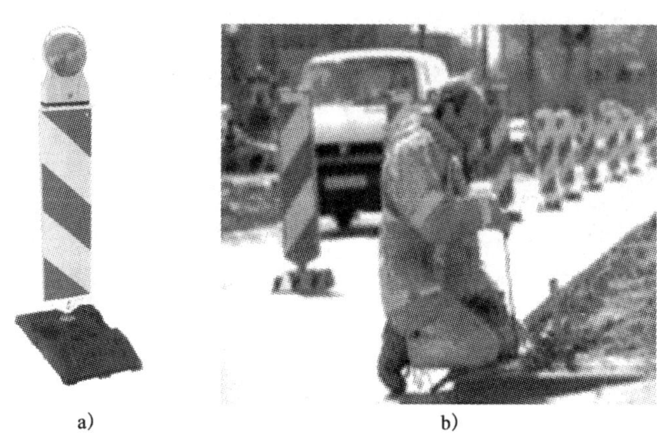

a)　　b)

图 4-88　用于工程施工作业区域与交通行车区域警示诱导桩

2）交通量、限制行驶速度

施工作业区的交通量较大，或者行驶速度较高（80km/h）时应考虑设置护栏，尤其是在施工机械和作业人员比较密集的区域，以及通过中央分隔带开口车流转换的过渡区和缓冲区。

3）可能造成的交通事故等级

参照《公路交通安全设施设置规范》（JTG D81—2006），根据车辆冲入施工作业区或驶出路外有可能造成的交通事故等级，来选取养护施工作业区移动式护栏的防撞等级，见表 4-13。

施工作业区护栏防撞等级的适用条件　　表 4-13

<table>
<tr><th rowspan="2">公路等级</th><th rowspan="2">限速值
(km/h)</th><th colspan="3">车辆进入施工作业区或驶出路外有可能造成的交通事故等级</th></tr>
<tr><th>一般事故或重大事故</th><th>单车特大事故或
二次重大事故</th><th>二次特大事故</th></tr>
<tr><td rowspan="2">高速公路</td><td>120</td><td rowspan="4">A</td><td rowspan="3">SB</td><td>SS</td></tr>
<tr><td rowspan="2">100、80</td><td rowspan="2">SA</td></tr>
<tr><td rowspan="2">一级公路</td></tr>
<tr><td>60</td><td>A</td><td>SB</td></tr>
<tr><td>二级公路</td><td>80、60</td><td rowspan="3">B</td><td>A</td><td>SB</td></tr>
<tr><td>三级公路</td><td>40、30</td><td rowspan="2">B</td><td rowspan="2">A</td></tr>
<tr><td>四级公路</td><td>20</td></tr>
</table>

因道路线形、行驶速度、交通量和车辆构成等因素易造成更严重碰撞后果的路段，应在表 4-13 的基础上提高护栏的防撞等级。

4)道路线形条件及特殊环境

施工作业区位于山区公路视距不良路段、长下坡路段、曲线半径较小的路段以及多雾路段等特殊环境时，应考虑设置护栏，并在表4-13的基础上适当提高护栏的防撞等级。

5)车辆构成

车辆是护栏的防护对象，护栏防撞等级是根据车辆质量、碰撞速度、碰撞角度和碰撞能量所构成的碰撞条件来划分的，因此车辆的构成是决定护栏防撞等级选取的重要因素。当大型车辆(包括大客车和货车)占据的比重较大时，需考虑在表4-13的基础上适当提高护栏的防撞等级。

2.其他安全设施设置条件

根据上述判断条件，施工作业区可不设置护栏时，应设置其他隔离类安全设施，避免干扰非作业区的正常行车以及避免车辆误行驶入作业区。根据判断条件，施工作业区需设置护栏时，护栏一般设置在工作区，除工作区外，公路施工作业区还包括警告区、过渡区、缓冲区、终止区等其他控制区域，可综合使用其他安全设施，形成施工作业区完整的安全防护系统。重点应防护的区域为缓冲区和工作区。其他安全设施设置条件见表4-14。

其他安全设施设置条件　　表4-14

施工作业控制区域	无施工机械及作业人员、施工作业区危险等级低	有少量施工机械及作业人员	有施工机械及作业人员
上游过渡区	安全锥、防撞桶、路栏等	安全锥、防撞桶、路栏等	安全锥、防撞桶、路栏、水泥隔离墩等
缓冲区	安全锥、防撞桶、普通水马、路栏等	水泥隔离墩、防撞桶、防撞墙、车载式防撞垫	普通水马、车载式防撞垫或移动式护栏
工作区(竖向)	安全椎、防撞桶、警示诱导桩，重点判断是否设置移动式护栏		
下游过渡区、终止区	安全锥、警示诱导桩	移动式护栏或安全锥	移动式护栏或安全锥

第五章　施工作业区交通组织设计

公路施工作业区交通组织设计是保障公路改扩建、大中修和养护工程等顺利实施的关键，全面分析公路施工全过程对公路本身的交通和安全造成的影响，高度重视公路施工作业区的交通组织设计、科学布局、系统组织和引导交通运行的意义重大。

公路施工区交通组织设计包括静态交通组织设计和动态交通组织交通两方面，前者主要指施工作业控制区的警告区、过渡区、缓冲区、工作区、结束区等参数的合理规划、相邻作业区的长度最佳间隔等指标；后者主要包括交通分流和交通行为管制两大类，交通分流包括所在区域路网空间分流和时间分流(时间路权分配)两类，交通行为管制主要指针对施工作业区的限时通行、限车种通行、分道行驶、信息诱导等多种策略。从层次上来说可以划分为点、线、面三层。面层的交通组织优化，即基于公路网布局的交通组织优化，包括改扩建期交通量预测、交通分流方法的选择、交通流组织方案的效果评价等。线层的交通组织优化，即基于基本路段的交通流组织优化，这部分重点应关注的是施工组织方案和施工作业区优化布局等。点层的交通组织优化，即基于施工关键点的交通流组织，主要是根据桥梁、立交、服务区、收费站等不同的扩建特点，给出相应交通流组织方案。

公路施工中比较常见的交通流组织方式包括不改变交通流方向，封闭部分车道施工；改变交通流方向，单向封闭施工，对向双向通行；改变交通流方向，单向(或双向)封闭施工，绕行其他线路通行等。附录A～附录D给出了一些典型公路施工作业条件下的交通组织案例。

第一节　交通组织设计概述

交通组织设计是在道路规划、设计中对道路交通流的方向预先进行组织设计，为确定道路的断面形式和道路交叉形式提供依据，并作为交通标志、标线、信号灯设置、制定交通管制对策的依据。它不是“交通工程设计”，也不是“交通设施设计”，是近年来逐步被高度重视的改善道路交通的“交通设计”的一部分，是把各级道路所组成的“区域路网”作为一个不停运行的“有机整体”的组织方法。

交通组织的对象是规模庞大、结构复杂、目标多样、功能综合、因素众多的道路交通系统。在这个系统中研究人、车、路三者之间的关系，研究交通参与者占用道路的时间和空间及其规律性是交通组织的重要内容。交通组织的目的在于充分发挥现有道路的效能，合理协调局部利益和整体利益之间的关系，提供适宜的运行条件，最大限度地消除交通隐患，改善交通秩序，组织最优化的交通流，实现道路的安全与通畅。交通组织的措施很多，只要能够实现交通流的控制与调节，解决道路系统交通流的分布和流量、流向问题的方法和手段，都可作为交通组织的措施。

施工公路的建设特征，以及周边路网的道路交通特征等背景资料是确定合理的交通组织

方案的基础。通过分析,认为应考虑的基础条件如下:

(1)拟施工公路的线路走向及交通分担情况;

(2)拟施工公路沿线服务设施和交通工程设施的设置情况;

(3)拟施工公路沿线相邻公路接入情况;

(4)拟施工公路沿线立交桥的设计形式、施工方法;

(5)拟施工公路的通行方案设计方式(车道使用方案);

(6)拟施工公路交通影响区内道路交通布局及线路设施等情况。

通过分析上述存在的矛盾性问题,制定公路施工交通组织设计原则和设计方法,并形成宏观区域路网到微观路段和关键节点的交通组织方案,以现状交通调查为基础,通过交通仿真模型的建立与检验、专家的经验与评判等多种手段,定性与定量相结合地开展改扩建工程实施期间交通组织研究。交通组织设计流程如图 5-1 所示。

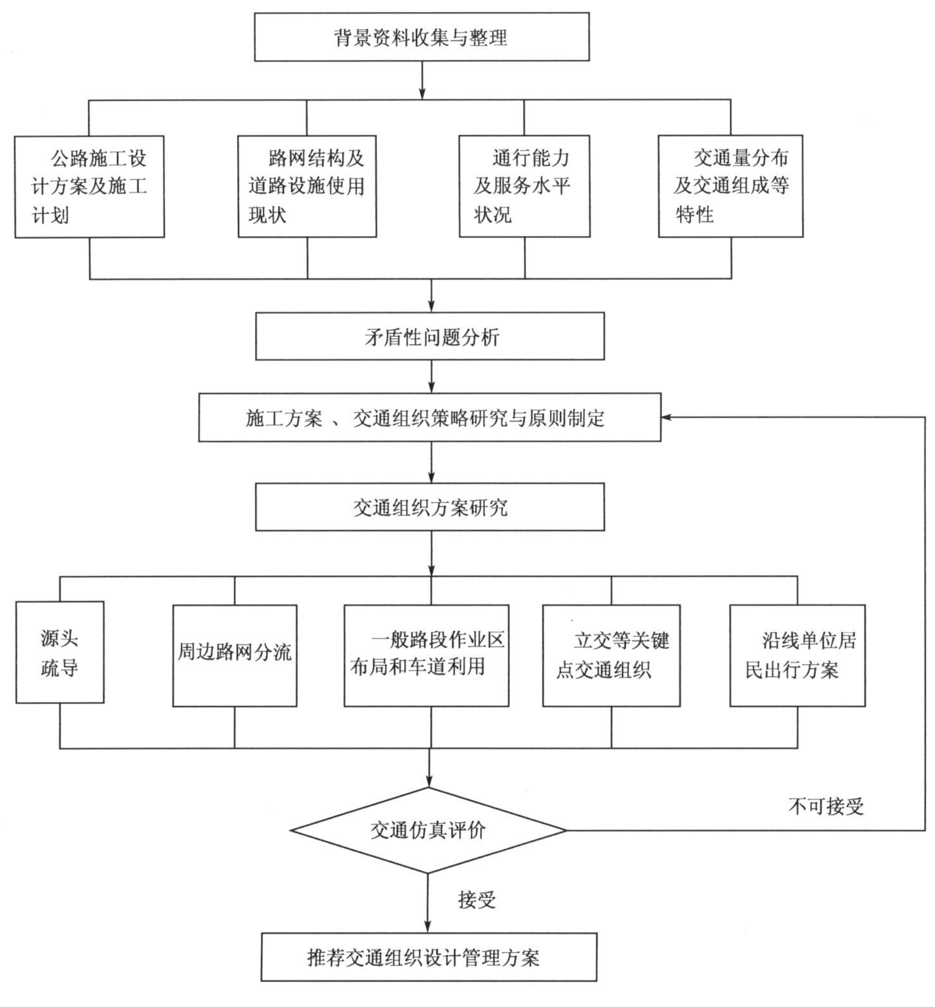

图 5-1　交通组织设计流程

第二节　施工作业区交通组织设计原则

一、交通组织设计基本原则

1. 交通影响最小原则

在保证工程进度、质量的前提下，应本着占路时间最短、占路面积最少、影响交通最小的原则制定交通组织方案，对交通影响比较大的工序必须安排在交通低峰时间进行。对道路交通有很大影响的大型工程（如改扩建、总要节点的大中修等）在开工前应进行交通影响评估分析，并提出相关交通组织建议。

2. 交通流量均分原则

对必须单向或双向占用道路的施工项目，要提前做好周边路网交通优化，均衡交通流量，缓解施工路段的交通压力。

交通疏导应根据道路通行能力酌情采取一级、二级甚至三级分流，即高速道路分流至国省道；若仍拥堵，则分流至县乡级道路，依次逐级分流，应基本保证驾驶员的平均排队时间少于30min。

3. 交通分离原则

为保障交通安全畅通，必须对施工现场道路上的机动车、非机动车和行人交通在时、空上进行分离，各行其道。时间分离可采用分时段限行的措施，空间分离采用施划标线、物体隔离、开辟专用道路的措施等。当交通负荷较大时，为提升通行效率和安全，还可能更进一步的考虑小车和大车在施工作业区的分离。

4. 交通连续原则

(1)施工安全设施设置的连续性

合理设置施工安全设施，特别是施工现场标志、绕行指路标志、标线、围挡设施等，并注意连续性。

(2)施工导行路交通通行连续性

道路施工应设置导行路。施工导行路上的交通不仅要实施分离措施，还要保持连续性，使车辆明确各自行驶路线和车速限制情况。

5. 保证重点、兼顾一般原则

对大型重点工程，审核管理部门应专门制定交通紧急事件处理预案，负责召集有关管理部门研究交通组织方案并组织实施。施工现场有关管理部门应派专人管理，责任到人。

6. 协调配合、分工负责原则

施工占（掘）路若涉及高速公路的，审核管理部门和有关管理部门共同研究交通维护方案，分工负责。

7. 以人为本原则

对因道路施工实施的交通改、绕行等交通管理措施，原则上应提前一周时间向社会进行公告。

(1)对占用部分道路进行隔离作业的，车辆利用同一道路隔离外区域通行，无须断路的普通占、掘路施工，应采取设置相应的交通指示标志，并辅以道路电子显示屏、报纸、电台等新闻媒体周知社会群众的方式进行公告。

(2)对必须断路施工的重大工程项目，除采取上述第一种公告方式外，应由管理机关在各大报纸正式发布通告。

(3)影响较大且涉及范围面广的大型施工项目，除采取上述第一、二种公告方式外，还要通过召开新闻吹风会的形式，将工程概况、交通组织及交通绕行路线、时间等重要信息通过各大新闻媒体周知社会，以便得到交通参与者的理解和支持。

道路在建设和养护时，确保公众及时获知施工作业区及周边道路交通环境的信息十分重要，一方面使出行者根据已知信息做出合理的出行方案，提高公众的满意度；另一方面，更为重要的是，降低与工作区不利环境相关的安全隐患。美国一研究报告指出出行者获取信息的渠道主要有 4 种直接的和 4 种间接的，出行者满意度的测定受施工作业区造成的粉尘、噪声、标志设置、信息沟通等方面的影响。研究表明：信息渠道利用率最高的是施工作业区标志，比例为 55.9%，最少的为电子邮件仅为 1.5%，另有少于 4%的人不利用任何信息渠道。施工作业区公告牌对出行者满意度的贡献最大，其次是网站信息发布，而电视、广播的作用不大。当然这一统计结果不一定完全和我国的实际相吻合。

二、施工现场交通组织原则与方法

(1)施工现场出入口设置位置

应避免与道路直接连接，保证施工工地车辆、施工作业人员和道路上社会车辆的安全，尽量避免出现新的交通冲突点。

(2)施工路段的交通工程

交通标志、交通渠化等应随着交通流量、流向的变化随时进行优化调整。必要的违章监控系统按实际情况进行开关闭。

(3)施工路段交通渠化原则、方法

①小型机动车道宽度至少为 3～3.25m，大型机动车道宽度至少为 3.25～3.75m。

②临时占用现状道路，导行路改变现况路口路段的交通渠化标线，应采用锥形交通路标(锥桶)或护栏等设施对现况路进行隔离和防护。

③高速路半幅施工、半幅通行，通行路段借用紧急停车带能满足施画三条车道的情况下，应渠化或采用锥形标隔离为上下行各一条车道，保证车辆发生故障时留有一定的临时停放空间。同时在货车比例较大的上坡路段，可以占用中间缓冲区间设置两个车道，提高通行效率，但务必做好这一车道变换前后的过渡。

(4)道路施工标志应按有关标准设置，位置应明显，方便驾驶员发现并使用。

(5)施工路段最低限制速度一般为 40km/h，可根据道路交通流量修改最低限制速度为 20km/h。限制速度应考虑到路上通行的绝大多数车辆的速度，不宜过低。

(6)解除限制速度标志设置在终止区终点。

(7)当施工所需设置的交通设施与现场已有设施发生冲突，需要挪动设施时，应事先报经公安交通管理部门同意。

(8)所有锥形交通标均须贴白色反光膜。

(9)高速公路施工标志牌须采用高强级反光膜制作。

(10)警告标志、施工标志可采用橙色(或橘黄色)反光膜制作。

(11)施工机械设备必须按标准涂以橙色(或橘黄色),大型移动设备应加装黄色爆闪顶灯和防冲撞装置,并应设置"工程施工,随时停车"等字牌,该字牌应采用高强级反光膜制作。

(12)所有施工人员须穿反光标志服装。

(13)占路施工周期较短,且锥形交通标数量不足时,可采用红白相间色,且有反光功能的交通安全带与锥形标组合在一起使用,主要用于分隔车辆与施工路段或双向车流的车道。

(14)若占路施工周期较长,在道路条件允许情况下,须施画地面标线配合路面标志使用。施工结束后,须及时除去施工标线,恢复正常行车要求标线。

(15)施工现场应设专职交通协管员,负责维护现场交通秩序。交通协管员应经过培训,能应付突发的交通情况。

(16)施工现场应设专职的安全员,负责维护设置的交通安全管理设施,保证安全设施的正常使用。

(17)对于双车道公路封闭一个车道的施工作业区,以及便道通行、借用中央分隔带开口活动护栏通行等情况应设置旗手指挥、疏导交通。

(18)在复杂的情况下应尽量在交警的协助下进行交通组织。

(19)加强驾驶员的交通安全意识,可以在特殊路段施工作业区前,如长大下坡前对大货车驾驶员进行必要的提示和警示。

三、施工现场周边道路交通组织原则与方法

(1)当施工项目对道路交通影响比较大时,其周边主要道路进出口须设置施工警告标志,以方便车辆注意绕行,减轻道路交通压力。

(2)当施工所在道路被占用后,道路宽度不能满足双向机动车行驶或可供双向机动车行驶,道路通行能力严重降低,拥堵比较严重,则可把道路设置为单行线,同时开辟相应绕行路线。

(3)若为有特殊要求的道路,则可采用禁行交通(禁止某种或几种车辆通行)等措施进行交通流调整。

(4)对必须单向或双向占用道路的施工项目,对驶入施工路段的交通流从外围与其平行道路及相交道路依其通行能力进行渐进分流。施工作业区域外设置交通诱导指路标志进行宏观诱导劝阻分流,施工作业区域设置禁令类交通标志进行强制分流。

(5)施工绕行路线要满足道路照明、大型车辆限高、桥梁荷载、匝道转弯半径的要求。

(6)施工绕行路线的交通工程(交通标志特别是指路标志系统、交通渠化等)应随着交通流量、流向的变化随时进行优化调整。

(7)交通组织过程中,如需绕道行驶,应考虑驾驶员的接受程度,选择尽量短距离的绕行方式。规定绕行距离为无须绕行距离的 3 倍以上时则为不合理的绕行方式。

第三节　仿真技术在施工作业区交通组织中的应用

公路施工作业区交通运行状况是通过公路交通系统的各个组成部分和交通实体的相互作用体现的，涉及人、车、路以及环境等诸多因素。公路系统是一个随机、动态、复杂、开放的系统，更何况在施工状态下，公路交通因素变得更加复杂多变，一般很难用精确的数学解析模型将某一个工程施工过程重点公路交通问题完全描述清楚。传统的研究方法主要有经验实测法和理论分析方法等。经验实测法的基本数据都来源于实际现场，有很大的可信度，不需要假设条件。但是其缺点是数据采集量大，只能对已有设计方案进行研究，并且对于个别因素的影响情况很难确定。理论分析方法，需要采取一些基本假设，但这种假设会受到研究水平的限制，可能与实际会有偏差。这两种方法对具体环境的局部问题可以很好的解决，但对于公路整个系统、各种道路和交通条件组合情况的研究，难以很好地胜任。

交通仿真系统是一门在数字计算机上进行交通实验的技术。它是随着计算机技术的进步而发展起来的一门涉及多学科的综合技术，它采用计算机数字模型来反映复杂的交通现象，对交通运动随时间和空间的变化进行跟踪描述和分析，属于计算机数字仿真范畴。交通仿真系统是计算机仿真技术在交通工程领域的一个重要应用。交通仿真方法克服了传统方法的局限，为公路研究提供了一种高效便利的研究手段。它具有节省费用、安全、快速、研究范围广、可控制、可重复等优点，因此可以利用交通仿真技术来解决公路施工过程中复杂的交通组织问题。

国外在研究高速公路基本路段、匝道、公路交通走廊、城市道路基本路段、交叉口、城市道路网交通流运行状况等方面广泛运用了交通仿真技术，并取得了一定的成果。本书在第三章施工作业区通行能力确定和第四章速度控制策略部分也均用到了微观交通仿真技术。在施工作业区的交通组织研究方面，交通仿真的优势体现得更为明显。

一、交通仿真优势

交通仿真方法的应用具有如下优势：

(1)不需要真实系统的参与，因此具有经济方便的特点，特别适用于对尚不存在的，如规划和设计中的交通系统行为进行研究。

(2)通过交通仿真，能清楚地了解交通流中哪些变量是重要的，以及它们是如何相互作用的。

(3)不仅能提供交通流参数的均值和方差，还能提供时间—空间的序列值。

(4)系统动态交通模型的时间标尺可以与实际交通系统的时间标尺不同，因此既可以进行实时交通仿真，也可以进行超前交通仿真或滞后交通仿真。

(5)对于交通系统中的某些危险情况或灾难性后果，交通仿真是很有效的研究手段。

(6)能够重复提供同样的道路交通条件，从而可以针对不同的交通规划设计方案进行公正的比选分析与研究。

(7)能够不断改变系统运行条件，从而可以预测道路交通系统在各种情况下的行为。

(8)能够随时间和空间改变交通需求，从而对道路交通拥堵作出预测。

(9)能够处理相互影响、相互作用的车辆排队的交通现象。

(10)当交通到达和离去方式不符合传统的数学分布时,可以用交通仿真来解决。

(11)当其他交通分析技术不适应时,交通仿真往往能有效地解决问题。

(12)交通仿真研究问题的系统性便于发现交通问题的根本之所在。

(13)交通仿真系统由于能够进行动画演示,故形象、直观。

二、VISSIM 交通仿真软件简介

本书在前述章节以及本章所用的交通仿真分析均是以 VISSIM 软件为依托实现的,下面将简要介绍一下 VISSIM 微观交通仿真软件。

VISSIM 是德国 PTV 公司推出的一款微观仿真模拟软件,它是一个可模拟多方式交通流的最强大的工具,不仅可以模拟小汽车、货车、公共汽车,还可以模拟地铁、轻轨、自行车和行人。它灵活的网络结构可以使用户充满信心地模拟交通系统中的任何一种几何特性的路段,任何一种驾驶行为。应用于高速公路和干线交通走廊分析、局部地区交通规划等交通网络分析。VISSIM 的出现为通行能力研究提供了强大的分析平台和全新的研究思路。

VISSIM 内部包含交通仿真器和信号状态产生器两部分。交通仿真器是一个微观交通仿真模型,包括跟车模型和车道变换模型;信号控制状态产生器是一个信号控制软件,可以通过程序实现交通流的控制逻辑。与其他仿真模型不同的是,VISSIM 不是采用连续速度和确定的跟车模型,而是采用 Wiedemann 的新心理模型。Wiedemann74 模型适用于城市内部道路交通,Wiedemann99 模型适用于城际道路和高速公路交通。这两个模型的主要思想是:一旦后车驾驶员认为他与前车之间的距离小于其心理安全距离,后车驾驶员开始减速。由于驾驶员无法准确判断前车车速,后车会在一定时间内低于前车速度行驶,直到前后车间的距离达到另一个心理安全距离时,后车驾驶员开始缓慢地加速,由此周而复始,形成一个加速、减速的迭代过程。该过程与施工作业区交通行为非常一致。

VISSIM 能够模拟许多城市道路和高速公路的交通状况,主要应用有:

(1)由车辆激发的信号控制的设计、检验、评价;

(2)公交优先方案的通行能力分析和检验;

(3)收费设施的分析;

(4)匝道控制运营分析;

(5)路径诱导和可变信息标志的影响分析等;

(6)VISSIG 模块进行绿灯时长优化计算。

VISSIM 在城市道路和高速公路,公共交通和私人交通等领域已经有广泛应用,非常复杂的交通情况也可以模拟得到并可视化,其详尽程度和准确度都是前所未有的。结合三维动画效果,为技术专家和决策者提供可信、直观的演示效果。当一个项目耗资巨大时,这种演示更显重要。VISSIM 已经被应用在 70 多个国家的项目中,这个数据可以说明一切。VISSIM 作为国内推广最成功的外国交通仿真软件,在大量高校、研究所和政府部门都有应用。

三、交通仿真分析目标

采用微观仿真技术对施工作业区的交通组织方案进行仿真分析与研究,应达到以下目标:

(1)建立拟施工道路周边路网信息和交通信息系统;

(2)建立拟施工道路的微观交通仿真系统模型和动画演示系统;

(3)为不同的交通组织方案建立微观交通仿真系统模型;

(4)对不同的交通组织方案进行应对交通状况的敏感性分析与研究;

(5)根据微观交通仿真系统模型运行输出成果对不同的交通组织方案进行对比分析和评价,提出科学合理的道路交通控制和管理建议,作为交通组织方案选取和执行的参考依据。

公路施工作业区交通仿真效果见图 5-2。

图 5-2 公路施工作业区交通仿真效果

第四节 微观交通组织

工程施工现场微观交通组织,又称内部交通组织或内部交通转换,是指协调公路施工现场作业活动与交通行为的组织策略。它与公路施工的方式、施工组织方案密切相关。本部分主要介绍两方面的内容:一是公路改扩建施工作业区的交通组织和车道使用方式;二是施工作业区的空间布局。

一、公路改扩建保通交通组织

目前国内高速公路改扩建工程主要采用加宽的建设方式。加宽又可细分为单侧加宽、双侧加宽、分离式加宽以及混合式加宽等多种改扩建形式。分离式改扩建的形式一般是在改扩建高速公路的两侧或一侧适当位置新建 2 条或 1 条双向高速公路,该方式对原有高速公路交通影响较小,可不单独考虑其交通组织问题。对于单侧或双侧拼接加宽形式,施工空间与原有道路设施邻接,需要占用原有道路设施、压缩通行空间,容易形成交通瓶颈,所以必须根据改扩建工程施工计划和工期安排制订相应的保通交通组织方案。

按改扩建工程施工期间交通开放程度,高速公路施工又可以分为全封闭施工、全部车辆分流,全开放施工、行车不分流,以及开放式施工、部分车辆分流等方式。

全封闭施工、全部车辆分流是将高速公路改扩建工程施工路段原有交通全部分流到其他道路之后,组织实施改扩建工程。该方案相当于新建工程施工,施工现场始终不受纵向交通的任何干扰,施工期间主要考虑原路线车辆的分流和施工车辆的交通组织。该方式对周边路网产生压力较大,实际应用时一般采用分段全封闭施工方式,既具有封闭式施工无干扰的优点,又减少了其负面效应。

全开放施工、行车不分流是在不实施交通管制的情况下组织工程施工，通常适用于交通量较小的道路路段。该方案在施工期间不影响既有交通的出行路线和出行习惯，但施工干扰和交通干扰较大，尤其是路面工程施工期间存在着较大的交通安全隐患，一般只用于路基施工阶段。对于国省干线公路的改扩建工程，由于其影响很大，不能断流，即使交通量很大，也需要考虑采用开放式的保通交通组织方案。

开放式施工、部分车辆分流的交通组织方式综合了全封闭施工和全开放式施工的有利因素，在施工期间适当地分流一部分车辆，在保证改扩建施工正常进行的前提下，提高过往车辆的行车安全性。路面工程施工对原有公路交通运行影响较大，保通交通组织方案尤其重要。综合国内高速公路改扩建工程的经验，通常是采用开放式施工、部分车辆分流的保通交通组织方案。

目前国内高速公路改扩建工程普遍以路基双侧拼接加宽的施工方案为主，将原有的双向四车道高速公路扩建为双向八车道高速公路。实践证明，这种改扩建方式具有占地少、工程规模较小、道路通行能力较大、投资较节省等特点，适用于我国目前改扩建高速公路交通量大的情况。本章以广东佛开高速公路较为典型的改扩建工程为例，介绍其施工步骤和保通交通组织方案。

1. 第一阶段：外侧新建路基开挖，保留硬路肩，原四车道高速正常通行

在路基施工过程中，保留原有硬路肩、土路肩、防撞护栏。路基开挖从土路肩边缘开始，在此处以挖台阶的方式进行路基加宽，以保证新老路基结合部位稳定，避免错台沉降。全线维持现状交通，车辆在原有路面上正常双向行驶，未形成改扩建施工作业区。

2. 第二阶段：外侧路基新建与底层路面铺装，硬路肩封闭

拆除原有路侧防撞护栏，挖除原有土路肩，进行外侧路基填筑施工和中下层路面的铺装。施工期间，连续设置隔离防撞设施，将道路施工部分与车辆通行部分隔离开，利用原四车道通车，交通组织方案见图 5-3。

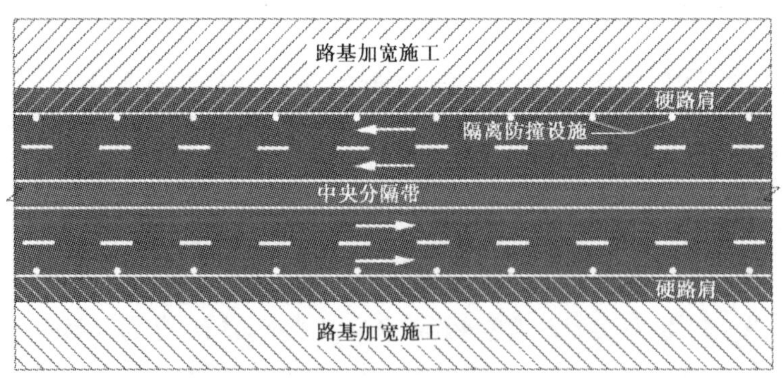

图 5-3　路基扩建施工交通组织示意图

此时，横断面形式仍为单向两车道，但外侧车道右侧净空被占用，且受施工影响，导致右侧车道速度和车头时距等特性发生较大变化，而内侧车道交通受外侧车道宽度压缩车辆靠车道分隔线行驶，以及担心外侧车道车辆因路侧施工而突然驶入内侧车道的影响，交通流特性也与正常状态有所差别。

3. 第三阶段:外侧新建两车道路面通车,内侧原两车道封闭改造

新加宽部分的底层路面结构和标志、标线、护栏等安全设施施工完毕后,将原有水泥路面上双向行驶的交通量分别转移到两侧的新加宽路面上,对原有双向四车道水泥路面结构进行补强和更换,同时更换中央分隔带护栏及完善道路排水设施。压缩部分第三行车道用来连续设置隔离防撞设施,将道路施工部分与车辆通行部分隔离开,利用第四行车道和剩余的第三行车道及紧急停车带通车。交通组织方案见图 5-4。

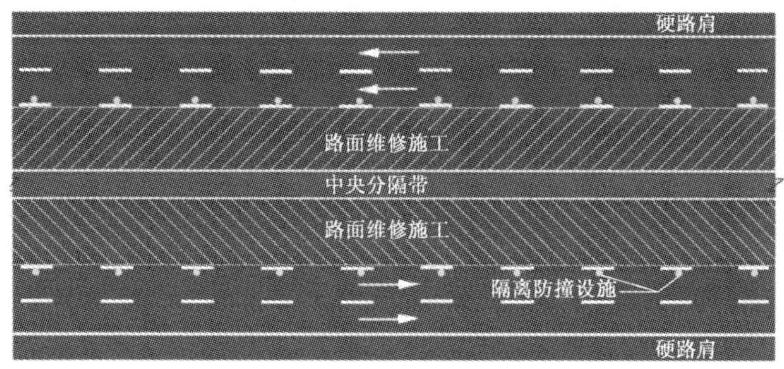

图 5-4　路面施工交通组织示意图

此时,横断面形式仍为单向两车道,但内侧车道受中央分隔带施工和占用车道影响,速度下降、车头时距增大。而外侧车道虽然右侧净空恢复,但受内侧车道宽度压缩车辆靠车道分隔线行驶,以及担心内侧车道车辆因路侧施工而突然驶入外侧车道的影响,仍不能恢复正常状态。而在货车比例较大,延误较多的情况下,小客车有利用硬路肩行车的现象。

4. 第四阶段:单向四车道半幅封闭罩面,半幅双向通行

在旧路面结构补强和更换施工和排水设施施工结束后,将新加宽路面上的交通量利用中央分隔带开口转移到道路单侧双向四车道行驶,对另一幅道路统一进行沥青混凝土罩面。

根据改扩建施工位置和所接路段改扩建状况的不同又可分为:从八车道路段向四车道路段罩面、从四车道路段向八车道路段罩面、从中间四车道路段向两侧罩面等三种情况。

1)从八车道路段向四车道路段罩面

从已经改扩建完工的八车道路段开始改扩建施工罩面。沥青罩面施工一侧,单向四车道交通利用对向内侧两车道通行,本向四车道半幅封闭沥青罩面,返回后仍在外侧两车道通行,内侧两车道路面封闭改造;对向利用外侧两车道通行。交通组织方案见图 5-5。

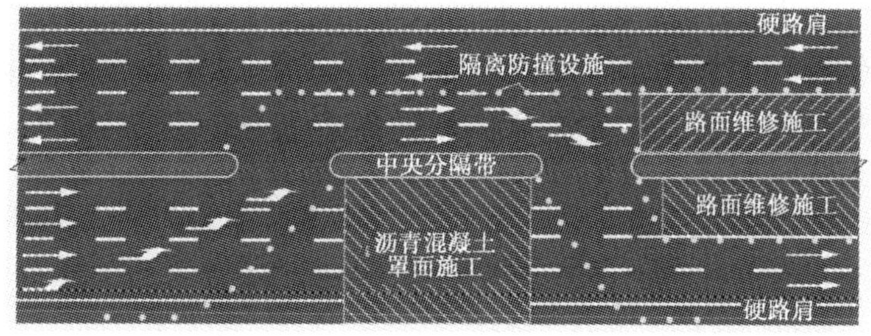

图 5-5　半幅封闭半幅双向通行交通组织示意图(从八车道向四车道施工)

2)从四车道路段向八车道路段罩面

从尚未进行改扩建的四车道路段开始改扩建施工罩面。单向两车道利用对向内侧两车道通行,本向四车道半幅封闭沥青罩面,返回后仍在外侧两车道通行,对向在改扩建路段利用外侧两车道通行。交通组织方案见图5-6。

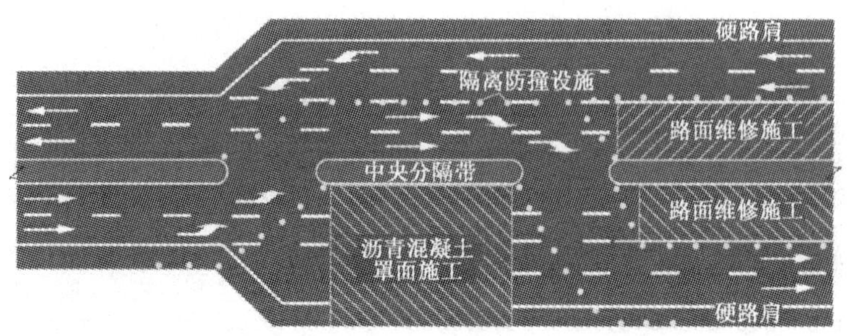

图5-6 半幅封闭半幅双向通行交通组织示意图(从四车道向八车道施工)

3)从中间四车道路段向两侧罩面

从改扩建中间某处开始改扩建施工罩面。罩面一侧,外侧两车道利用对向内侧两车道通行,本向四车道半幅封闭沥青罩面;对向外侧两车道通行。交通组织方案见图5-7。

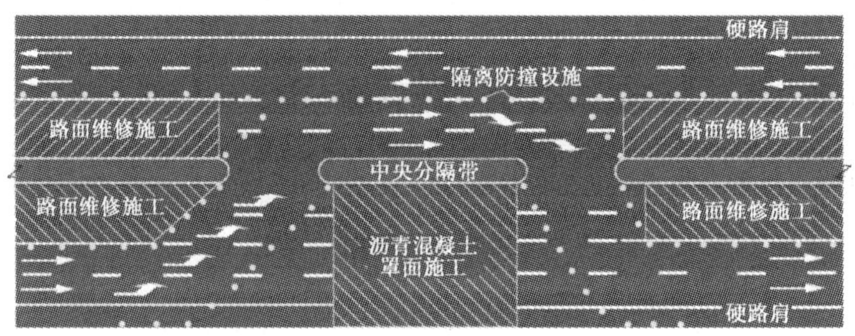

图5-7 半幅封闭半幅双向通行交通组织示意图(从中间向两侧施工)

以上三种情况,半幅车道封闭,本方向交通流行驶到施工作业区处,跨过中央分隔带开口,借用对向车道形成双向四车道(或两车道)行驶,施工段结束后再驶回原车道,对交通运行影响较大。其中,两个方向左侧车道受隔离设施和对向车道的影响交通流具有特殊性。本方向右侧车道受中央分隔带及净空小影响,而对向虽然硬路肩恢复,但仍然不是正常行驶状态。

5.第五阶段:单向四车道另半幅封闭罩面,半幅双向通行

在第四阶段公路半幅沥青混凝土罩面施工完毕,这一阶段进行对向半幅的沥青混凝土罩面施工。此时交通量利用中央分隔带开口转移到已进行沥青罩面的公路半幅双向四车道行驶。

与第四阶段相对应,此阶段也分为从八车道路段向四车道路段罩面、从四车道路段向八车道路段罩面、从中间四车道路段向两侧罩面等三种情况。

1)从八车道路段向四车道路段罩面

从已经改扩建完工的八车道路段开始改扩建施工罩面。沥青罩面施工一侧,外侧两车道

交通利用对向内侧两车道通行，本向四车道半幅封闭沥青罩面，返回后驶入改扩建完成的四车道路段，而内侧两车道路面封闭改造；对向四车道交通过渡到外侧两车道通行，内侧两车道路面封闭改造。这一标段双向罩面完工后，下一标段仍然采用这种交通组织形式。交通组织方案见图 5-8。

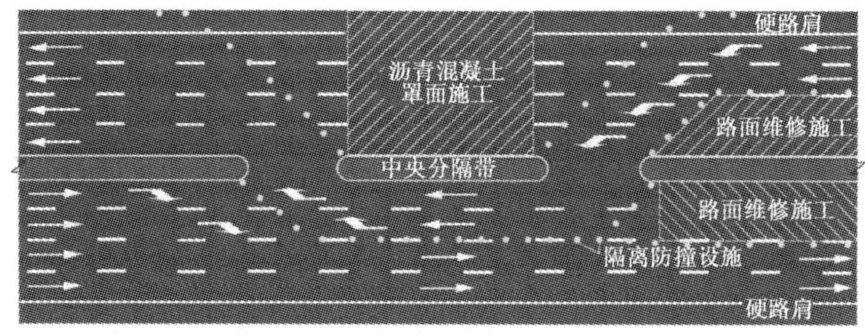

图 5-8　半幅封闭半幅双向通行交通组织示意图（从八车道向四车道施工）

2)从四车道路段向八车道路段罩面

从尚未进行改扩建的四车道路段开始改扩建施工罩面。罩面一侧，外向两车道利用对向内侧两车道通行，内侧两车道路面封闭改造。本向四车道半幅封闭沥青罩面，返回后驶入未改扩建的两车道路段。对向两车道交通过渡到改扩建路段利用外侧两车道通行，内侧两车道路面封闭改造。交通组织方案见图 5-9。这一标段两个方向罩面完工后，下阶段就属于从八车道路段向四车道路段改扩建这种情况了。但从单向四车道驶入两车道路段方向，车辆需连续变换车道，对通行能力产生较大影响，故这种情况也应考虑。

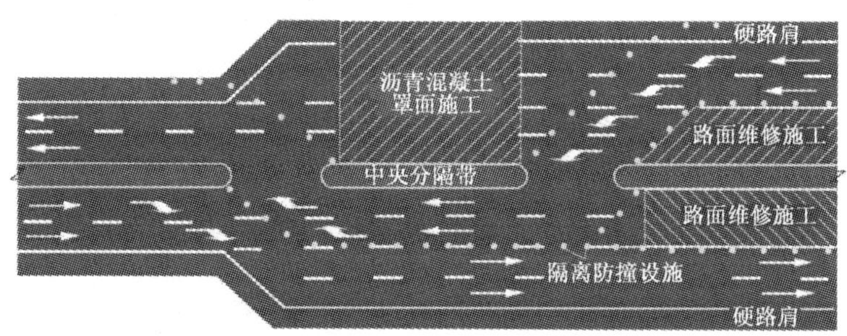

图 5-9　半幅封闭半幅双向通行交通组织示意图（从四车道向八车道施工）

3)从中间四车道路段向两侧罩面

从改扩建中间某处开始改扩建施工罩面。罩面一侧，外侧两车道利用对向内侧两车道通行，本向四车道半幅封闭沥青罩面；对向外侧两车道通行，施工作业区布置形式与第四阶段对称。交通组织方案见图 5-10。这一标段两个方向罩面完工后，下阶段就属于从八车道路段向四车道路段改扩建这种情况了。

以上三种情况，半幅车道封闭，本方向交通流行驶到施工作业区处，跨过中央分隔带开口，借用对向车道形成双向四车道行驶，施工段结束后再驶回原车道，对交通运行影响较大。其中，两个方向左侧车道受隔离设施和对向车道的影响交通流具有特殊性。本方向右侧车道受中央分隔带及净空小影响，而对向虽然硬路肩恢复，但仍然不是正常行驶状态。

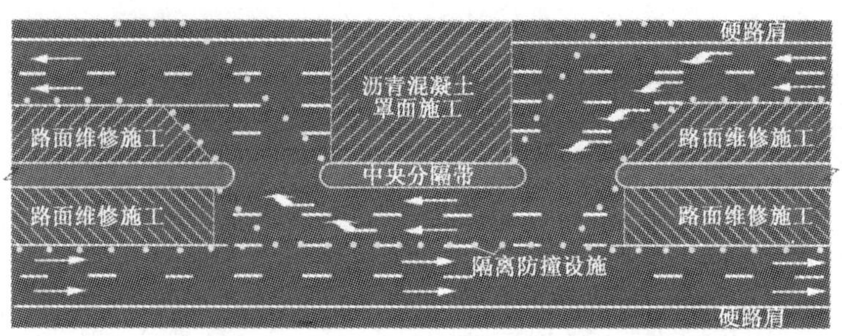

图 5-10　半幅封闭半幅双向通行交通组织示意图(从中间向两侧施工)

6. 第六阶段:改扩建完成

道路改扩建完毕,相应的交通设施均配备齐全后,车辆在双向八车道上行驶,整项工程完工。

二、施工作业空间优化布局

本书的第一章中已经介绍了施工作业区的组成可以分为警告区、上游过渡区、缓冲区、工作区和下游过渡区 6 个区域。本部分综合考虑道路施工作业空间、工作区控制车速和车辆组成等交通流特性参数、施工机械设备作业范围、施工工艺、施工人员、道路环境等因素,确定 6 个区域合理长度等布局参数。

1. 施工警告区长度确定

在施工作业控制区的 6 个分区中,警告区是最重要的一个分区。在警告区,驾驶员往往是看到了第一块施工作业区警告标志后,隔了很大一段距离才看到后续交通标志,如《公路养护安全作业规程》(JTG H30—2004)中规定的高速公路作业区内第一块施工标志和第二块限速标志之间的距离通常间距为 400 m。这样就会经常导致驾驶员忽视了前置警告区的作用,警告区中的限速标志往往形同虚设,没有起到应有的作用,从而危及施工作业区的交通安全。警告区相对于所有的交通控制区来说是最重要的,因为,驾驶员们需要知道前方将要发生什么,在到达工作区之前,可以有足够的时间来改变他们的行车状态,对于警告区的空间布局研究就显得尤为重要。

《公路养护安全作业规程》(JTG H30—2004)中将警告区的长度分为 3 个部分,并进行了相应的公式推导,从给出的计算结果来看,工作区地段附近车道上拥挤车辆的排队长度对整个警告区长度的影响较大。但该部分的公式中有两个地方值得商榷:一是发生在车道上的交通事件引起交通拥挤的最小流量太过保守,流量数值的选取只跟车道数有关,而没有具体考虑施工作业区的类型、封闭的车道数,以及上游车辆到达率等其他重要影响的变量;二是从实际应用角度考虑,只考虑引起交通拥挤的最小流量不利于交通安全,至少应考虑平均值或者更大的数值。

1)不考虑设置限速标志的警告区长度确定

警告区的长度由车辆在警告区的行驶速度和车辆在警告区内改变行车状态所需要的时间以及在工作区附近车辆发生拥挤的最大排队长度等因素共同决定,警告区由下式来计算:

$$L_W = L_v + L_S + L_Q \tag{5-1}$$

式中:L_W——警告区长度,m;

L_v——从正常行驶速度降至所限制的行驶速度所需要的距离,m;

L_S——车辆到达工作区附近的排队尾部时最小安全距离,m;

L_Q——在作业路段附近车道变窄、行驶条件改变等因素引起的车辆拥挤的车辆排队长度，m。

(1)L_v 的计算和取值

L_v 的值包括两部分，驾驶员看到第一个限速标志后到制动时(反应时间)车辆行驶的距离和车辆从初始速度降到限速值行驶的距离，即：

$$L_v=\frac{v_1}{3.6}t+\frac{v_1^2-v_2^2}{2g(\phi\pm i)\times 3.6^2} \tag{5-2}$$

式中：v_1——减速前的行驶速度，km/h；

v_2——减速后的行驶车速，km/h；

i——路面坡度，上坡取"＋"，下坡取"－"；

ϕ——路面摩擦系数，取值参考表 5-1；

t——驾驶员为改变行车状态时的反映时间和采取相应措施的时间，取 2.5s，其中，采取措施时间为 1.5s，反应时间为 1s。

相对于路面摩擦系数对 L_v 的影响而言，坡度对其影响并不大，计算 L_v 时将其忽略，并对计算结果进行了取整。L_v 的取值可参考表 5-2。

各类路面摩擦系数值　　表 5-1

路面类型	路面干湿状况	
	干燥	潮湿
水泥混凝土路面	0.7	0.5
沥青混凝土路面	0.6	0.4

不同路况下的 L_v 值　　表 5-2

速度值(km/h)	路面干湿状况	路面类型	L_v 值(m)	路面类型	L_v 值(m)
$v_1=120$	干燥	沥青混凝土路面	140	水泥混凝土路面	130
$v_2=80$	潮湿		160		150
$v_1=120$	干燥		150		140
$v_2=70$	潮湿		180		160
$v_1=120$	干燥		150		140
$v_2=60$	潮湿		190		170
$v_1=100$	干燥		100		100
$v_2=70$	潮湿		120		110
$v_1=100$	干燥		110		110
$v_2=60$	潮湿		130		120
$v_1=100$	干燥		120		110
$v_2=50$	潮湿		140		130
$v_1=80$	干燥		80		80
$v_2=50$	潮湿		90		90
$v_1=80$	干燥		90		80
$v_2=40$	潮湿		100		90

(2)L_S 的计算和取值

L_S 是以 v_2 速度行驶的后续车辆在到达前方工作区路段附近因车道关闭、车道数减少的断面时，不致与前面的改道车辆或排队车辆相撞的最小安全距离，L_S 可根据三种情况来计算：

①在作业路段附近，车辆虽然形成排队，但仍能以所要求的限制速度行驶，这时后续车辆不会发生追尾，车辆之间有自然形成的最小安全距离，不必再附加安全距离 L_S，故$L_S=0$。

②由于在作业路段车辆形成排队，车辆以小于 v_2 的行驶速度通过作业区，这时，由于后续车辆降到速度 v_2，为了防止追尾，后续车辆在到达排队尾部时需要再次降速，这个降速所需的最小安全距离为：

$$L_S=\frac{v_2}{3.6}t+\frac{v_2^2-v^2}{2g(\phi\pm i)\times 3.6^2} \tag{5-3}$$

式中，L_S、v_2、t、ϕ、i 的含义同式(5-1)和式(5-2)；

v——车辆再次降速后的速度值，km/h。

③由于在作业路段车辆形成排队，造成严重阻塞，后续车辆在到达排队尾部时不得不停，在排队尾部等候，这时所需要的最小安全距离为：

$$L_S=\frac{v_2}{3.6}t+\frac{v_2^2}{2g(\phi\pm i)\times 3.6^2} \tag{5-4}$$

式中，L_S、v_2、t、ϕ、i 的含义同式(5-1)和式(5-2)。

上述三种情况中，第一种情况的 L_S 值最小，第三种情况的 L_S 值最大。为安全起见考虑最不利的情况计算 L_S 值。

不同的 ϕ 值 i 值情况式(5-4)中 L_S 值见表 5-3。

不同路段下的 L_S 值 表 5-3

速度值(km/h)	路面干湿状况	路面类型	L_S 值(m)	路面类型	L_S 值(m)
$v_2=80$	干燥	沥青混凝土路面	100	水泥混凝土路面	90
	潮湿		120		110
$v_2=70$	干燥		80		80
	潮湿		100		90
$v_2=60$	干燥		70		60
	潮湿		80		70
$v_2=50$	干燥		50		50
	潮湿		60		50
$v_2=40$	干燥		40		40
	潮湿		50		40

(3)L_Q 的计算和取值

L_Q 的确定主要考虑由于养护施工，道路封闭，高峰时刻的交通流量所造成的车辆排队的长度。

$$L_Q=\frac{Q_{拥}\cdot h_S}{N} \tag{5-5}$$

式中：L_Q——含义同式(5-1)；

$Q_{拥}$——受到拥挤的车辆数，veh；

h_S——车辆的平均车头间距，m；

N——正常路段单方向通行的车道数，条。

同样，为了考虑不利的情况出现，$Q_{拥}$应当取施工作业区高峰小时的最大15min流量内的车辆数。$Q_{拥}$的取值跟上游车辆到达率和不同事件对通行能力的折减有很大的关系。

从发生交通事件对交通通行影响范围看，包括只占用路肩交通事件、占用一条车道交通事件，以及占用多条车道事件，占用全部车道交通事件。在分析交通事件对通行能力的影响时，根据占用行车道的数量来折算突发事件对通行能力的影响。参考相关研究资料，获得高速公路发生交通事件后对通行能力的影响见表5-4。

不同事件条件下通行能力的折减　　表5-4

单向行车道数量	路肩被占用	1个车道被占用	2个车道被占用	3个车道被占用
2	0.81	0.35	0.00	—
3	0.83	0.49	0.17	0.00
4	0.85	0.58	0.25	0.13
5	0.87	0.65	0.40	0.20
6	0.89	0.71	0.50	0.25
7	0.91	0.75	0.57	0.36
8	0.93	0.78	0.63	0.41

表5-4是针对作业区单方向封闭部分车道的形式，对于单向车道全部封闭、占用对向车道通行的情况也适用于表5-4。如双向六车道的高速公路单向全部封闭，车辆通过中央分隔带开口占用对向1个车道通行的交通组织方式，则通行能力的折减一个方向可以认为是3个车道封闭2个车道，另外一个方向可以认为是3个车道封闭1个车道通行的情况。

以下举例进行警告区长度的计算。

一条双向四车道高速公路，设计车速为120km/h，施工作业区限速为80km/h，沥青干燥路面，外侧车道封闭进行路面养护维修。施工作业区一侧上游两车道高峰小时流量$Q_t=1\,900$辆(经15min高峰小时流量系数PHF修正)，事件条件下一个车道的通行能力为C_V。如果$Q_t>C_V$，那么，作业区段会形成排队，$L_W=L_v+L_S+L_Q$。如果$Q_t<C_V$，则$L_Q=0$，上游警告区的长度$L_W=L_v+L_S$。

若排队持续的时间为t(h)，则受到拥挤的车辆数为：

$$Q_{拥}=(Q_t-C_V)\cdot t \tag{5-6}$$

所以，排队长度为：

$$\begin{cases} L_Q = 0, Q_t < C_V \\ L_Q = \dfrac{(Q_t - C_V) \cdot t \cdot h_s}{N}, Q_t > C_V \end{cases} \tag{5-7}$$

本例中：$Q_t = 1900$ 辆；$C_V = 2\ 200 \times 0.35 \times 2 = 1\ 540$ 辆；$t = 15\text{min} = 0.25\text{h}$；$h_S = 7\text{m}$。则 $L_Q = (1\ 900 - 1\ 540) \times 0.25 \times 7/2 = 315\text{m}$。

通过查表 5-2 和表 5-3 可得警告区的长度为：

$L_W = L_v + L_S + L_Q = 140 + 100 + 315 = 555\text{m}$

图 5-11 是高速公路封闭不同车道数在不同上游车辆到达率条件下 L_Q 诺谟图，对应的设计车速为 120km/h，通行能力为 2 200pcu/h/车道，事件持续 15min。

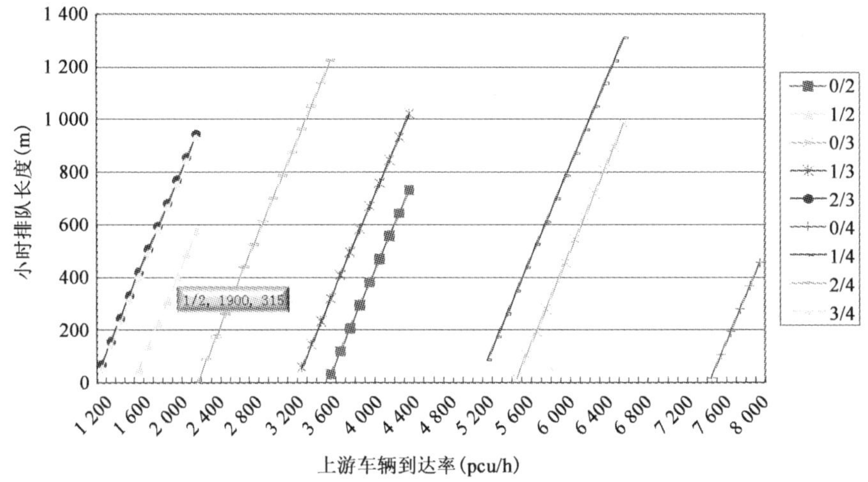

图 5-11　高速公路封闭不同车道数条件下 L_Q 的诺谟图

注：0/2 表示 2 个车道封闭路肩的情况，1/3 表示 3 个车道封闭 1 个车道的情况，其他图例含义同理。

需注意，施工作业区上游车辆到达率不能长时间的超过工作区的通行能力，否则将导致车辆在施工作业区前大量的排队，延误增加。当上游到达率过大或者高峰持续时间较长时，应选择合适的替代道路进行强制分流或者是诱导分流。

2)考虑设置限速标志对警告区长度的调整

上一节是从理论公式推导的角度来介绍警告区的长度取值，实际道路交通环境下，驾驶员可能对交通标志的遵守程度并不严格，速度从 v_1 过渡到 v_2 所需的距离可能不仅仅是 L_V，而需要更长的距离。本部分参考曾做过的问卷调查结果和国外的管理经验，对连续设置限速标志情况下的警告区长度进行调整。

西部交通建设科技项目“山区公路养护施工作业区交通组织及安全技术研究”相关研究人员在与公路管理部门的座谈中了解到：实际中，车辆并不是看到第一个减速标志就按部就班的减速。研究人员还对公路管理部门进行了问卷调查，绝大多数施工作业区的从业人员认为：施工作业区内应频繁设置交通标志以引起驾驶员更多的注意，问卷调查的结果如图5-12

所示。

当被问及施工作业区内标志设置的最小间距为多少合适时，58%的受访者者认为小于100m比较合适，33%的受访者认为在100～200m之间比较合适。问卷统计结果如图5-13所示。

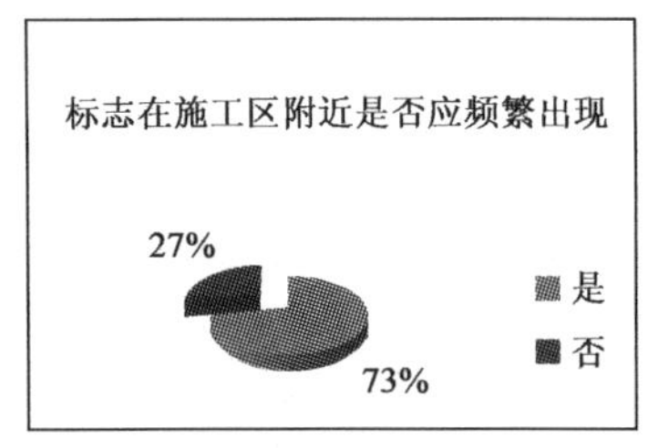

图5-12　问卷调查结果：标志在施工作业区附近是否应频繁出现

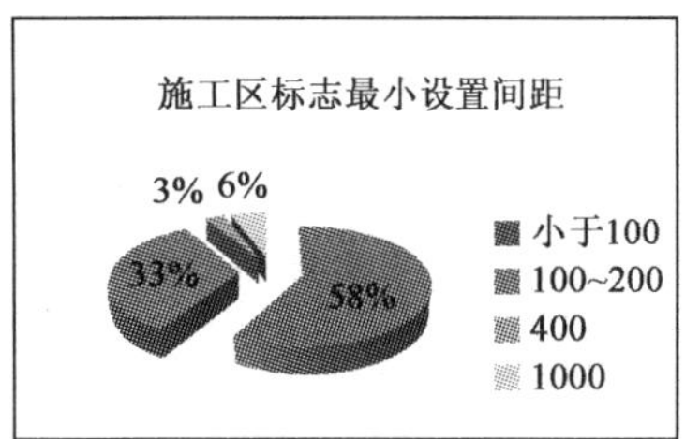

图5-13　问卷调查结果：施工作业区标志最小设置间距

国外一些研究表明，在200～250m的距离内，连续设置限速标志牌，能起到较好的效果。德国《施工作业区安全作业手册》是按每200m速度降低20km/h来逐级设置限速标志的。参考这一结果，同样按每100m速度降低10km/h(或每200m速度降低20km/h)来逐级设置限速标志，可得如下公式：

$$L_X = \frac{v'_1 - v_2}{10} \times 100 \tag{5-8}$$

式中：L_X——从警告区第一个出现的限速标志至第一个最终需达到的限速标志的间距，m，取值可参考表5-5；

v_2——含义同式(5-2)；

v'_1——第一个限速标志的限速值(可取 $v'_1 = v_1$)，km/h。

不同限速情况下的 L_X 取值　　表5-5

v_1'(km/h)	v_2(km/h)	L_X值(m)	v_1'(km/h)	v_2(km/h)	L_X值(m)
120	80	400	80	50	300
	70	500		40	400
	60	600		20	600
100	70	300	60	30	300
	60	400			
	50	500		20	400

利用交通仿真对两种不同的不同限速标志的设置方案效果进行了评价，如图5-14和图5-15所示。图5-14中连续设置限速标志并进行梯级过渡，根据式(5-8)，限速标志间距为200m；图5-15是只设置一块限速值为60km/h的标志。两种方案在相同的位置设置了检测器，根据检测所得的数据比较两种方案下速度的变化情况。

由图5-16可以看出：两种设置限速标志的方案都可以使车辆在到达工作区前速度降到规定的限速60km/h以下。但采用连续、逐级下降的方式设置限速标志时，速度是缓慢降低的，而单一设置限速标志的情况下，速度降低很快，在 400m 以内就可降至低于 60km/h，之后的速度可以一直维持在 60km/h 以下。从交通安全的角度考虑，显然图 5-14 优于图 5-15，因此，频繁设置限速标志是很有必要的。

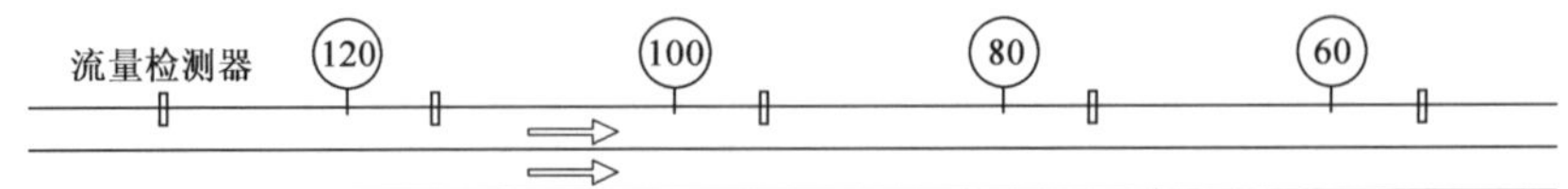

图 5-14　连续设置逐级下降的限速标志

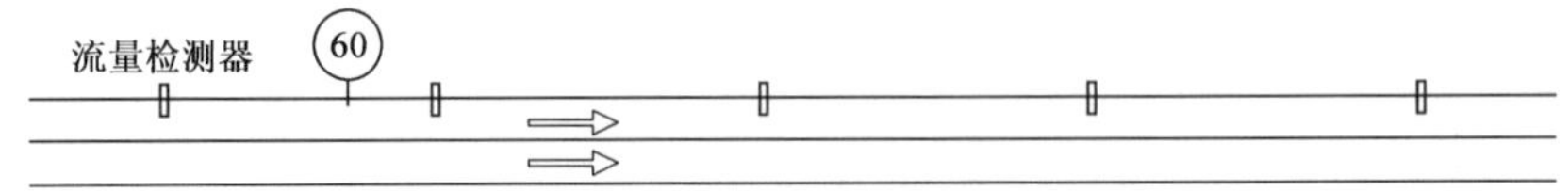

图 5-15　设置单一限速标志

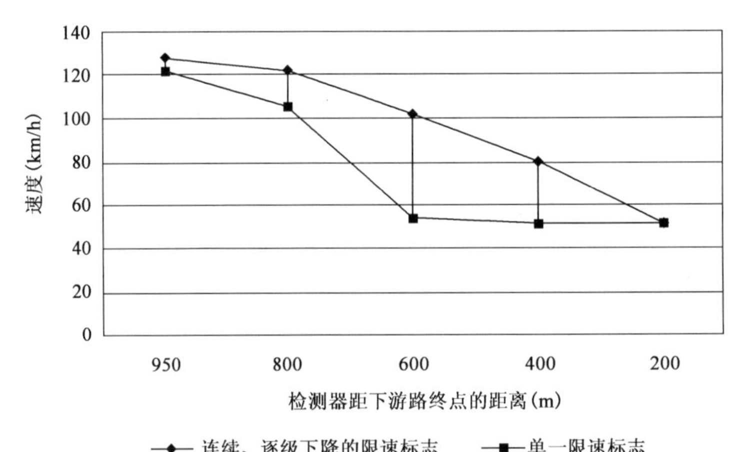

图 5-16　两种不同的限速标志设置方案下速度变化情况

在 L_W 的范围内连续设置减速标志所需的距离为 L_X，如图 5-17 所示。通常情况下，$L_W > L_X$；当 $L_W < L_X$，则取 $L_W = L_X$。

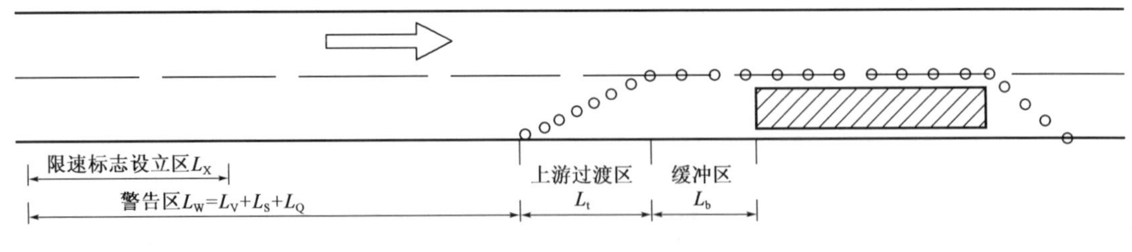

图 5-17　施工作业区示意图

建议施工作业区内设置 3～4 块限速标志牌，并按 20km/h 或者 10km/h 的减少值进行梯级过渡。当警告区较长时还可以重复设置限速标志，第一块限速标志和第一个施工作业区标志同时出现。

2. 上游过渡区长度的确定

上游过渡区是为了将车辆从正常的行车道引到其他车道上，以使车辆能够顺利绕过工作区。因此上游过渡区的长度要满足车道变换的最小横向安全距离，车道变换的示意图见图 5-18。

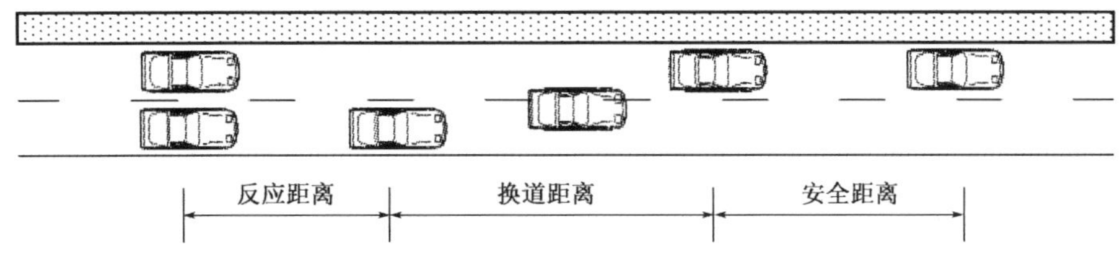

图 5-18 车道变换最小横向安全距离

在上游过渡区中，应包括车道封闭和路肩封闭两种情况。假定车辆的行驶速度为 v(km/h)，被封闭车道宽度为 W(m)，则车道封闭时所需要的上游过渡区的最小长度可用《道路交通标志和标线》(GB5768)建议的公式来估算：

$$L_t = \begin{cases} \dfrac{v^2 W}{155} & v \leqslant 60\text{km/h} \\ 0.625vW & v > 60\text{km/h} \end{cases} \tag{5-9}$$

式中：L_t——上游过渡区长度，m；

W——被关闭的车道宽度，m；

v——车辆在上游过渡区路段的行驶速度，km/h。

上游过渡区长度是否合理，也可以直接在现场观察出来。若车辆在通过过渡区时经常有紧急制动或过渡区附近拥挤较为严重，则有可能是前方的交通标志设置不当或上游过渡区长度过短所导致。根据式(5-9)，v 取工作区内的限速值，可得表 5-6。路肩虽不是行车道，但作为侧向净空的组成部分同样对交通安全有重要影响。当封闭路肩施工时，上游过渡区的长度按式(5-9)计算后取 0.5 倍来确定，长度如表 5-7 所示。

车道封闭上游过渡区的最小长度 L_t 表 5-6

封闭车道宽度 / 过渡区长度 / 限制车速	3.0	3.5	3.75
80	150	180	190
70	130	150	160
60	70	80	90
50	50	60	60
40	30	40	40
30	20	20	20
20	10	10	10

注：限制车速单位为 km/h；过渡区长度单位为 m；封闭车道宽度单位为 m。

路肩封闭上游过渡区的最小长度 L_t 表 5-7

过渡区长度 \ 封闭车道宽度 / 限制车速	1.5	1.75	2.5	3.0	3.5
80	30	40	50	60	70
70	20	30	40	50	60
60	30	30	50	60	70
50	20	30	40	50	50
40	20	20	30	40	40
30	10	20	20	30	30
20	10	10	20	20	20

注：限制车速单位为 km/h；过渡区长度单位为 m；封闭车道宽度单位为 m。

由于隧道内光线较暗，且其侧墙会使车辆驾驶员产生压抑感，为了提高隧道内安全性能，可将隧道内上游过渡区的长度增加 0.5 倍，即隧道内上游过渡区的长度按式(5-9)计算的结果乘以 1.5 来确定。

3. 缓冲区长度确定

缓冲区是过渡区到工作区之间的一段空间，缓冲区的长度计算主要考虑到假设驾驶员判断失误，有可能直接从过渡区闯入工作区，那么缓冲区就可以提供一个缓冲路段，在车辆到达工作区之前采取制动措施，避免发生事故。因此，在缓冲区内一般不准堆放东西，也不准养护工作人员在其内活动，它就是一块空地。缓冲区既为养护工作人员也为驾驶员提供了安全上的富余。在过渡区与缓冲区之间，可以设置一些路障，以加强防护作用。缓冲区的长度可以这样获得：如果车辆在过渡区内行驶速度为 v(km/h)，则缓冲区的长度至少为：

$$L_b = \frac{v}{3.6}t + \frac{v^2}{2g(\phi \pm i) \times 3.6^2} \tag{5-10}$$

式中 t、g、ϕ、i 的含义同式(5-2)；v 的含义同式(5-9)。

通常情况下，v 可以取工作区内的限速值 v_2，所以可以认为 $L_b = L_S$，具体取值见表 5-8。

不同路段和限速情况下的 L_b 取值 表 5-8

速度值(km/h)	路面干湿状况	路面类型	L_b 值(m)	路面类型	L_b 值(m)
$v_2=80$	干燥	沥青混凝土路面	100	水泥混凝土路面	90
	潮湿		120		110
$v_2=70$	干燥		80		80
	潮湿		100		90
$v_2=60$	干燥		70		60
	潮湿		80		70
$v_2=50$	干燥		50		50
	潮湿		60		50
$v_2=40$	干燥		40		40
	潮湿		50		40

续上表

速度值(km/h)	路面干湿状况	路 面 类 型	L_b 值(m)	路 面 类 型	L_b 值(m)
$v_2=30$	干燥	沥青混凝土路面	30	水泥混凝土路面	30
	潮湿		30		30
$v_2=20$	干燥		20		20
	潮湿		20		20

4. 工作区的长度确定

工作区长度的确定主要有两种方法：一种是理论公式推导，本着延误与施工费用最优的原则；另一种是施工单位根据人员、施工机械配置以及施工作业的类型根据经验确定。调查统计结果表明：69%的专业人士根据经验来确定施工作业区的长度，如图 5-19 所示。同时，路段封闭形式、工期、速度、分合流情况、作业面长度和范围是在确定施工作业区长度时主要考虑的五大因素，如图 5-20 所示。

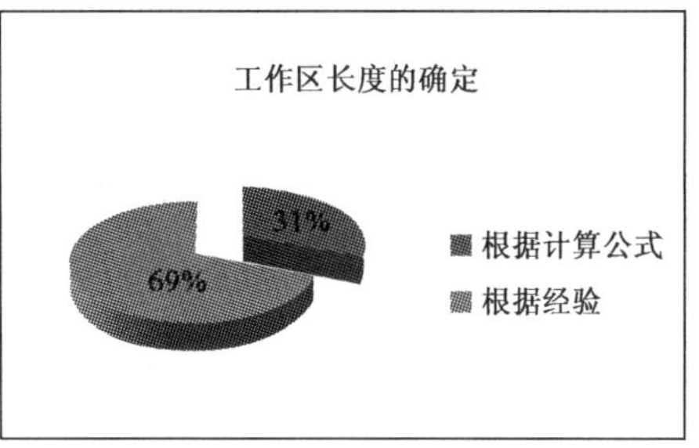

图 5-19　工作区长度的确定的方法

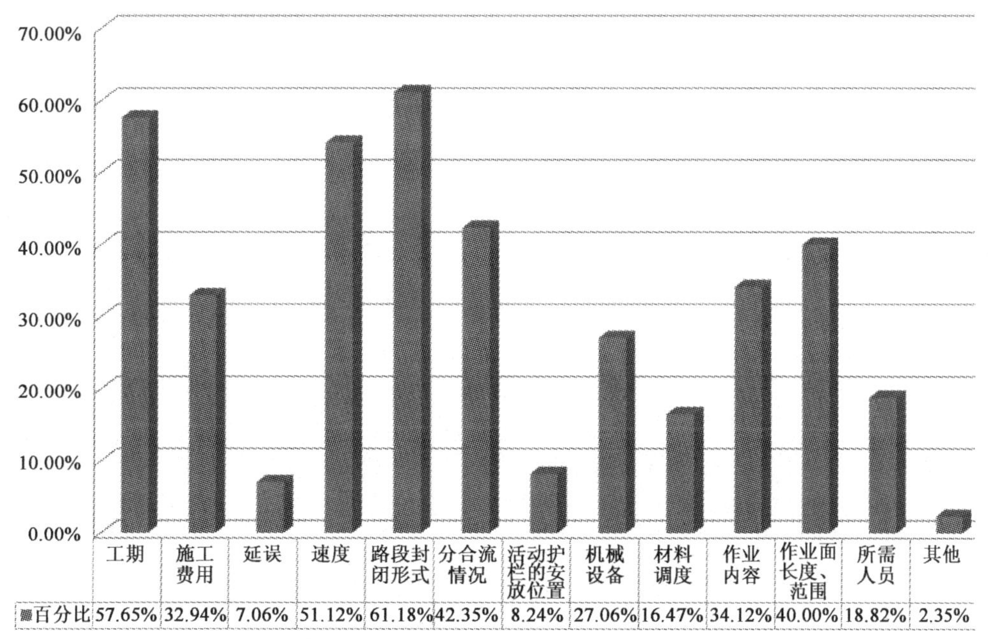

图 5-20　工作区长度确定所考虑的因素

调研表明，尽管相同养护施工作业各个地区所确定的工作区长度不尽相同，但就同一条道路或者同一个施工单位而言，所确定的工作区长度基本上是一致的。除了根据工程的实际考虑施工费用和时间之外，也或多或少地考虑到了对通行车辆通行效率的影响。如京津塘高速公路在路面进行处理时，通常的做法是占用一条车道，非占用车道正常通行。施工选择在夜间进行，每晚能够完成施工作业的长度约为500～1000m。目前该方法已经在京津塘高速公路成功应用5年，维修路面约200余万平方米。

当交通量不大时，高速公路涉及面层和基层的大中修养护维修，通常采取半幅道路全封闭进行施工。这样，为了方便交通组织，工作区的长度通常根据活动护栏的位置来确定，大多数情况下取相邻两个活动护栏的间距(2km)作为工作区的长度，也可取不相邻的两个活动护栏的间距(如4km或6km)作为工作区的长度，但不建议工作区过长，否则一旦发生交通事件，不利于交通的应急和疏散。

以下将重点介绍根据理论分析方法确定的工作区长度。

1)双向二车道公路工作区最佳长度的确定

二车道公路目前在我国干线公路中占了非常高的比例。由于地形条件所限，绝大多数山区国省道没有替代道路，因此双车道公路上的施工作业通常采取封闭一条车道，留下一条车道供车辆双向通行的形式。在这种情况下，由于要给两个方向的交通流分别分配通行时间，因此在给一个方向交通流放行的时候，另一个方向的交通流就不得不排队等候，由此就产生了一个延误问题。作业区的长度越长，车辆通过作业区的时间也将越长，从而车辆的排队等候时间也越长，导致延误越大，这对道路使用者是不利的；另一方面，设置较长的作业区，可以减少重复设置作业区的时间和费用，这对养护机构来说是有利的。这就需要确定一个合适的作业区长度，使得道路使用者和养护机构的综合费用达到最小，从而作出最佳的养护决策。

国外的很多学者都对这一内容进行了理论研究：McCoy等人在1980年通过使道路使用者的费用和交通控制费用最小化的方法对养护作业区长度进行了优化。他们为作业区长度优化提供了一个框架，即通过作业区单位长度综合费用的最小化来对作业区长度进行优化。此后陆续有许多学者在这个框架基础上对作业区长度优化问题进行了研究。但是这些研究都还局限于对McCoy等人提出的优化框架的补充和完善，而对这一优化框架的内在机理涉及很少，同时国外的研究与我国的实际亦有所差别。本书结合我国公路的实际情况对施工作业区长度的优化理论及其内在机理进行探讨，以求在一定程度上弥补这一缺陷。

理论建模之前作如下假定：

①车辆平均到达率在施工期间内视为稳定不变的；

②车流在正常路段和作业区路段行驶时的速度都是恒定的；

③作业区的通行能力近似等于拥挤情况下作业区的排队消散率；

④不考虑由于车辆到达的随机性所产生的排队延误；

⑤车流量不超过正常路段的通行能力。

在本节中，作业区的长度包括工作区、过渡区和缓冲区的长度，不包括警告区和结束区。

(1)模型的理论推导

施工作业区的总费用为：

$$C_{\mathrm{M}} = z_1 + z_2 L \tag{5-11}$$

式中：z_1——与作业区长度无关的养护费用，譬如作业区范围内的部分交通标志、交通设施的设置费用；

z_2——与作业区长度有关的养护费用，譬如每千米的养护作业平均费用；

L——作业区的长度。

理论模型建立的示意图见图 5-21。施工作业占用一个行车道，一个方向的车辆通行时，另一个方向的车辆需要排队等候。

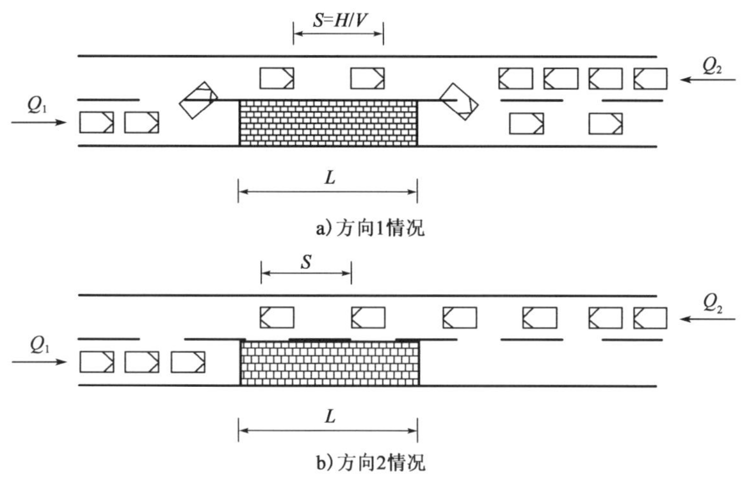

图 5-21　理论模型建立示意图

图 5-21 中，Q_1 和 Q_2 分别表示方向 1 和方向 2 的车辆到达率；假设作业区内车辆之间的车头时距是 Hs，则作业区内的通行能力(也即是最大消散率)为 $c=3\,600/H$。

t_1 表示方向 1 流率为 Q_1 情况下的放行时间；t_2 表示方向 2 流率为 Q_2 情况下的放行时间。因此两个方向排队时间分别是 t_2+r 和 t_1+r，排队长度分别为 $Q_1\times(t_2+r)$ 和 $Q_2\times(t_1+r)$，排队消散时间等于最大排队长度除以排队消散率，因此方向 1 和方向 2 上的排队消散时间分别为：

$$s_1=\frac{Q_1(t_2+r)}{3\,600/H-Q_1} \tag{5-12}$$

$$s_2=\frac{Q_2(t_1+r)}{3\,600/H-Q_2} \tag{5-13}$$

施工作业区施工所需的时间为：

$$D=z_3+z_4L \tag{5-14}$$

式中：z_3——设置和拆除施工作业区所需的时间；

z_4——作业区每施工 1 km 平均需要的时间。

平均每车道每千米作业时间(h/车道/km)为：

$$d=\frac{z_3}{L}+z_4 \tag{5-15}$$

用户平均时间成本为 v[元/(辆·h)]，总的用户延误费用为：

$$C_U=YNv \tag{5-16}$$

式中：Y——每个周期的延误，为两个方向上用户平均每个周期延误的和(h/周期)；

N——每千米养护维修施工所需周期数。

图 5-22 表示的是作业区交通流率和延误之间的对应关系。一个周期持续的时间 C 可以表示为如下 3 种不同的形式：

$$C = t_1 + t_2 \tag{5-17}$$

$$C = t_1 + r + s_2 \tag{5-18}$$

$$C = t_2 + r + s_1 \tag{5-19}$$

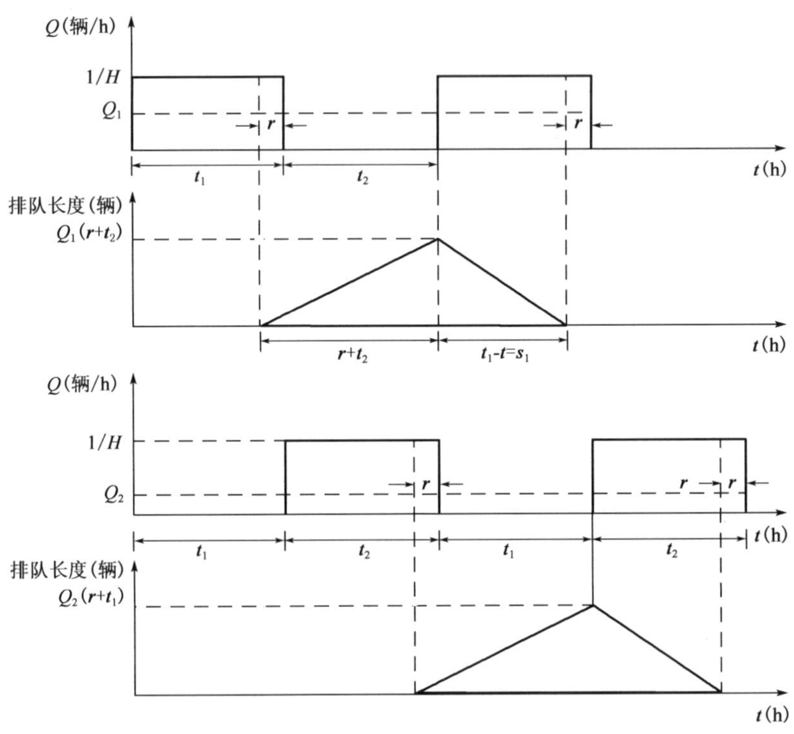

图 5-22　交通流率和延误图示

式(5-18)、式(5-19)中，r 表示清场时间，即当一个方向的车辆停止放行时，必须得等这个方向的最后一辆车通过作业区，才能开始放行另一个方向的车辆，其可以表示为：

$$r = \frac{L}{V} \tag{5-20}$$

根据式(5-17)～式(5-19)，可以得到两个方向的放行持续时间分别为：

$$t_1 = r + s_1 \tag{5-21}$$

$$t_2 = r + s_2 \tag{5-22}$$

把式(5-12)、式(5-13)代入式(5-21)、式(5-22)，可得：

$$t_1 = \frac{Q_1(r + t_2)}{(\frac{3\,600}{H} - Q_1)} + r \tag{5-23}$$

$$t_2 = \frac{Q_2(r + t_1)}{(\frac{3\,600}{H} - Q_2)} + r \tag{5-24}$$

把式(5-23)和式(5-24)联合求解，可以得到 t_1 和 t_2 表达式：

$$t_1 = \frac{r(\frac{3\,600}{H} + Q_1 - Q_2)}{(\frac{3\,600}{H} - Q_1 - Q_2)} \tag{5-25}$$

$$t_2 = \frac{r(\frac{3\,600}{H} + Q_2 - Q_1)}{(\frac{3\,600}{H} - Q_1 - Q_2)} \tag{5-26}$$

每千米养护维修施工的周期数 N 等于平均每车道每千米作业时间除以每个周期的持续时间，由式(5-27)可得：

$$N = \frac{d}{t_1 + t_2} \tag{5-27}$$

对于每个方向，作业区内每个周期的延误是 1/2 倍的最大排队长度乘以周期长度。由图 5-22 可知，两个方向用户平均每个周期延误可以表示为：

$$Y_1 = \frac{1}{2}Q_1(r + t_2)(t_1 + t_2) \tag{5-28}$$

$$Y_1 = \frac{1}{2}Q_2(r + t_1)(t_1 + t_2) \tag{5-29}$$

把式(5-25)和式(5-26)代入式(5-28)和式(5-29)，可以得出方向 1 和方向 2 每个周期的延误为：

$$Y_1 = \frac{2Q_1 L^2\left(\frac{3\,600}{H} - Q_1\right)}{HV^2\left(\frac{3\,600}{H} - Q_1 - Q_2\right)^2} \tag{5-30}$$

$$Y_2 = \frac{2Q_2 L^2\left(\frac{3\,600}{H} - Q_2\right)}{HV^2\left(\frac{3\,600}{H} - Q_1 - Q_2\right)^2} \tag{5-31}$$

用户平均每个周期总延误等于两个方向上延误的总和：

$$Y = Y_1 + Y_2 = \frac{2L^2\left[Q_1\left(\frac{3\,600}{H} - Q_1\right) + Q_2\left(\frac{3\,600}{H} - Q_2\right)\right]}{HV^2\left(\frac{3\,600}{H} - Q_1 - Q_2\right)^2} \tag{5-32}$$

把式(5-27)和式(5-32)代入式(5-16)，可以得到平均每车道每千米用户总的延误费用 C_{U}：

$$C_{\mathrm{U}} = YNv = \frac{2L^2\left[Q_1\left(\frac{3\,600}{H} - Q_1\right) + Q_2\left(\frac{3\,600}{H} - Q_2\right)\right]}{HV^2\left(\frac{3\,600}{H} - Q_1 - Q_2\right)^2} \cdot \frac{d}{t_1 + t_2} \cdot v \tag{5-33}$$

把方向 1 和方向 2 的放行持续时间表达式(5-29)和式(5-26)代入到式(5-33)，则总的用户延误费用可以表述为：

$$C_{\mathrm{U}} = \frac{D\left[Q_1\left(\frac{3\,600}{H} - Q_1\right) + Q_2\left(\frac{3\,600}{H} - Q_2\right)\right]v}{V\left(\frac{3\,600}{H} - Q_1 - Q_2\right)} \tag{5-34}$$

D 根据式(5-34)得出。

作业区平均每车道每千米平均总的费用用 C_T 表示，等于作业区平均每车道每千米的施工费用 C_m 与平均每车道每千米用户总的延误费用 C_U 的和。

$$C_T = C_U + C_m \tag{5-35}$$

式(5-35)中，C_m 是平均每千米的养护维修费用，一个施工作业区的养护维修费用可以表述为：

$$C_M = z_1 + z_2 L \tag{5-36}$$

式中：z_1——与作业区长度无关的养护费用；

z_2——与作业区长度有关的每千米的养护费用。

作业区平均每车道每千米的施工费用 C_m 应为总的施工费用 C_M 除以 L：

$$C_m = \frac{z_1}{L} + z_2 \tag{5-37}$$

把式(5-24)和式(5-27)代入式(5-25)，得到施工作业区每千米的费用模型：

$$C_T = \left(\frac{z_1}{L} + Z_2\right) + \frac{(z_3 - z_4 L)\left[Q_1\left(\frac{3\,600}{H}\right) + Q_2\left(\frac{3\,600}{H} - Q_2\right)\right]v}{V\left(\frac{3\,600}{H} - Q_1 - Q_2\right)} \tag{5-38}$$

(2)最优化求解

总的费用模型中，最优化的变量包括两个方向的放行持续时间 t_1 和 t_2 以及施工作业区的长度 L。方程求解的目的就是找到最优的放行周期和作业区长度 L，从而使得总费用最小。由于 t_1 和 t_2 均是 L 的函数，在其他参数给定的情况下，每千米的平均总费用 C_T 也是 L 的函数。令平均总费用 C_T 方程对 L 的偏微分方程为 0，如式(5-39)就可以求得最优的作业区长度 L：

$$\frac{\partial C_T}{\partial L} = 0 \tag{5-39}$$

最优作业区长度 L^* 表达式为：

$$L^* = \sqrt{\frac{z_1 V\left(\frac{3\,600}{H} - Q_1 - Q_2\right)}{z_4\left[Q_1\left(\frac{3\,600}{H} - Q_1\right) + Q_2\left(\frac{3\,600}{H} - Q_2\right)\right]t}} \tag{5-40}$$

式(5-40)中，所有的变量都是非负的，作业区的消散率，也即通行能力应大于两个方向到达率 Q_1 和 Q_2 的总和，因此最优的作业区长度总是存在的。如果任意一个方向上的到达率大于最大的消散率，那么排队的延误将无限长。

公式表明，施工作业区的最佳长度与“作业区长度无关的养护费用”和“作业区长度有关的养护时间”存在相关关系，而不受“作业区长度有关的养护费用”和“作业区长度无关的养护时间”所影响。此外，最佳长度还与作业区内的车辆运行速度、两个方向的车辆到达率以及用户的时间价值成本密切相关。

作业区最佳长度的求得，有利于确定最优的控制指标，如两个方向的放行时间和最佳周期长度等。由式(5-20)和式(5-30)可知，最优的清场时间可以表述为：

$$r^{*}=\frac{L^{*}}{v} \tag{5-41}$$

把式(5-41)代入式(5-25)和式(5-26),则可以求得最优的放行持续时间:

$$t_{2}^{*}=\frac{r^{*}\left(\frac{3\,600}{H}+Q_{1}-Q_{2}\right)}{\left(\frac{3\,600}{H}-Q_{1}-Q_{2}\right)} \tag{5-42}$$

$$t_{2}^{*}=\frac{r^{*}\left(\frac{3\,600}{H}+Q_{2}-Q_{1}\right)}{\left(\frac{3\,600}{H}-Q_{1}-Q_{2}\right)} \tag{5-43}$$

而最优周期持续时间 C^{*} 可以表述为:

$$C^{*}=t_{1}^{*}+t_{2}^{*} \tag{5-44}$$

每个作业区最优周期数 N^{*} 可以由式(5-27)求得。但由此求得的周期数未必是整数,因此用 n 对 N^{*} 取整来表示最佳周期数。假设 n 已经是调整过的整数周期数且周期时长是固定的,则调整后的周期长度由式(5-15)和式(5-27)可得:

$$t_{1}^{*}+t_{2}^{*}=\frac{d}{n} \tag{5-45}$$

由式(5-15)和式(5-35),则调整后的作业区长度 L' 为:

$$L'=\frac{z_{3}}{n(t_{1}^{*}+t_{2}^{*})-z_{4}} \tag{5-46}$$

式中:n——调整过的整数周期数;

$t_{1}^{*}+t_{2}^{*}$——最优周期持续时间。

这样,当施工作业现场的道路交通条件、施工作业类型及相关费用和时间已知时,就可以根据上述公式求得施工作业区的最佳长度。

理论模型推导过程中涉及的变量、参数含义见表5-9。

(3)算例分析

以双车道公路封闭一个方向的车道施工作业区的最优长度求解为例。关闭的施工作业区长度为 L(km),作业区内两个方向的车辆交替通行,周期分别为 t_1 和 t_2(h)。车辆到达率假定每个方向均为350辆/h,则总的到达率为700辆/h(流量不均衡的情况将在下面的敏感性分析中进行说明)。假设一个车道关闭,另一个车道通行的最优放行持续时间为 t_1^{*} 和 t_2^{*}。作业区的平均速度 v=40km/h,车头时距 H=3s。假设用户时间价值成本 v=12元/(辆 h),双车道公路路面平均维修养护费用为 z_2=80 000元/km/车道;平均每车道每千米作业时间 z_4=6h/km/车道;每个作业区与长度无关的规定设置费为 z_1=1 000元/作业区;设置交通标志和安全防护等设施的时间为 z_3=2h/作业区。以上这些参数值只是为了说明理论公式的应用情况,并不能代表任何一个具体施工作业区的相关费用情况。

由此计算出来的作业区最佳长度为0.683km,最优放行持续时间为147.6s=2.46min。因为两个方向的交通到达率相等,因此周期总长为295.2s=4.92min。每个周期用户的总延误是1.67h,每千米的最小费用是83 641.1元。

双向 2 车道作业区最佳长度理论模型相关参数含义　　表 5-9

C	一个周期长(h)	Q_1,Q_2	使工作业区不同方向上的小时交通流到达率(辆/h)
C_M	总的施工费用(元/作业区)	r	清场时间(h)
C_m	作业区平均每车道每千米的施工费用[元/(车道/km)]	S	平均车头间距(km)
C_T	作业区平均每车道每千米平均总的费用[元/(车道/km)]	s_i	方向 i 的车辆排队消散时间(h)
C_U	平均每车道每千米用户总的延误费用	t_i	方向 i 放行持续时间(h)
c	作业区最大消散流率,即通行能力(辆/h)	t_i^*	方向 i 最优放行持续时间(h)
d	平均每车道每千米作业时间[h/(车道/km)]	V	作业区内平均车速(km/h)
H	平均车头时距(s)	v	用户时间价值成本[元/(辆·h)]
L	施工作业区长度(km)	Y	用户平均每个周期延误(h/周期)
l	调整的作业区长度(根据整数周期)(km)	Y_i	方向 i 上用户平均每个周期延误(h/周期)
L^*	作业区最佳长度(km)	z_1	与作业区长度无关的养护费用
N	每千米周期数(个)	z_2	与作业区长度有关的养护费用
N^*	每千米最优周期数(个)	z_3	与作业区长度无关的养护时间
n	调整过的整数周期数(个)	z_4	与作业区长度有关的养护时间
Q	两个方向总的到达率(辆/h)		

(4)敏感性分析

为更好地说明相关变量对最佳作业区长度的影响,本研究依据建立的理论公式对个别变量进行了敏感性分析。

图 5-23 是最佳周期时长、清场时间、消散时间以及作业区长度与车辆到达率之间的对应关系。从图中可以看出,作业区的最佳长度和最佳清场时间随着两个方向车辆到达率的增加而不断地降低,这主要也是因为施工作业区最佳长度不断减少所致。总的排队消散时间随着到达率的增加而增加,当车辆到达率接近作业区内的最大排队消散率时,最优周期时长将大幅度增加。值得注意的是周期时长是一个凹形曲线,当到达率为 490 辆/h 时,最优周期时长最小。

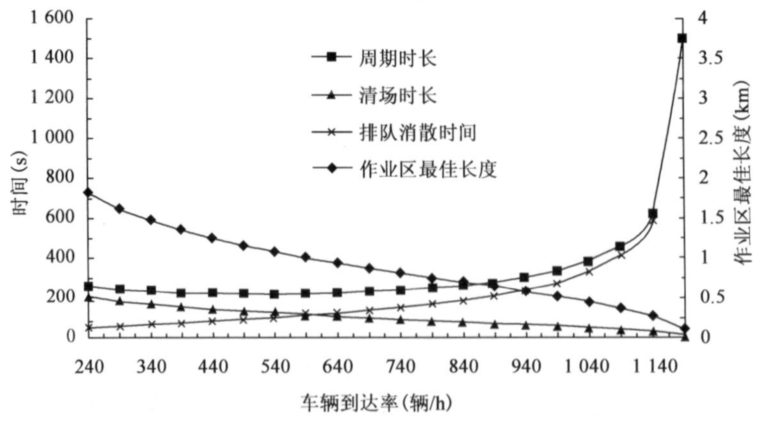

图 5-23　最佳周期时长、清场时间、消散时间以及作业区长度与车辆到达率关系

图 5-24 表示的是不同到达率条件下作业区最佳长度与平均养护作业时间关系。该图表明，为了减少作业区的延误费用，随着作业区平均每千米养护作业时间的增加，作业区的最佳长度将变短。当两个方向车辆到达率较小，以及平均每千米养护作业时间较短时，总的费用函数对施工作业区的长度是非常敏感的。当两个方向的车辆到达率接近最大排队消散率时(即 Q/C 接近 1 时)，作业区的最佳长度趋于 0。这种情况下应该考虑采取分流的方式来组织交通。

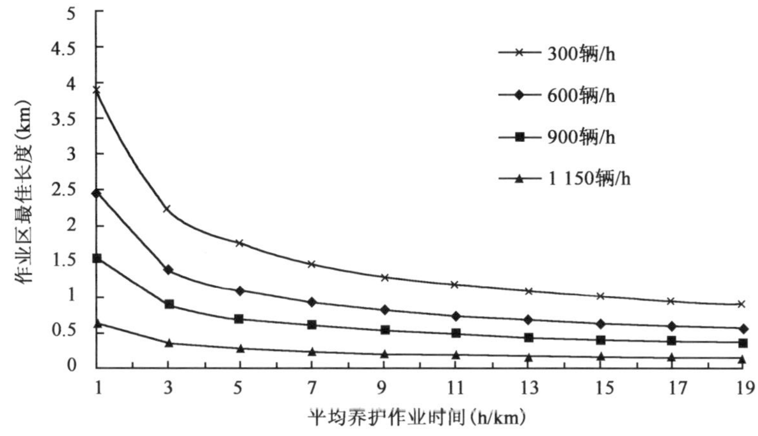

图 5-24　不同到达率条件下作业区最佳长度与平均养护作业时间关系

图 5-25 是不同到达率条件下作业区最佳长度和与长度无关的费用关系。可以看出，与施工作业区长度无关的养护费用(z_1)，如交通标志和安全设施的设置费用等对作业区最佳长度的影响。该费用对最佳长度的影响同样较为敏感，尤其是当两个方向到达流率比较小的时候，随着这部分费用增加，作业区最佳长度增加较为明显。

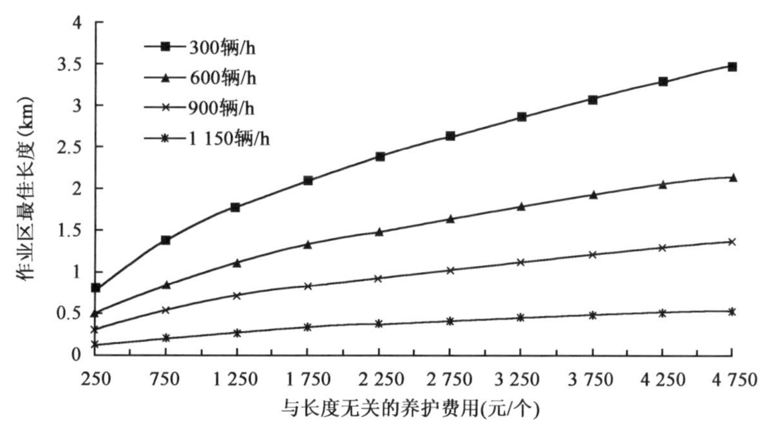

图 5-25　不同到达率条件下作业区最佳长度和与长度无关的费用关系

2)双向四车道公路作业区最佳长度确定

(1)理论推导

按照与二车道模型相同的建立步骤，研究双向四车道公路作业区最佳长度的理论公式。

典型的施工作业区组织如图 5-26 所示，即单向封闭一个车道，另外一个车道保持通行。

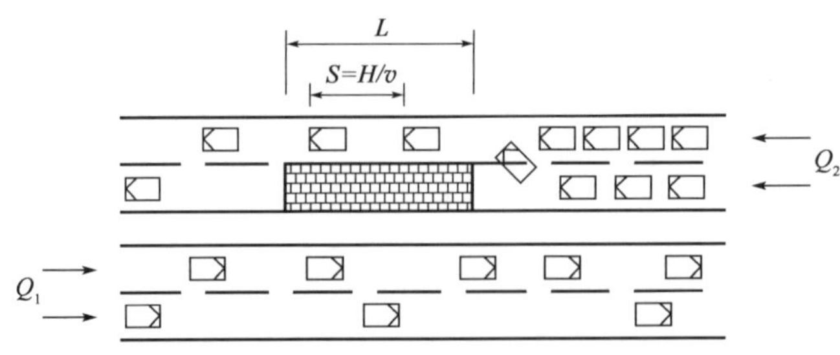

图 5-26　双向四车道作业区内车辆运行示意图

作业区引起的综合费用可以概括为三个部分：第一是养护施工费用 C_M；第二部分是设置施工作业区后给道路使用者带来的额外费用，主要是时间延误费用 C_D；此外，双向四车道公路模型的建立还考虑了第三个组成部分，即设置了作业区后由于车辆拥挤所引起的额外事故费用 C_A。施工作业区的综合费用可以表示为 $C_T=C_M+C_D+C_A$。

上述 3 部分费用均可以表示为作业区长度 L 的函数，将作业区长度 L 作为自变量，通过求养护施工作业区费用最小值的方法来确定作业区的最佳长度，模型的推导的中间过程省略。

当作业区上游有车辆排队时，即车辆到达率大于作业区内的通行能力时($Q>C_w$)，作业区的最佳长度可以表述为：

$$L^* = \sqrt{\frac{2z_1 + P_1 P_2 P_3 z_3^2}{P_1 P_2 P_3 z_4^2 + 2P_3 P_4 C_w z_4}} \tag{5-47}$$

式(5-47)中，参数 P_1 表示超过施工作业区通行能力的流量：

$$P_1 = Q - C_w \tag{5-48}$$

P_2 和 P_4 分别表示有施工作业区存在和无作业区存在时消散流率和消散时间的不同。

$$P_2 = 1 + \frac{Q - C_w}{c_o - Q} \tag{5-49}$$

$$P_4 = \frac{1}{V_w} - \frac{1}{V_a} \tag{5-50}$$

P_3 表示平均每辆车小时的延误费用和事故费用的总和：

$$P_3 = v_d + \frac{n_a v_a}{10^3} \tag{5-51}$$

当道路施工选择在交通需求比较小的时候作业而没有车辆排队时，即车辆到达率小于作业区内的通行能力时($Q<C_w$)，作业区的最佳长度可以表述为：

$$L^* = \sqrt{\frac{z_1}{z_4 Q P_3 P_4}} \tag{5-52}$$

理论公式推导过程中参数的含义见表 5-10。

双向四车道作业区最佳长度理论模型相关参数含义　　表 5-10

C_a	每千米每车道交通事故平均费用(元/km)	P_2	参数 2,具体含义见式(5-49)
C_M	总的施工费用(元/作业区)	P_3	参数 3,具体含义见式(5-51)
C_m	作业区平均每车道每千米的施工费用[元/(车道/km)]	P_4	参数 4,具体含义见式(5-50)
C_o	作业区不存在时的最大消散率(辆/h)	Q	到达作业区的流率(辆/h)
C_q	每千米每车道平均排队延误费用	s	车辆排队消散率(辆/h)
C_T	作业区平均每车道每千米平均总的费用[元/(车道/km)]	t_d	排队消散时间(h)
C_U	平均每车道每千米用户总的延误费用	t_m	行驶延误时间(车辆·h)
C_v	由于作业区存在导致车速降低每千米每车道的延误费用	t_q	排队延误时间(车辆·h)
C_w	作业区存在时的最大消散率,即通行能力(辆/h)	V_a	作业区外平均车速(km/h)
D	养护施工作业总时间(h)	V_w	作业区内平均车速(km/h)
d	平均每车道每千米作业时间[h/(车道/km)]	v_w	平均事故费用(元/起)
H	平均车头时距(s)	v_d	用户时间价值成本[元/(辆·h)]
L	施工作业区长度(km)	z_1	与作业区长度无关的养护费用
L^*	作业区最佳长度(km)	z_2	与作业区长度有关的养护费用
n_a	亿车小时事故数	z_3	与作业区长度无关的养护时间
n_o	作业区内开放车道数	z_4	与作业区长度有关的养护时间
P_1	参数 1,具体含义见式(5-48)		

(2)算例分析

以双向四车道一级公路单方向封闭一个车道的施工作业区的最优长度求解为例。正常路段单方向的通行能力假设为 2 600 辆/h。施工作业区一个车道关闭,一个车道开放,关闭的施工作业区长度为 L(km)。作业区内的车辆速度为 40km/h,车头时距是 3s,最大排队消散率为 1 200 辆/h。假设高峰小时内车辆的到达率为 2 000 辆/h,非高峰小时内车辆到达率为 1 000 辆/h,分别对两种不同交通状态下的作业区最佳长度进行求解。正常情况下作业区外路段车辆的速度为 64km/h。假设用户时间价值成本 v_d=12 元/(辆·h)。亿车小时事故率为 40 起,平均每起交通事故的费用为 142 000 元/起。平均维修养护费用为 z_2=80 000 元/(km·车道);平均每车道每千米作业时间 z_4=6h/(km·车道);每个作业区与长度无关的固定设置费为 z_1=1 000 元/作业区;设置交通标志和安全防护等设施的时间为 z_2=2h/作业区。

由此计算出来的作业区最佳长度:当车辆到达率为 1 000 辆/h 时,L^*=1. 4 km;当车辆到达率为 2 000 辆/h 时,L^*=0. 34km。而相对应的整个施工作业区的维修养护时间分别为 10. 4h(Q=1 000 辆/h)和 4. 04h(Q=2 000 辆/h)。

计算结果表明:当作业区上游车辆到达率较大时,无论是作业区的长度还是作业区的作业时间均不能太大,否则车辆延误而导致的费用将大大增加,为此建议道路养护维修作业时应尽可能地避免交通量比较大的时段,而选择在夜间交通量比较小的时段来进行,从而减少对现有交通运行的影响,最大限度地降低施工作业区的综合费用。

理论模型同样表明由于事故的发生率较低,相对于养护施工费用和用户时间延误费用而言,事故费用所占的比例很小,就其对作业区最佳长度的影响而言基本可以忽略不计。

(3)理论模型参数敏感性分析

假设:作业区外上游车辆到达速度为88km/h;作业区内车辆平均速度为48km/h;亿车小时事故率为40起;其他参数的取值同上面算例分析。

从图5-27可以看出,随着车辆到达率的增加,作业区的长度逐渐变短。当最大排队消散率(作业区内的通行能力)从800辆/h逐渐增大到1 400辆/h时,作业区最佳长度也增大。当作业区上游车辆到达率接近最大排队消散率时,最佳长度接近于0。这种情况下,必须分流部分交通量,或者利用路肩开辟新的行车道,或者通过减少车头时距、牺牲部分安全性能以提高作业区内车辆通行速度来增大作业区内的通行能力,从而减少施工作业区总的养护维修费用和时间。

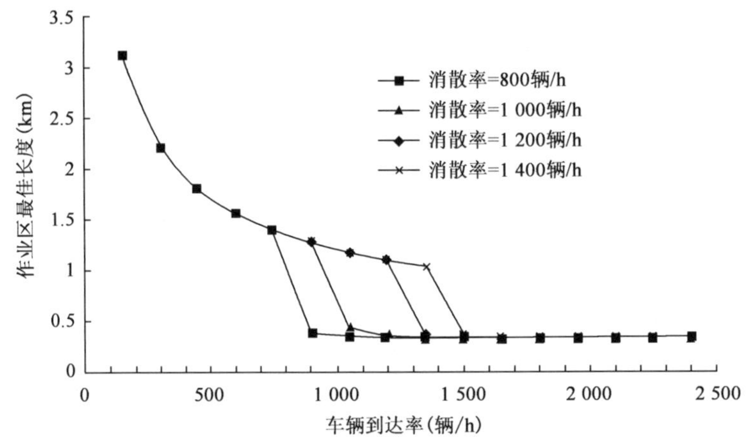

图5-27 不同消散率下车辆到达率和作业区最佳长度的关系

图5-28表示的是不同到达率下与长度无关养护费用和作业区最佳长度的关系,与长度无关的养护费用主要是指作业区内设置交通组织和安全防护设置的费用。可以看出,当作业区上游车辆到达率较小时,作业区的最佳长度对与长度无关的养护费用的变化非常敏感。当上游车辆到达率超过作业区的通行能力时,则与长度无关的养护费用则对作业区的最佳长度影响非常有限。

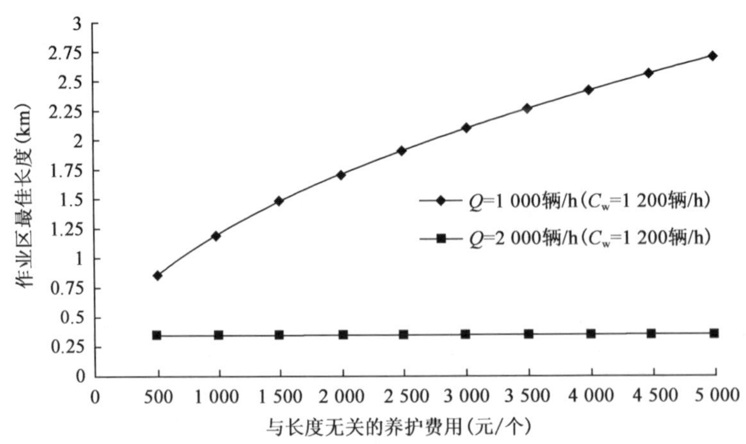

图5-28 不同到达率条件下与长度无关养护费用和作业区最佳长度的关系

图 5-29 表示，不同到达率条件下与长度无关的养护维修时间和作业区最佳长度的关系。与长度无关的养护维修时间主要指的是摆放和设置作业区内交通标志和安全设施的时间。可以看出，当车辆到达率超过作业区内的最大消散率时，随着与长度无关的养护维修时间增加，为了降低交通标志和安全实施重新设置的次数，作业区最佳长度也随之增加。而当上游车辆到达率小于最大消散率时，与长度无关的养护时间则对作业区的最佳长度没有任何影响。

图 5-30 为不同到达率条件下平均养护维修时间和作业区最佳长度的关系。该养护维修时间取决于施工作业区的作业类型，如路基补强、路面重铺、道路加宽或改线等等。可以看出，随着平均养护时间的增加，作业区的最佳长度则随之减少，其根本原因是为了降低作业区用户的延误费用。此外作业区最佳长度随着交通量的增加而减少。

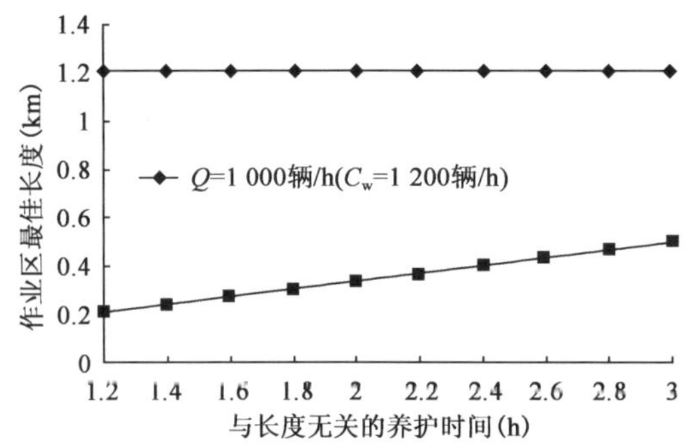

图 5-29　不同到达率条件下与长度无关的养护维修时间和作业区最佳长度关系

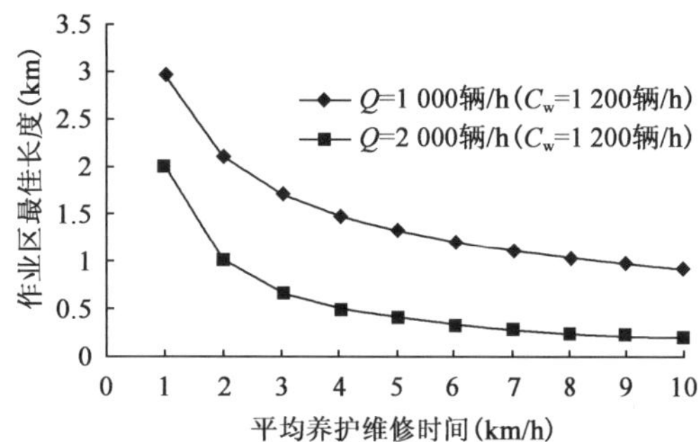

图 5-30　不同到达率条件下平均养护维修时间和作业区最佳长度的关系

5. 下游过渡区和终止区长度确定

下游过渡区是为了将车流再引入正常车道的一个过渡路段。若下游过渡区设置得当，将有利于交通流的平滑。下游过渡区的长度一般只要保证车辆有足够的路程来调整行车状态即可。终止区表示施工作业区完全结束，终止区内需要设置解除限速标志，施工作业区有设置禁止超车标志的在终止区需要设置解除禁止超车标志。

美国辛辛那提大学的 Salem 等人对俄亥俄州州际高速公路施工作业区内的交通事故特征和分布进行了研究。通过研究表明，施工作业区的几个组成部分事故分布是不均匀的。62%的受伤和死亡事故发生在工作区，13%的事故发生在上游过渡区，该区是施工作业区内第二危险的路段，其次是前置警告区，而下游过渡区和终止区发生的事故则很少。一些国家如德国等是按施工作业区结束段锥形桶按 45°角倾斜摆放来表述的，根据这一方法计算，其终止区的长度应该比较短。基于上述分析，参考国内外的研究成果，取下游过渡区和终止区的长度分别为 30m。

第五节　宏观交通组织

一、宏观交通组织分析流程

公路施工作业区的宏观交通组织以高速公路改扩建工程期间的交通组织设计最为典型，

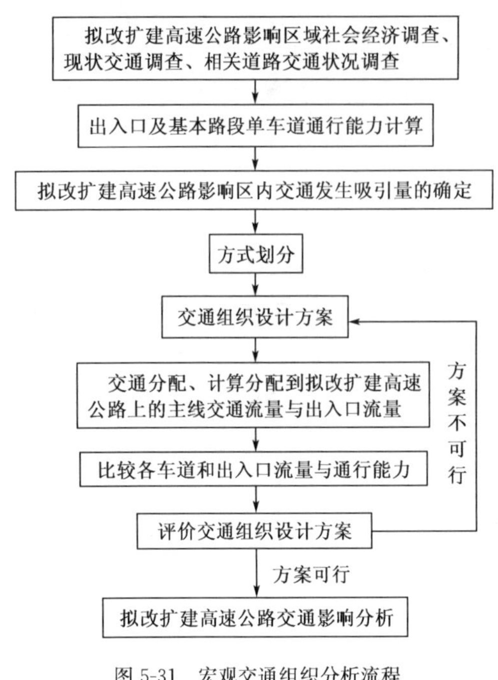

图 5-31　宏观交通组织分析流程

本节将介绍其分析流程，并辅以实例进一步阐述这一方法。高速公路改扩建工程交通组织设计可以按图 5-31 所示流程进行。

1. 基础数据调查

确定交通组织方案，首先要对施工所影响的道路的交通流量、交通密集时段、车辆组成、影响区域的社会经济等情况做周密的调查和分析。了解交通流量可以为交通组织方案中需保留的车道数提供依据；研究车辆组成情况，可以确保交通畅通所需的最小净空高度；分析交通密集时段，可以要求交通管理部门配合对车辆通行时段做合理安排和调整。需要进行调查的数据可以分为以下三类：

(1)社会经济数据

拟改扩建高速公路影响区域内的社会、经济历史资料和统计数据等。

(2)拟改扩建高速公路内外的交通特征数据

包括拟改扩建高速公路内部及其周边道路主要干道各交通组成的日平均流量和高峰小时流量，路网内各等级公路的交通分担率等。

(3)影响区内交通发生吸引特征参数

该数据可由调查获得。不同的高速公路影响区内有着不同的发生吸引特征和规律，需要组织现场交通调查，调查内容为调查对象平峰和高峰期各类汽车的发生吸引量，以及道路使用情况等，以此调查数据来确定研究对象交通发生的吸引特征参数。

2. 出入口及基本路段单车道通行能力计算

高速公路出入口通行能力是进行交通影响分析和交通组织设计时需重点考虑的因素。现在许多高速公路出现交通拥堵，或出入口通行不畅，都是因为其流量超过相应通行能力的结果，因此，可以通过控制出入口来调节高速公路的交通流量。高速公路进口道的通行能力与一般路段的计算方法相同。出口道的通行能力与高速公路本身交通量大小密切相关，按高速公路出口匝道通行能力计算方法计算。高速公路基本路段单车道通行能力是按照最大服务交通量乘以影响通行能力的修正系数来计算。

3. 影响区内交通发生吸引量的确定

拟改扩建高速公路正常交通影响分析和交通组织设计的重要内容之一是交通发生吸引量的预测。拟改扩建高速公路影响区内交通发生吸引量从根本上决定了其对本身及周边交通影响的规模。不同高速公路影响区有着不同的发生吸引特征和能力。预测拟改扩建高速公路影响区内交通发生吸引量可采用弹性系数法、趋势预测法、平均增长率法、强度指标法及相关分析法等方法。

4. 方式划分

这里的方式划分与传统的方式划分不一样。这里进行方式划分的目的主要是为了将各类汽车的发生吸引量分离成客车数和货车数、大车数和小车数。因为客车和货车的车速差异较大，在同一高速公路上行驶时货车往往会对客车造成很大影响，为提高改扩建时高速公路单车道的通行能力和运行效率，可在适当时候进行客货分离。也就是说，客车由于车速快可在该高速公路运行；而货车因车速慢且影响大，则宜将其转移到该高速公路影响区内其他道路上。有必要的话，还可将大车和小车进行交通分离。要想提高改扩建时该高速公路的通行效率，这种划分工作就显得十分重要。

5. 交通组织方案设计和交通分配

在分析得到拟改扩建高速公路影响区内汽车(客、货车)发生吸引量后，要首先进行初步的交通组织设计工作，确定高速公路各出入口的车道数、通行方向以及内部各车道车辆的走行方向等。合理科学的交通组织设计是协调高速公路正常交通量对本身及周围道路的压力的十分有效的手段。根据交通组织方案，把这些发生吸引量在高速公路的各进出口和主线上进行分配，确定这些发生吸引量在各出入口、主线以及相关道路之间的分担比例，我们称之为交通分配。交通分配时应遵循就近的原则和根据出入口及主线通行能力进行合理分担等原则。交通分配后，得到的高速公路各出入口及主线在改扩建期间的交通流量不应超过它们相应的通行能力；转移到相关道路的交通流量也不应使这些道路造成不该有的拥堵，尽量维持改扩建期间高速公路交通“通而不畅”的状态。

二、应用案例1——佛开高速公路改扩建施工作业区宏观交通组织设计

上述已经说明了宏观交通组织的分析流程，下面以佛开高速公路改扩建施工具体交通组织过程为例来说明交通组织方案确定的具体做法，重点介绍交通仿真对车辆分流的支撑建议。

佛开高速公路于1996年12月建成通车，全线长80km，现为四车道，设计速度120km/h。随着广东省特别是珠江三角洲地区经济的高速发展，高速公路逐渐连接成网，特别是2004年开平至湛江段高速公路全线开通和2005年底渝湛高速公路建成通车，基本形成一条完整的东西连接的高速公路大通道，从而使佛开高速公路的交通流量大增。

佛开高速公路是沈海国家高速公路网规划“2纵”沈阳至海口主线的一段，它连接了广佛高速公路、国道G325线、广三高速公路、佛山一环、珠二环高速公路、珠三环高速公路、江肇高速公路、开阳高速公路等主要干线。其扩建将提高国道主干线通行能力，充分发挥路网整体效益；同时加强了“广佛都市圈”中心城市与广西、海南、粤西南的紧密联系，从而促进“泛珠江三角洲”经济和社会发展。

佛开高速扩建采用少数时间由原来的双向四车道通行改为封闭半幅的双向二车道通行，大部分时间采用全线限速而不封闭车道的交通组织方案。

1. 分流路径选择

佛开高速扩建需封闭其部分路段的时段中，由于双向两车道通行不能满足佛开高速高峰小时流量，需要使车辆分流至其他路径。结合交通流的类型(长途过境型交通、中短途跨区间型交通、城际间短途交通)、交通需求预测结果和区域路网的形态以及构成，研究分流路径方

案。佛开高速公路开扩建施工分流路径主要有以下 5 个方案。

1)方案一

由北往南方向在沙涌立交设置分流点,将车辆分流至佛山一环绕行,经由国道 325 立交沿国道 325 行经龙山立交返回佛开高速;由南往北方向,在龙山立交处设置分流点,分流路径同上,方向相反。如图 5-32 所示。

图 5-32　分流路径 1

2)方案二

由北往南方向在沙贝立交前设置分流点,将车辆分流广州环城高速西环段,海八路立交分流至佛山一环绕行,经由国道 325 立交沿国道 325 行经陈山立交返回佛开高速;由南往北方向,在陈山立交处设置分流点,分流路径同上,方向相反。分流路径如图 5-33 所示。

3)方案三

由北往南方向在雅瑶立交前设置分流点,将车辆分流至广三高速,再经过小塘立交至西环南段,经九江立交返回佛开高速,再经由龙山立交分流至 G325,沿 G325 行经陈山立交返回佛开高速;由南往北方向,在陈山立交处设置分流点,分流路径同上,方向相反。如图 5-34 所示。

4)方案四

由北往南方向在谢边立交处设置分流点,将车辆分流至 G325,沿 G325 行经龙山立交返回佛开高速;由南往北方向分流路径同上,方向相反。如图 5-35 所示。

5)方案五

组合式分流方案,即设置多个分流点(方案一、方案二、方案三、方案四中的分流点),根据实际分流效果实时调节。

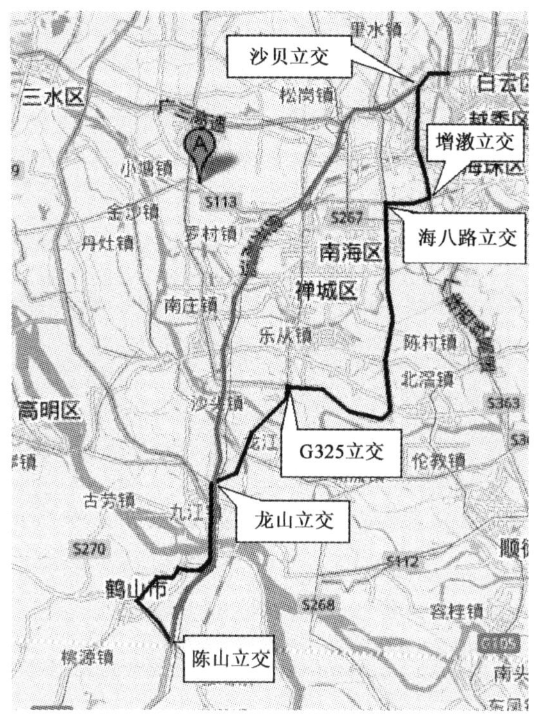

图 5-33 分流路径 2

图 5-34 分流路径 3

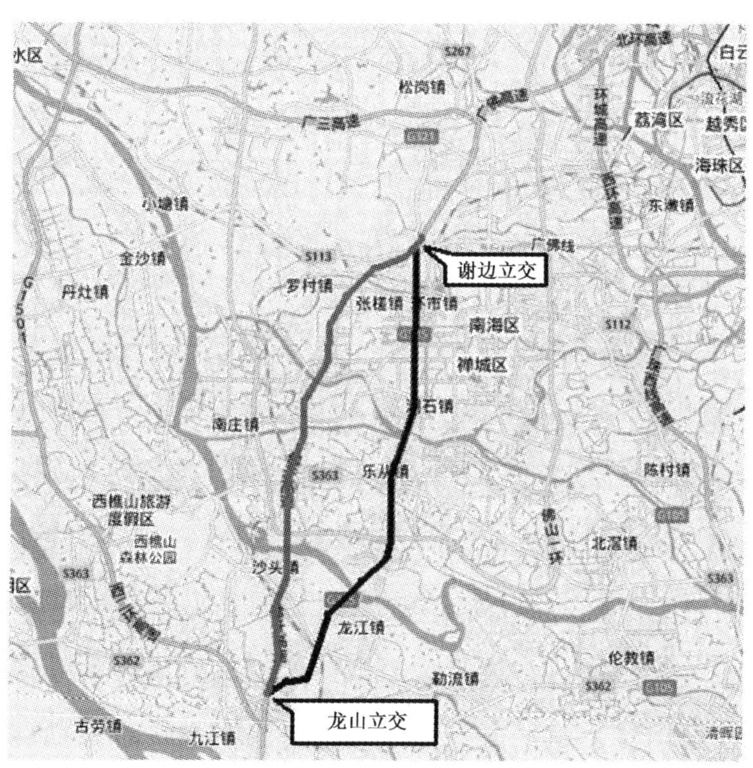

图 5-35 分流路径 4

2. 交通仿真分析

运用交通流仿真技术，以路网运行效率最优为目标，提出佛开高速公路改扩建工程的交通分流模型，为高速公路的改扩建交通分流方案的设计提供参考。其难点在于通过OD矩阵搭建一个动态自动分配的路网，调节路网中不同路段的费用以及各车型的费用系数，使车辆选择最优的路线，整个过程路网的运行效率最优，车辆在交通瓶颈路段的排队长度是可控的。动态交通分配是智能交通系统的交通软件核心。其模型在先进出行信息系统(ATIS)和先进交通管理系统(ATMS)中有着重要的应用。

1)路网OD矩阵

在相关实测数据和理论估测的基础之上，推导出佛开高速及周边路网的OD矩阵数据。

路网模型采用动态分配方式搭建，VISSIM软件有静态和动态两种交通量分配方式。所谓静态分配，即在路网中的每条路上输入所行驶的交通量、交通组成和期望速度等参数，此种方式适用于路网规模不大的情况。所谓动态分配，即把路网划分成N个小区，个个小区之间的流动交通量可以用一个$N\times N$维的出行矩阵来表示。路网中道路的源头和终点处需要建立停车场，即小区连接器，由此产生出车辆的起终点。现将佛开高速及周边各条道路对应的小区号列表，见表5-11。

小区划分 表5-11

小区号	路段	小区号	路段
2	佛开北部终点	21	广三高速西部终点
3	G235北部终点	22	广三高速西部起点
4	G235南部起点	23	广三高速东部终点
5	佛山一环南部起点	24	西二环高速南部终点
6	佛山一环北部终点	25	西二环高速南部起点
7	佛开北部起点	26	佛开南部终点
8	广州环线高速东部终点	27	佛山一环东北部起点
9	广州环线高速东部起点	28	G235北部起点
11	佛山一环西北部终点	29	G235南部终点
13	佛开南部起点	30	S113西部起点
14	S113东部起点	31	S113东部终点
15	S113西部终点	32	S362S西部起点
16	S272东部终点	33	广珠西线高速终点
17	S272东部起点	34	广珠西线高速起点
18	S272西部起点	35	S362终点
19	S272西部终点	36	广州西环高速北部起点
20	广三高速东部起点	37	广州西环高速北部终点

OD矩阵的直观图见图5-36。

2)分配原理

VISSIM动态分配的原理，简单来说就是根据路径的总体费用来进行路径选择，其中，总体费用又由路径的行程时间、距离和路段费用3个部分组成，路段费用由3部分组成，分别是：费用(按km计算)、附加费用1和附加费用2。对于不同车型，还可以给予行程时间、出行距离和经济费用不同的费用系数，总费用计算如下式：

$$\text{总体费用} = \alpha \times \text{行程时间} + \beta \times \text{出行距离} + \gamma \times \text{经济费用} + \sum \text{附加费用2}$$

$$\text{经济费用} = \text{距离} \times \text{费用} + \text{附加费用1}$$

通过上述公式，我们可以人为干预动态分配的结果，采用的方法是：在期望的路段某处设置排队计数器，通过调节不同路段的费用来使得期望点的排队长度达到一个合理的数值，即路径的总体费用提高了，它的交通吸引量则降低，从而在某些拥堵点的排队长度也会减少。

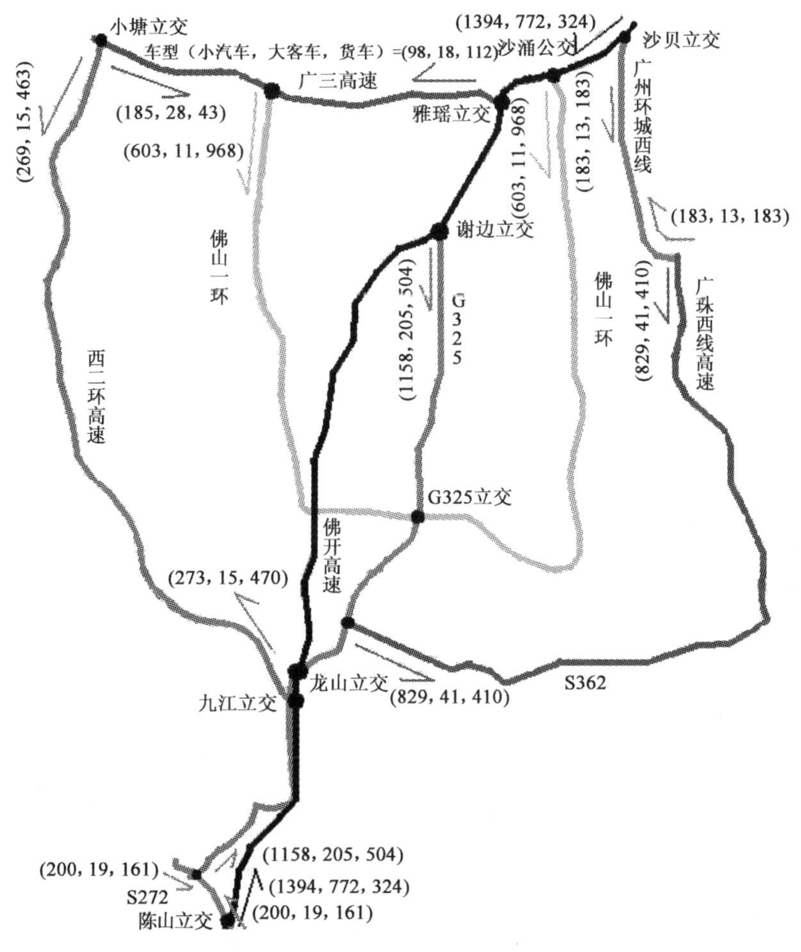

图5-36　OD分配直观图

从一系列可选路径中挑选出一条路径是广义“离散路径选择建模”的一种特例。已知一系列可选路径及其总体费用，就可以计算出选择各条路径的比例，Logit模型是目前求解此类问题最为常用的方法。VISSIM采用一种改进的Logit模型求解路径选择问题。

在迭代仿真过程中，直至每一次评价时间间隔内得到的行程时间和交通量不再发生明显变化，即达到收敛，迭代仿真运行将停止。

3)其他参数

车速分布对于道路的通行能力和可达到的行驶车速有很大影响,因此它对任何一种车辆类型而言,都是一个重要的参数。假设车辆运行不受其他车辆的干扰,驾驶员将会以他的期望车速行驶(具有微小的随机变化)。与自身期望车速不同的车辆越多,将会生成越多的车辆排队。如果有可能超车,只要车辆的期望车速高于当前的行驶车速,就会选择机会在对其他车辆不构成危险的情况下进行超车。选择合适的期望车速对仿真的真实性具有很大影响。根据道路等级和限速情况的不同,各种车型在不同道路上的期望行驶速度是不同的。现将各条道路的不同类型车辆的期望行驶速度列入表 5-12 中。

期望车速表 表 5-12

道　　路	小汽车(km/h)	大客车(km/h)	货车(km/h)
佛开高速(双四)	(60,80)	(50,70)	(50,70)
佛山一环(双八)	(60,100)	(40,80)	(40,70)
G325(双六)	(40,100)	(40,90)	(40,80)
广州西环高速(双四)	(60,120)	(60,110)	(60,100)
西二环高速(双六)	(60,120)	(60,110)	(60,100)
S272(双四)	(20,90)	(20,80)	(20,60)
广三高速(双四)	(60,120)	(60,110)	(60,100)
S113(双四)	(20,90)	(20,80)	(20,60)
S362(双四)	(40,100)	(40,90)	(40,80)
广珠西线高速(双六)	(60,120)	(60,110)	(60,100)

4)分流结果

采用动态分配方式进行分流,分为三种方案:第一种是双向四车道改为双向二车道通行,不进行人为干预,让车辆自行分流;第二种是双向四车道改为双向二车道通行,限制货车在施工区行驶,其他车辆同样自行分流;第三种方案保持双向四车道通行,让车辆自行分流。三种方案在佛开高速上都需要全线限速,仿真的输出结果包括分流前后车辆在施工区合流点前的排队长度、速度和行程时间,以及各分流路段的交通量对比。

动态分配的路径如表 5-13 所示,其中南向北与北向南方向的路径不尽相同。

分流后各主要分流路口的排队长度均控制在 750m 以下,分流路径的分配比例见表 5-14、表 5-15,可见前两种分配方式分配到各路径的分配比例是一致的,当封闭一车道的时候,需要分流接近一半的车流,不封闭道路的时候,由于全线限速,也需要分流接近 40%的车辆。双方向上路径 2、3、4 均承担了大部分的分流车辆。其中,南向北方向上封闭车道时,路径 4 承担的分流车辆比例最大,不封闭车道时,路径 3 承担的分流车辆比例最大;路径 2、3、5 都需要经过 G325 龙山—佛山一环交口这一段,此段除要承担 G325 原有的背景交通量以外,还将承担佛开高速的 30%的分流车量,交通负担很重,可谓交通瓶颈。北向南方向上封闭车道时路径 3 承担的分流车辆比例最大,不封闭车道时,路径 2 承担的分流车辆比例最大;封闭车道时,路径 2、3、4 都需要经过 G325 龙山—S362 交口这一段,此段除要承担 G325 原有的背景交通量以外,还将承担佛开高速的 42%的分流车量,交通负担很重,可谓交通瓶颈。

分流路径示意　　表 5-13

方向	路径 1	路径 2	路径 3	路径 4	路径 5	路径 6	路径 7	路径 8
南-北	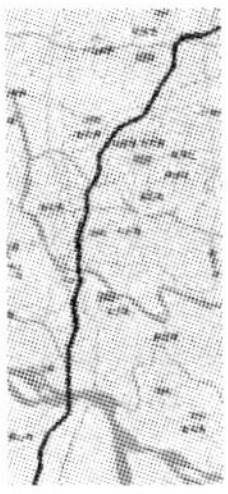 佛开	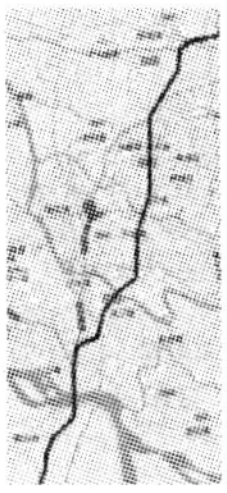 佛开 +G325	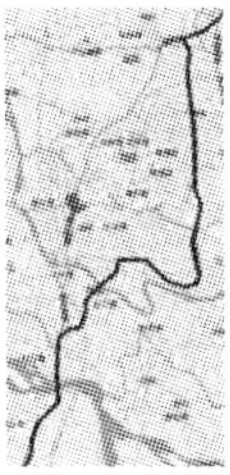 佛开 +G325+ 佛一(东)	 西二环 +广三	 佛开 +G325+ 佛一(西)	 S272 +G325	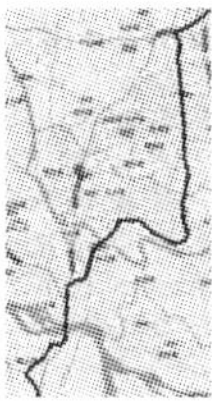 S272 +G325+ 佛一(东)	 S272 +G325+ 佛一(西)
北-南	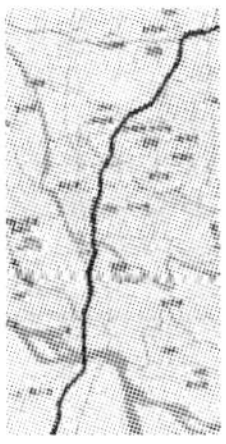 佛开	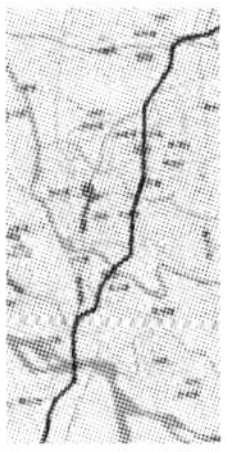 佛开 +G325	 广州环 城+广珠+ S362+G325	 佛一(西) +G325	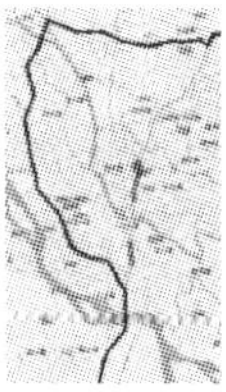 广三 +西二环			

南—北各路径交通量分配比例　　表 5-14

路　　径	自动分配	限制货车	不　封　闭
路径 1	52%	52%	62%
路径 2	12%	12%	7%
路径 3	11%	11%	16%
路径 4	17%	17%	15%
路径 5	7%	7%	0
路径 6	0.9%	0.9%	0.04%
路径 7	0.5%	0.5%	0
路径 8	0	0	0.12%

北—南各路径交通量分配比例　　表 5-15

路　　径	自动分配	限制货车	不　封　闭
路径 1	51%	51%	67%
路径 2	15%	15%	17%
路径 3	18%	18%	4%
路径 4	9%	9%	12%
路径 5	7%	7%	0

自动分配时排队长度最长的路口位于北向南方向 S362 与 G325 交口处，排队长度为 745m；限制货车时排队长度最长的路口位于南向北方向上佛开高速与西二环高速交口处，排队长度为 723m；相比于封闭车道，不封闭车道的方式分流负担明显减少，各控制路段的排队长度均不超过 500m，其中排队长度最长的路口位于北向南方向上 G325 与佛开交口处，排队长度为 493m。

表 5-16 是封闭车道时分流前后车辆在施工区合流点的排队长度，它可以分为平均排队长度和最大排队长度两种，其中，平均排队长度是在每个仿真步长记录当前的排队长度，对检测时间间隔内测得的所有排队长度进行算术平均；最大排队长度是在每个仿真步长记录当前的排队长度，找出检测时间间隔内的最大排队长度。从表 5-16 可以看出：两种分配方式都可以明显减少排队长度。

分流前后施工合流点排队长度对比 表 5-16

排队长度	分流前		自动分配		限制货车	
	南—北	北—南	南—北	北—南	南—北	北—南
平均	1 772	3 335	215	115	6	41
最大	1 872	5 012	696	531	196	432

表 5-17 给出了车辆在 4 个方案中的行程时间对比，VISSIM 中的行程时间是平均行程时间（包括停车或等待时间），是指车辆通过检测区段的起点至离开终点的时间间隔，这里，从起点至终点之间的所有路径都包括在内，即所有绕行路径也包括在内。可以看出，分流后车辆虽然选择了绕行，但是，平均行程时间比分流前车辆不选择绕行时还要小。由此可见，分流并没有降低路网的运行效率，反而有所提高。

各方案行程时间对比 表 5-17

项目	分流前		自动分配		限制货车		不封闭	
	南—北	北—南	南—北	北—南	南—北	北—南	南—北	北—南
行程时间	4 686	4 439	4 311	3 924	4 335	3 826	4 161	3 991

表 5-18 和表 5-19 给出了三种方案佛开高速和分流路段上的交通量变化情况，可以看出，虽然分流使得佛开高速的交通压力大大减少，但同时也增大了分流路径的交通压力。G325 是承担分流车量最多的道路，但就仿真结果来看，尚未达到其通行能力。可见，路网是可以承担由于佛开高速改扩建所带来的交通压力的。

表 5-20～表 5-23 给出了分流前后车辆在合流点处以及施工区中部的速度变化情况。由于佛开高速部分路段从原来的双向四车道通行改成了施工阶段的双向两车道通行，道路变窄前，车辆合流变道，速度所产生的变化，使得合流点成为交通瓶颈。从表中可以看出，车辆在施工区中部的速度明显高于车辆在合流点的速度；分流后内、外侧车道上车辆的平均速度比分流前有所提高，原因是排队的减少使得车速增加；限制货车方案由于将货车全部分流到其他路段上，因此，佛开高速的速度提高较为明显。

南—北各路段交通量及车型比例(0～7 200s) 表 5-18

路段	分流前				自动分配				限制货车				不封闭			
	交通量	小汽车	大客车	货车	交通量	小汽车	大客车	货车	交通量	小汽车	大客车	货车	交通量	小汽车	大客车	货车
S272(陈山—人民路与文明路交口)	751	403	25	323	692	384	36	272	744	393	37	314	694	384	36	274
G325 南(人民路与文明路交口—龙山)	3 367	2 135	356	876	3 504	2 190	380	934	3 505	2 189	380	936	3 498	2 185	380	933
G325 中(龙山—佛一交口)	2 889	1 846	312	731	4 241	2 800	547	894	4 309	2 817	534	958	2 704	2 260	463	823
G325 北(佛一交口—谢边)	2 518	1 620	266	632	3 324	2 151	383	790	2 975	1 932	339	704	2 322	1 996	377	791
佛开南(陈山—龙山)	3 892	2 193	839	523	4 023	2 260	1 243	520	3 986	2 238	1 233	515	3 920	2 195	1 214	511
佛开北(龙山—谢边)	2 428	1 400	725	303	2 088	1 030	722	336	1 768	967	801	0	2 823	1 529	902	392
佛一(东南环)	2 121	867	26	1 228	2 433	1 101	70	1 262	2 648	1 215	94	1 339	2 475	1 108	88	1 279
佛一(西南环)	1 927	810	17	1 100	1 596	687	35	874	1 851	878	43	930	1 641	730	10	901
广三	475	349	51	75	695	455	123	117	728	481	113	198	502	358	59	85
西二环	1 313	457	26	830	1 633	642	144	847	1 676	568	129	979	1 326	489	35	802

北一南各路段交通量及车型比例(0～7 200s)　　表 5-19

路段	分流前				自动分配				限制货车				不封闭			
	交通量	小汽车	大客车	货车	交通量	小汽车	大客车	货车	交通量	小汽车	大客车	货车	交通量	小汽车	大客车	货车
S272(人民路与文明路交口—陈山)	743	403	45	295	743	393	38	312	743	393	38	312	743	393	38	312
G325 南(龙山—陈山)	2 613	1 635	307	671	2 636	1 648	293	695	2 633	1 645	294	694	2 640	1 652	295	693
G325 中(S362 交口—龙山)	2 832	1 758	331	743	3 555	2 259	487	955	3 553	2213	455	885	3 456	1 825	474	828
G325 北(佛一—S362 交口)	3 128	1 946	356	826	3 658	2325	473	860	3 779	2 375	472	932	3 685	2297	501	887
佛开南(龙山—九江)	1 542	875	490	197	2 109	1274	660	271	2 036	1 239	700	97	2 382	1 339	738	305
佛开北(谢边—龙山)	1 822	1 028	575	219	1 915	967	654	294	1 719	1 022	697	0	2 532	1374	819	339
广州环城西线	779	374	37	368	1 009	492	146	371	904	413	99	392	813	379	79	355
广珠＋S362	2 229	1 462	61	706	2 624	1 614	139	871	2 531	1 544	102	885	2 463	1 516	86	861
广三	475	215	35	225	1 068	548	241	279	1 239	511	220	508	405	178	32	195
西二环	1324	482	31	811	1 748	1 111	183	818	1 880	712	166	1 002	1 232	450	24	758
佛一(西南环)	2 551	977	32	1 542	3 015	1 245	71	1 699	3 057	1 260	75	1 722	3 144	1 310	123	1 711

南一北合流点速度　　表5-20

行程时间	类型	分流前				自动分配				限制货车			
		平均		最大		平均		最大		平均		最大	
		内侧车道	外侧车道	内侧车道	外侧车道	内侧车道	外侧车道	内侧车道	外侧车道	内侧车道	外侧车道	内侧车道	外侧车道
0～3 600s	全部	39.1	17.2	60	47.2	39.6	19.1	60.5	47.8	49	29	61.6	47.8
	小汽车	39.9	16.7	60	47.2	39.8	20.5	60.5	47.8	49.2	32.3	61	47.8
	货车	37.1	17.6	54.6	41.8	38.5	18.7	59	28.6				
	大客车	38.3	17.8	58.6	35.8	39.7	17.4	58.7	46.8	48.7	25.2	61.6	46.8
3 600～7 200s	全部	34.8	16.8	58.4	47.1	36.7	17.6	60	44.2	47.5	26.3	60.8	49.8
	小汽车	35.5	16.6	58.4	47.1	36.9	17.4	60	44.2	47.6	31.2	60.8	49.8
	货车	32.9	17.8	56.4	38.5	36.1	19.6	55.1	36				
	大客车	34.1	16.6	57.2	35.5	36.6	17	58.4	34.5	47.4	20.5	59.9	49.2

南一北施工区中部速度　　表5-21

行程时间	类型	分流前		自动分配		限制货车	
		平均	最大	平均	最大	平均	最大
0～3 600s	全部	43.3	63.9	44	75.6	45.1	75.6
	小汽车	43.1	62.1	44.1	75.6	44.7	75.6
	货车	43.3	52.9	43.4	51.8		
	大客车	43.6	63.9	44.1	60.8	45.5	61.1
3 600～7 200s	全部	42.1	65.6	43	59.4	43.5	60
	小汽车	42.2	60.5	43	58.1	43.1	60
	货车	41.9	55.0	42.2	52.6		
	大客车	42.2	65.6	43.5	59.4	43.9	60

北一南合流点速度　　表5-22

行程时间	类型	分流前				自动分配				限制货车			
		平均		最大		平均		最大		平均		最大	
		内侧车道	外侧车道	内侧车道	外侧车道	内侧车道	外侧车道	内侧车道	外侧车道	内侧车道	外侧车道	内侧车道	外侧车道
0～3 600s	全部	23	40.3	55.7	58.9	27.5	41.3	52.1	60.7	29.7	48.7	53.6	60.7
	小汽车	24.6	39.8	55.7	58.9	34.6	41.1	52.1	60.7	34.1	48.3	53.6	60.7
	货车	20.8	39.9	33.2	52.7	27.2	41.3	37	56.3				
	大客车	21.8	41.6	31.3	58.4	21.4	41.7	37.9	59.1	23.6	49.2	44.3	59.5
3 600～7 200s	全部	19.7	36.9	49.8	59.8	20.8	37	52.1	59.6	25.9	42.1	54.1	61.3
	小汽车	21.5	37.9	49.8	59.8	22.7	38.3	52.1	59.6	29.5	41.4	54.1	60.3
	货车	18.3	34.8	37.2	57.8	22.8	33.8	36.8	53.7				
	大客车	18.2	35.8	35.2	57.1	18.1	36.2	34.3	58.2	21.4	43.1	47.4	61.3

北一南施工区中部速度　　表 5-23

行程时间	类型	分流前		自动分配		限制货车	
		平均	最大	平均	最大	平均	最大
0～3 600s	全部	50.1	57.7	47.8	60	53.3	60
	小汽车	50.4	57.7	48.4	60	53.4	60
	货车	48.7	51.8	47.5	54.9		
	大客车	50	56.6	47	56.2	53.1	58.1
3 600～7 200s	全部	46.1	58.6	45.3	59	51.5	59.5
	小汽车	46.2	58.6	45.4	58.9	51.5	59.5
	货车	45.4	57	43.9	55.8		
	大客车	46.2	58.3	45.9	59	51.5	59.4

不封闭车道的动态自动分配的情况下，佛开高速与上述封闭车道时所对应的断面速度如表 5-24 所示。内、外侧车道的速度变化不明显，各车型之间的车速变化也不明显，车辆运行较稳定。

不封闭车道下的运行速度　　表 5-24

行程时间		平均		最大		平均		最大		平均		最大		平均		最大	
		内侧	外侧	内侧	外侧	内侧	外侧	内侧	外侧	内侧	外侧	内侧	外侧	内侧	外侧	内侧	外侧
		全部车辆				小汽车				货车				大型客车			
南—北	0～3 600s	49.5	49.5	49.4	60	49.8	49.4	59.9	59.9	47	46.3	57.1	57.9	50.1	50.6	60	58.3
	3 600～7 200s	49.6	49.6	50.4	60	50.6	51.9	59.6	59.8	47.1	47.7	57.9	58.9	49.3	48.9	60	60
北—南	0～3 600s	52.8	52.8	60	60	53.4	53.1	60	60	49.2	48.9	57.6	54.9	52.9	51.8	59.8	57.8
	3 600～7 200s	51.1	50.1	59.7	59.7	51.8	51.9	59.7	59.7	47.8	46.5	59.1	58.2	51.3	48.5	59.6	59.3

综上所述，通过佛开高速及其周边路网的交通流仿真不难看出：佛开高速的改扩建工程所造成的临时交通瓶颈问题是可以通过将车辆正确分流至其周边路段得到解决的。

宏观交通组织推荐的最佳方案是施工尽量不封闭车道，保持双向四车道通行，实施全线限速，并且合理诱导交通，必要时将车辆有序分流至 G325、佛山一环、广三高速、西二环高速、广州环城高速、广珠西线和 S362 上，分流比例可参考仿真结果，并应保证各路口的排队长度小于 500m。当施工必须封闭车道时，鉴于交通诱导的可控性，推荐采用货车分流的方式，分流比例可以参考上述仿真结果，主要应该保证各路口的排队长度小于 800m。推荐的分流路径为 G325，即方案四，主要考虑绕行距离短、费用少。在实施交通诱导的时候应该通过迅速、有效的交通监控，即时获取拥堵信息，当 G325 出现拥堵时应根据具体的拥堵点采取二级分流，将车流分流至其他道路上，保证路网交通的畅行。

三、应用案例2——广惠高速公路养护施工作业区宏观交通组织设计

现以另外一条实际公路养护施工具体交通组织过程为例来说明一下交通组织方案优化设计的具体做法。

1.背景资料收集与整理

广惠高速公路全长153.2km,起点位于广州市萝岗区,途经增城市、博罗县、惠州市惠城区、惠阳区,终点位于惠东县凌坑。沿线与广州北二环高速公路、北三环高速公路、增从高速公路、莞深高速公路、惠河高速公路、深汕高速公路、常(平)惠(东)高速公路(规划)及G324国道等连接成网,是广东省规划的干线公路网的重要组成部分。沿线路面相当平直,双向六车道,部分四车道。2003年12月20日建成通车。

2009年6月5日至7月5日对西向东方向博罗收费站(K80)至小金口收费站(K95)之间15km的路面分段进行养护维修。该路段为双向四车道,施工采取一个车道封闭、一个车道通行的交通组织模式。广惠高速、惠河高速、G324以及G205组成的局部路网如图5-37所示。

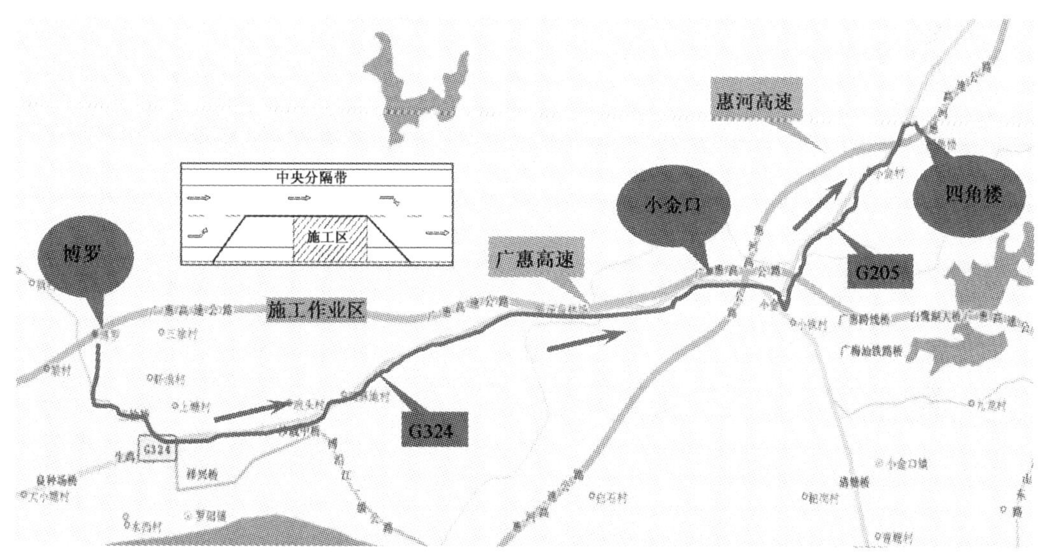

图5-37　广惠高速货车分流绕行小金口立交路线图

路网中主要道路的基本情况见表5-25。

2.交通组织方案及评价

根据广惠高速公路组成的局部路网的道路交通状况,以及道路施工的模式类型,初步制定了采用路网分流部分交通的组织方案。

方案一采取限车型通行。对施工路段的大货车进行分流,即将广惠高速公路西向东方向的大货车从博罗收费站分流至G324上,南行和东行的车辆可以在小金口立交重新上广惠高速公路,北行到惠河高速的车辆可以再通过G205在四角楼收费站进入惠河高速公路行驶。

方案二采取分时段通行。不分车型,保留一半流量仍然通过广惠高速行驶,另一半通过和

大货车分流一样的路线绕行，因为博罗出口匝道通行能力的限制不可能把过多的交通量分离出来。

组成路网道路的基本情况　表 5-25

道　路	道路交通状况	照　片
广惠高速公路	双向四车道，中央分隔带隔离；限速：100km/h；通行能力：2 200pcu/(h・ln)	
惠河高速公路	双向四车道，中央分隔带隔离；限速：100km/h；通行能力：2 200pcu/(h・ln)	
G324	双向四车道，双黄线分隔；通行能力：1 600pcu/(h・ln)	
G205	双向四车道，双黄线分隔；通行能力：1 600pcu/(h・ln)	

利用仿真软件对两种交通组织方式进行了仿真评价，同样先对仿真软件进行了标定。选择施工前一个月早晚高峰收费站的流水数据和现场调研的速度、流量数据进行仿真重现，仿真场景中实际输入的数据见表 5-26。由表中可知，广惠高速公路西向东博罗至小金口收费站一段总流量为 2076 辆/h，已经超过了施工作业区一个车道通行时的通行能力，因此必须采取分

流的方式来组织交通。此外，路网中小金口互通立交桥区内从惠河高速公路隧道出来匝道北行进入惠河高速公路的合流区是最容易发生拥堵的区域，因此两个分流方案中都将广惠高速北上惠河高速的交通由四角楼收费站引入，这种分流方式即解决了施工作业区通行的问题，也有助于减轻惠河高速公路小金口至四角楼北行方向的通行压力。

不同流向的小时流量和交通组成　　表 5-26

流　向	小时流量	大车比例(%)
广惠高速广州方向至惠河直行(西—东)	540	15.2
广惠高速广州方向至惠河北行(西—北)	1 176	15.2
广惠高速广州方向至惠河南行(西—南)	360	15.2
惠河高速主线北行	2 200	18
广惠高速惠东方向至惠河北行(东—北)	790	10
国道 324 至惠河北行(西—北)	210	19
国道 324 至惠河北行(东—北)	142	18
国道 324 直行(西—东)	190	15

对于方案的评价，采取施工作业区、分流道路及路网中关键节点，如小金口立交处的速度、流量、排队长度等交通流特性指标进行比较说明。

图 5-38 是广惠高速大货车分流路线及小金口互通立交区域交通运行图。从博罗收费站沿广惠高速公路经小金口互通立交至惠河高速公路的四角楼收费站，主线距离约为 18km，绕行 G324、小罗线和 G205 等公路的距离为 25km。

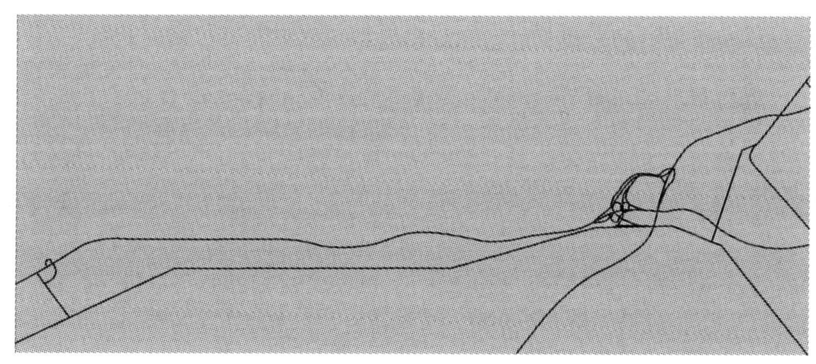

图 5-38　广惠高速分流路线及小金口互通立交区域交通运行图

无控制的仿真场景就是根据实际的各个方向的流量水平输入标定过的仿真路网中，然后对输出结果进行分析。大货车分流就是指将广惠高速广州方向至惠河北行(西—北)中 14.8%的大车通过绕行国道再通过四角楼收费站进入惠河高速公路。一半分流通行是指广惠高速广州方向至惠河北行(西—北)的交通一半通过高速行驶，另一半通过和大货车分流一样的路线绕行，因为博罗出口匝道通行能力的限制不可能把全部车流都分出来。仿真中是通过 5min 主线通行和 5min 匝道分流的方式交替实现的。从表 5-27 中可以看出，当不采取分流时，施工作业区的速度比较低,为 52.9 km/h,并且出现了车辆排队的情况,而采取分流以后车辆的速度都有了不同程度的提高。由于替代分流的道路交通量较小,分流道路的速度并没有因为交通量增加而导致速度有明显的降低。可以说分流使整个路网的运行效率均有所提高。

不同方案条件下车辆运行状况 表 5-27

方　案	速度(km/h)(对应交通量)			
	广惠基本路段	广惠施工作业区	G324	G205
不采取分流措施	113(2 037)	52.9(1 832)	77(420)	78(60)
方案一:大货车分流	119(1 755)	63.1(1 756)	63(736)	69(292)
方案二:分流一半交通	117(1 028)	64(1 019)	56(1 461)	52(713)

不同调度方式匝道排队时间对比情况如表 5-28 所示。

不同调度方式匝道排队时间对比 表 5-28

广惠高速广州方向至惠河北行(西—北)交通调度方式	惠河主线北行小金口进口匝道排到收费站(来自广州)所需时间(min)	惠河主线北行小金口进口匝道排到收费站(来自惠东)所需时间(min)
不采取分流措施	47	47
方案一:大货车分流	91	78
方案二:分流一半交通	—	—

可以看出,无控制的通行方式,车辆很快就从合流区排到了收费站,大货车分流使排队到收费站的时间延长近 1 倍,而一半分流的方案则更优,避免了车辆在小金口匝道出现排队的情况。

从结果来看,分流交通至国道,无疑减轻了高速公路和相关匝道的交通压力,在一定程度上缓解了高速公路的拥堵和排队情况,但也势必增加了国道的通行压力。为此我们对车辆从博罗收费站正常走高速至四角楼收费站所需的时间和绕行国道的所需时间进行了测算,分析结果如表 5-29 所示。

三种不同调度方式行程时间的对比 表 5-29

广惠高速广州方向至惠河北行(西—北)交通调度方式		博罗收费站—四角楼收费站所需时间(min)
无控制(通过高速行驶)		32
大货车分流	通过高速行驶	17
	绕行国道	20
一半分流	通过高速行驶	15
	绕行国道	30

由于交通量过大,在施工作业区就产生了拥堵排队的情况,且还导致小金口收费站、隧道、进口匝道,一直到合流区都产生了拥堵,因此在无控制的条件下,车辆通过高速行驶需要 32min,通过采取大货车分流和不分车型一半分流后,无论是通过高速行驶,还是绕行国道,所

用时间都有所减少。从这一点来说，这两种交通流的调度方式实现了国道和高速公路资源的最优配置，达到了双赢，均是成功的。相比较而言，货车分流的方式在实际中更易于操作，且车辆的绕行时间相对较小，因此就本项目而言，推荐方案一的交通组织方式。

就某些有平行国道分流的高速公路而言，施工作业时将大货车限行(分流)管理，不但不会增加大货车自身的出行时间，还非常有助于提高整个路网的运行效率，是一种很好的交通调度与控制措施。具体分流路段和时段的选择还应该具体情况具体分析，而交通仿真技术则是评价不同交通组织方案的有力工具。

第六节　交通组织应急预案

施工期间由于通行能力的降低，交通已经处于不稳定状态，一些比较微小的干扰都会发生交通堵塞，而且交通事故等突发事件也会造成交通堵塞。此外，长期施工作业可能会经历春运、清明、国庆节等节假日交通高峰期，交通组织的压力非常大。因此必须结合交通管制工作的需要，建立应急工作机制和应急预案，以及时排除交通事故等造成的交通堵塞。

一、管理工作机构

由于交通管制及应急牵涉到许多部门，包括交通、公安、路政、扩建管理处、设计单位和施工单位等，所以必须设立一个强有力的工作机构，以形成协同工作机制，维护好施工期间交通疏导，提高决策效率和准确性。

编制交通疏导应急预案的目的是在施工的特殊情况下，出现因交通事故、车辆故障、交通量过大等偶发事件导致交通堵塞时，如何从路网的角度，迅速疏散交通，减轻和解决堵塞问题。而从路网层面去解决问题就存在多方面协调的问题，建议成立两级交通管理机构，交通组织管理机构及应急指挥机构需分省、市和沿线作业路段三个级别设置。第一级机构是交通组织管理领导小组，第二级机构是交通组织管理协调小组，第三级机构是交通组织管理工作小组。各级机构应明确职责，且要制定有操作性和针对性的各相关交通组织管理应急预案。

二、交通组织应急预案

1. 应急预案的分类

1)日常岗位方案

内容包括岗位设置、人员安排、岗位控制范围和时间、岗位职责和目标责任。岗位管理内容，一般包括路段指挥疏导及行驶等秩序管理、交通事故前期处置和快速处理、清障、现场执法和信息反馈等。

日常岗位方案应根据道路分流的特点预备几套常规管理的方案，如侧重于疏导的方案，重点在于冲突分离和冲突点控制；侧重于维护正常交通秩序的方案，重点是执法、告知、宣传、扩大管控范围等。

2)快速反应方案

(1)疏堵方案

针对道路易发生拥堵的瓶颈点段，按秩序混乱、事故、故障停车、车多路少等不同拥堵成因，分别制定不同的疏堵方案

(2)事故快速处置方案

在道路交通饱和条件下、一起小事故可能就会引起一次大的拥堵。事故引起拥堵的扩散范围，和事故现场的处置时间有关，因此需要制定事故的快速处置方案。

(3)突发事件处置方案

突发事件影响的范围及后果，除时间、地点难于确定外，事态发展和控制方面尚有一些规律可循。按照这些规律，制定相应的处突方案，可以把事态发展进行有效控制，减少不必要的损失。

2. 交通管理通告的制定

道路交通组织的调整，无论是长久性的还是临时性的，只要涉及到车种禁限和流向禁限内容的，如禁限时间、禁限流向或车种、增加特殊管制要求等，都应该提前以交通管制通告的方式告知社会，以避免出现群众不清楚交通组织调整的内容而造成出行不便和秩序混乱。通告的内容宜包含以下内容：

(1)车辆限行的规定(限行车种、限行空间、限行时间和限行措施)；

(2)车辆行驶的规定(通行权、行驶速度)。

3. 应急预案处理的响应

紧急事件发生后，相关部门立即投入施救，应急预案处理的响应及流程图见图 5-39。

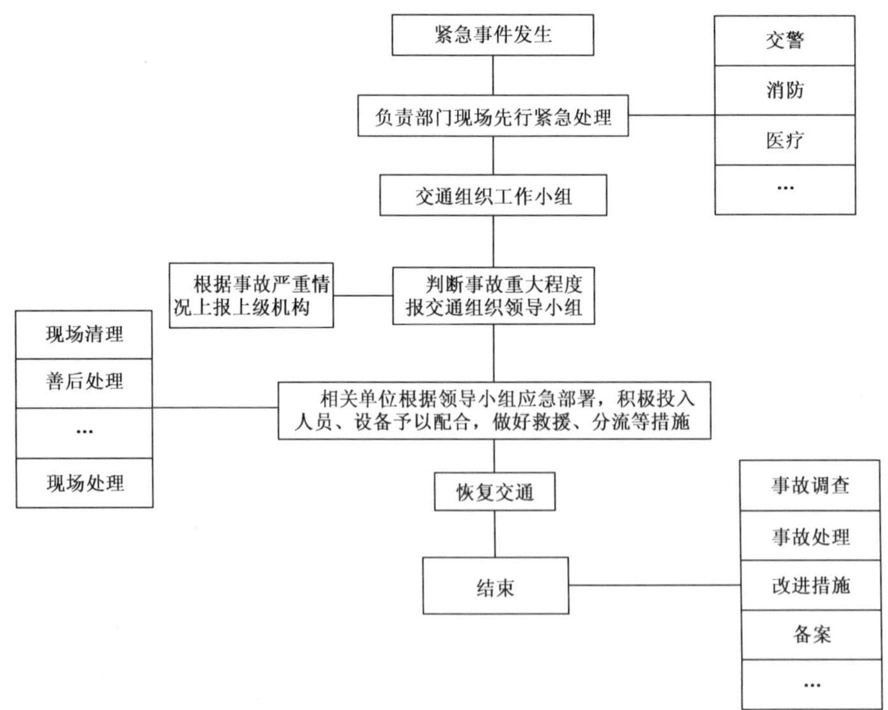

图 5-39　应急处置的响应及流程图

4. 交通事故的处理

当有交通事故发生时，图 5-40 所示的交通事故的处理流程可供参考。

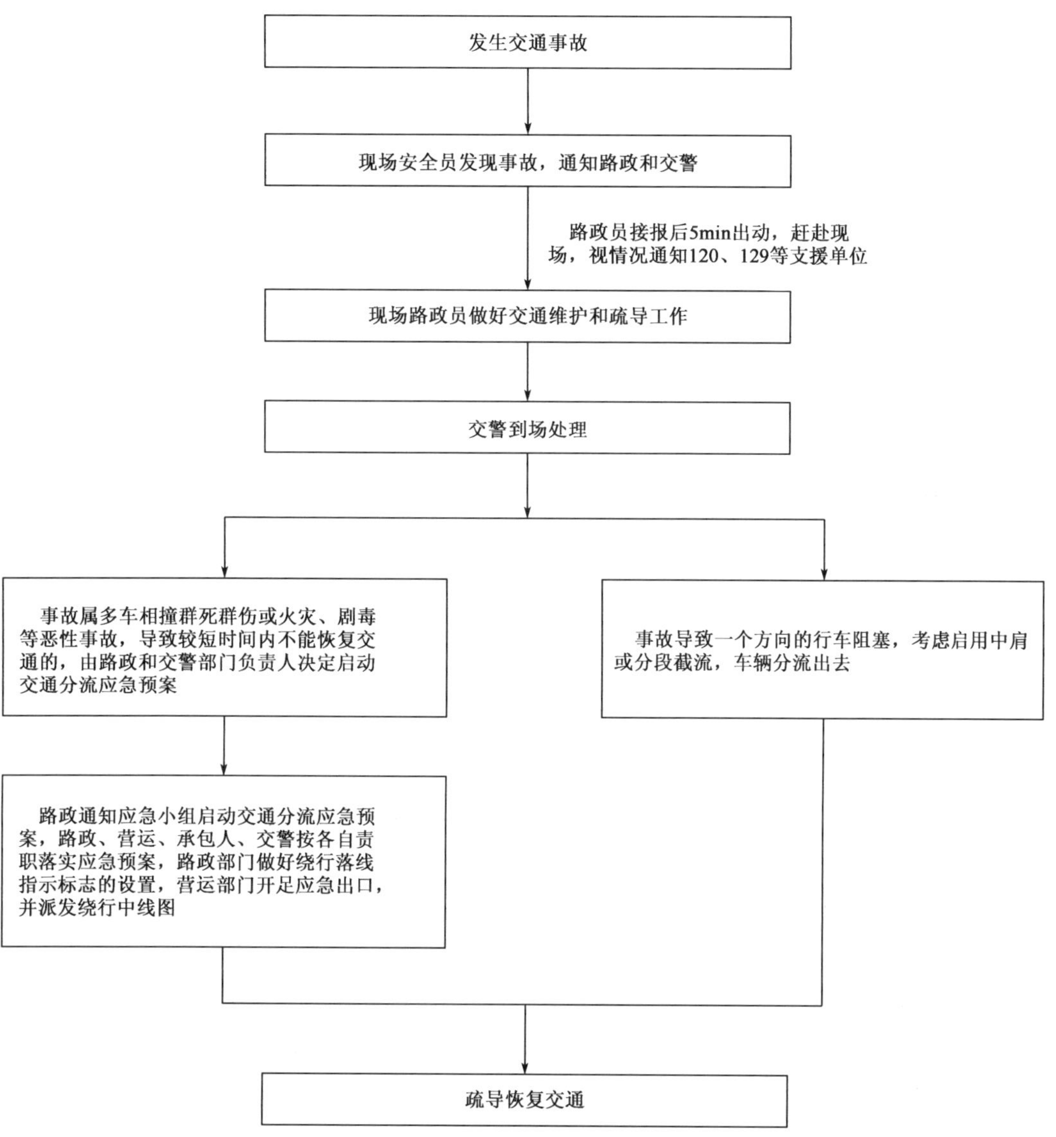

图 5-40 交通事故处理流程图

5. 故障车事故处理

当发生故障车事故时，处理流程见图 5-41。

6. 大范围交通堵塞

当发生大范围的交通堵塞时，处理流程见图 5-42。

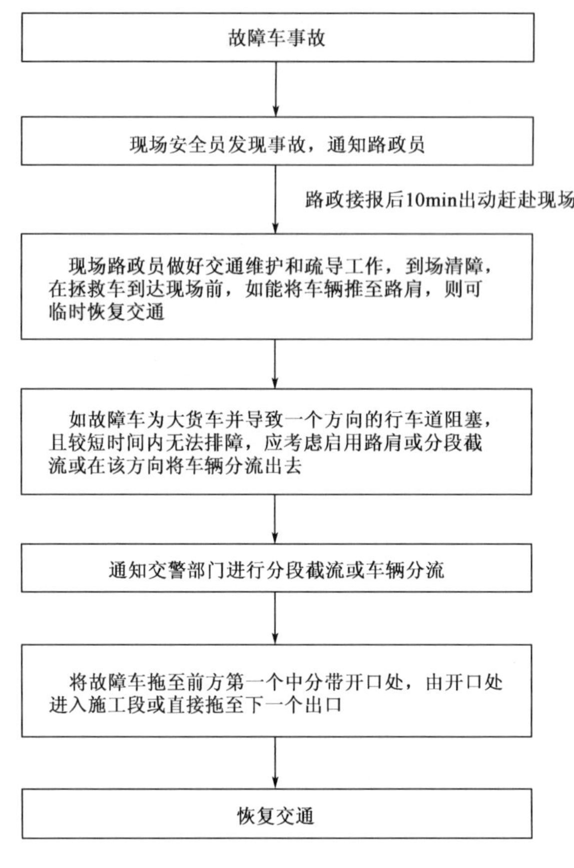

图 5-41　故障车事故处理流程图

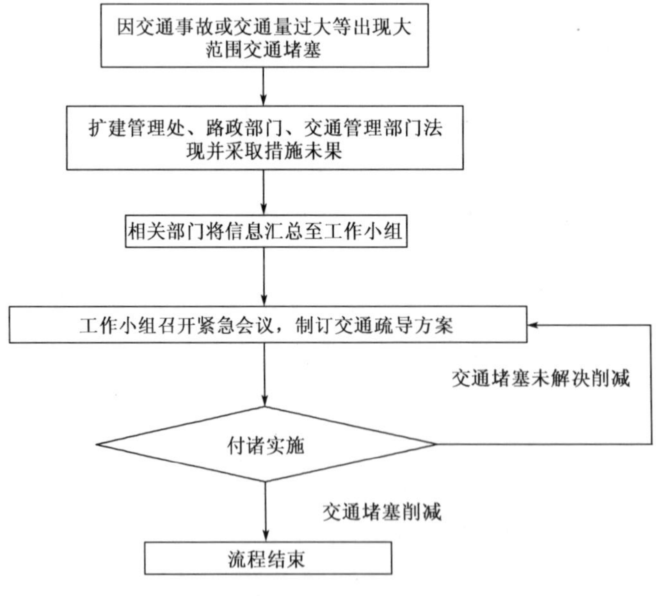

图 5-42　大范围交通堵塞处理流程图

第六章　特殊区段施工作业区的交通安全保障技术

与一般公路路段相比，隧道、桥梁、视距不良、路侧险要、长纵坡等路段的施工作业，更容易引起交通延误和交通事故，所以对于特殊路段的交通安全保障技术应给予足够的重视。

第一节　隧道段施工作业区安全保障技术

一、安全保障一般规定

《公路养护安全作业规程》中对隧道施工有如下规定：

(1)在施工维修明洞和半山洞前，应及时清除山体边坡或洞顶危石。

(2)在隧道内进行登高堵漏作业或维修照明设施时，应采取措施保证施工人员安全。

(3)当实测的隧道内一氧化碳浓度或烟尘浓度高于规定的允许浓度时，作业人员应及时撤离，并开启通风设备进行通风。

(4)隧道内不准存放易燃易爆物品，严禁明火作业或取暖。

(5)隧道洞口100m范围内，未经隧道养护机构许可，不得挖沙、采石、取土、倾倒废弃物，不得进行爆破作业及其他危害公路隧道安全的活动。

(6)施工作业宜选在交通量较小时段进行，在进行施工作业前，应做好以下工作：

①检查隧道内一氧化碳、烟雾等有害气体的浓度及能见度是否会影响施工安全。

②检测隧道结构状况是否会影响作业安全，如有危险，应先处理后作业。

③检查施工道信号灯是否准确、明显，施工标志设置是否规范。

④对养护机械、台架应进行全面的安全检查，并应在机械上设置明显的反光标志，在台架周围设置防眩灯，以反映作业现场的轮廓。

(7)在隧道内进行养护作业时，应遵守以下规定：

①养护维修作业控制区经划定后不得随意变更。

②作业人员不得在工作区外活动或将任何施工机具、材料置于工作区外。

③养护施工路段内的照明应满足要求。

(8)电力设施等有特别要求维护的，应按有关部门的安全操作规程进行。

(9)隧道内发生交通事故时，应通知并配合交通安全管理部门到现场处理交通事故。

(10)事故发生后，应尽快清理现场，排除路障，恢复隧道正常行车，并登记相关损失，并认真分析事故原因，恢复或改善隧道的防灾能力。

二、安全保障特殊要求

施工作业区位于隧道路段时，在车辆进入隧道之前应提前获得全面的信息。可综合采用以下措施：

(1)隧道入口之前设置施工作业区标志、限速标志和减速设施。

(2)在警告区设置道路封闭标志或车道封闭标志、施画橙色施工作业区标线。设置发光闪烁箭头，给驾驶员较强的视觉刺激。

(3)施工作业人员应穿着反光服，佩戴具有反光效果的、坚硬的帽子。

(4)作业区两侧应设置专职的人员组织、管理交通。

隧道主要包括两种形式：单洞双向通行的隧道和双洞单向通行的隧道，前者在山区二、三级公路上比较多见，后者在山区高速公路及一级公路上比较多见。与一般路段相比，隧道段施工作业区限速应更低一些，相应的在工作区的防护也应该更为完善。

1)单洞双向交通隧道施工作业

隧道单洞(通常为二车道)双向交通控制区布置，应只封闭一条车道进行养护作业，隧道口应设置路栏路障、交通信号灯等设施并在两端配备专门的交通指挥人员，并至少应从隧道口开始封闭施工作业车道，如图 6-1 所示。

图 6-1 单洞双向隧道段封闭一个车道施工现场

根据工作区的位置，单洞双向交通隧道的施工作业也可分为两种类型：

(1)工作区在隧道口附近的单车道封闭施工。

(2)工作区不在隧道口附近的单车道封闭施工。

在单洞双向隧道长度小于 1km 时，为保证交通车辆及作业人员安全，并考虑事故后隧道内的救援难度，需尽量避免隧道内部变更车道，故建议将施工作业的一侧车道全封闭，利用另一车道双向交替通行，这样操作虽然在一定程度上延长了车辆的等待时间，给交通带来较大的影响，但该方案将大大降低隧道内的事故率，在较短隧道或交通量较小隧道施工作业时，是一种可行的安全组织方案。

交通指挥人员应配备对讲机等通信设备，当一个方向的车辆放行完毕后，应该通知另外一个方向的指挥人员，并告之最后一辆车的特征(如车型、车身颜色、车牌信息等)；只有另外一侧的交通指挥人员发现对向最后一辆车驶出隧道后，才放行本方向的车辆，放行结束后，要以同样的做法告知对向交通指挥人员最后一辆车的特征。当车辆排队过长，如果清空一侧的车辆需要很长时间时，则应该按照一定间隔时间交替放行。车辆在隧道内通行应控制车速、开启灯光。

2)双洞单向交通隧道施工作业

隧道双洞(单方向大于二车道)单向交通的隧道施工作业主要包括以下三种形式：

(1)工作区在隧道口附近的单车道封闭施工。

(2)工作区不在隧道口附近的单车道封闭施工。

(3)单洞全车道封闭施工。

该三种形式的养护作业控制区均应将警告区和上游过渡区设于洞口外。隧道外尽可能设置安全员或安全假人塑像,有助于车辆在进入隧道内工作区之前就减速。过渡区和缓冲区可以用锥形桶结合安全警示带隔离。有施工机械和作业人员的工作区尽可能设置具有防撞等级的水马、可移动护栏等防护设施,防止车辆因意外闯入工作区对人员造成伤害。因隧道内本身光线较暗,因此隧道内施工应在工作区设置具有一定警示作用的闪光灯。图 6-2 为双洞单向隧道封闭一个车道的施工现场。

a)

b)

图 6-2　双洞单向隧道段封闭一个车道的施工现场

3)隧道弯道路段施工作业

当隧道工作区处于弯道范围时,应将控制区的起始位置前移至道路的直线段,并在直线段完成过渡。

相关单洞双向通行施工作业区在隧道内封闭一个车道现场的交通安全保障方案可参考附录 D。

第二节　桥梁段施工作业区安全保障技术

一、安全保障一般规定

《公路养护安全作业规程》中对桥梁施工有如下规定:

(1)公路桥梁、涵洞、隧道养护现场要专门设置养护维修作业时的交通标志。桥面养护应按照作业控制区布置要求设置相关渠化装置和标志,并设专人负责维持交通。

(2)桥梁养护维修作业时,应首先了解架设在桥面上下的各种管线,并应注意保护公用设施(煤气、水管、电缆、架空线等),必要时应与有关单位联系,取得配合。

(3)在桥梁栏杆外进行作业须设置悬挂式吊篮等防护设施,作业人员需系安全带。

(4)桥墩、桥台维修时,应在上、下游航道两端设置安全设施,夜间需设置警示信号,必要时应与有关单位取得联系,取得配合。

(5)桥梁养护作业须控制重型车辆的通行频率,并禁止长时间在桥梁上堆放施工材料及长时间停放作业车辆,避免桥梁载荷过重。

二、桥梁养护施工作业区布置

1. 大桥或特大桥桥面养护

大桥或特大桥通常是整个交通网络中的重要节点，为了不致产生交通拥挤，在进行养护作业控制区的布置时，要尽量少封闭车道，至少要保持一条车道的交通通畅，宜只封闭一条车道进行养护作业。当为单向三车道时，封闭部分的宽度最大不宜超过两条车道。其施工作业区的安全保障方法与高速公路一般路段的方法类似。

特大桥桥面养护与高速公路的路面养护存在一定的差异，表现在特大桥跨度较大，对桥梁承重有一定的要求，这就需要采取一定的措施。为避免桥梁在养护作业的过程中产生超重现象，要求车流在进入桥梁前完成过渡，以较平稳的行驶状态通过桥梁，并须严格控制重车的通行频率。

2. 桥面伸缩缝或桥墩养护

桥梁伸缩缝在桥面上，因伸缩缝的横向分布，在进行伸缩缝养护时，往往在宽度方向上须半幅封闭，但其与一般路段养护也有较大的差异，表现在其养护工作区长度很短，作业时间也较短。考虑这些因素，实际工程中很少会严格按照规程中一般路段的做法布置作业控制区的各个区段，多简化处理，如图 6-3 所示。

图 6-3　桥梁伸缩缝养护时的简化处理示例

这种布置方法存在较严重的问题，因为伸缩缝为连接桥梁两段梁板的部分，其施工质量受前后两跨的影响较大，若前后两跨有行车干扰时，该伸缩缝难以达到预想的养护效果。综合分析，提出桥梁伸缩缝及桥梁墩柱养护作业的控制区布置方法，即将施工伸缩缝或桥梁墩柱前后的两跨单向封闭作为工作区，其他区段布置与桥面养护相一致。

3. 桥面非机动车道及人行道养护

桥梁非机动车道及人行道作业与一般路段的路肩养护作业类似，但又有独特之处，表现为：

(1)很多情况下，非机动车道与机动车道之间有栏杆分隔。

(2)人行车道与非机动车道之间有栏杆分隔。

(3)人行道多会高于一般路面。

对于没有栏杆分隔非机动车道与机动车道而交通量大的非机动车道养护施工路段,可参照一般路段路肩作业的布置方法,在交通量小且作业时间较短时,可酌情减小警告区和过渡区长度。

在非机动车道与机动车道有栏杆分隔的情况下,非机动车道的施工区域相对安全。此情况下,可暂时封闭非机动车道,非机动车辆可暂时绕行或经行车道通过。进行封闭时,需在桥头设立非机动车道施工的警告标志,并在桥头对非机动车道进行封闭,此时无需再布置养护控制区,施工路段采取简单的隔离措施即可。但为确保非机动车的安全,需在机动车道上分隔一定宽度供非机动车行驶。

在进行人行道的养护作业时,因其高于一般路面,作业人员存在崴脚的危险,宜特别注意。此外,为有效保证人行道作业人员的安全,宜预留一定宽度的横向缓冲区。该横向缓冲区在非机动车道上布置,宽度不小于0.5m,养护作业控制区可简化处理,仅设置警告区、上游过渡区、工作区三个区段即可,设置警告区是为了提醒非机动车注意前方有行人汇入非机动车道,减速慢行。设置上游过渡区是为了使行人平稳过渡进入非机动车道,避免集中进入造成非机动车道拥堵或发生事故,而因行人速度慢,无须设置下游过渡区和终止区。

4.桥面栏杆与护栏养护

若正在进行施工养护的栏杆或护栏为机动车道与非机动车道的分隔设施时,需同时封闭一定宽度的机动车道和非机动车道,保证作业人员两侧的安全,机动车道的封闭宽度不小于3.5m,保证有充足的空间停放施工车辆及设备,并保证作业人员有充足的活动范围、非机动车道封闭宽度不小于1m。

桥梁边缘护栏一般分布在桥梁的边缘,起到保护桥梁上行车及人员安全的作用,因其位置处在边缘,危险性较高,在护栏进行养护时,作业人员的外侧安全需格外注意,建议作业人员配备安全绳索等设备,以防坠落桥下。同时,在进行护栏施工时,可暂时封闭人行道,另其改行非机动车道,以此保证作业人员有充足的作业空间。

5.桥面拉索体系养护

具备拉索体系的桥梁一般为特大桥,在进行拉索体系养护时,作业人员须配备专用的安全绳索及护身设备,并预先做好救援预案。现场除施工车辆外,建议配备应急救援车辆。作业车辆与应急救援车辆均停靠在施工地点附近的机动车道上。该区域按照一般路段的工作区处理,按照规程布置相关警告区、上游过渡区等区段,并配备相应的安全设施。

6.桥面与路堤连接部养护

桥面与路堤结合部是由桥梁到路面的过渡段,常常出现横断面宽度发生变化的情况,该情况多出现等级公路上。高速公路因交通需要,一般横断面不会变化,横断面没有变化的路桥连接部可按照一般路段的养护作业控制区进行布置,在横断面发生变化的部位,往往会产生一定的交通流汇流或分流,该路段的养护工作区布置形式需适当调整。

该类型路段进行养护时,最关键的是注意上游过渡区,不管作业时间长短和工程规模的大小,必须保证上游过渡区在车辆进入连接部之前完成,令车辆在进入桥面与路堤连接部时,保持直行稳定的状态。若作业时间较长时,还应留出一定长度的缓冲区。

桥面与路堤连接部横断面变化的情况包括两种情况：由宽到窄和由窄到宽。这两种情况路段的养护作业控制区布置情况有一定差别。

当连接部为由宽到窄时，需设置较规范的警告区和上游过渡区，并预留一定长度的缓冲区。因交通流在通过工作区后的运行状态没有显著变化，故下游过渡区和终止区可简化处理。取消限速的标志宜设置在窄路的终点外，以保证车辆稳定分流。

当连接部为由窄到宽时，因车辆靠近工作区时，行进状态没有明显变化，故上游过渡区仅需平稳过渡到工作区侧面，保证工作区 0.5m 的横向缓冲宽度即可。上游过渡区的长度也无须按照一般路段的标准确定，可根据现场情况确定。若横断面较窄路段为桥梁，则宜将警告区的施工标志牌设置在桥梁前，保证车辆在进入桥梁窄路前了解前方的施工作业情况。

三、桥梁改扩建施工安全保障技术

1. 一般公路桥梁改扩建施工作业

在原址对桥梁进行大修和改建可考虑使用替代道路或者是施工便道绕行，施工便道设计应充分考虑通行车辆的种类、载重等，特别注意变道的最小转弯半径和最大纵坡等设计指标，尽量控制好变道的最高限速值，并进行必要的警示和防护，如图 6-4 所示。公路施工封闭绕行路段用橙色箭头指示，驾驶员按照橙色箭头所指示的方向行驶就能顺利的绕过施工封闭路段回到原路上。

图 6-4　一般公路桥梁改建施工作业区

2. 互通式立交改扩建施工作业

高速公路互通立交是高速公路与高速公路或道路网的枢纽点，是高速公路交通流的控制点，车辆在这里反复进行分流、合流、交织，实现交通流按照方向重新分配服务的道路基础设施。保证高速公路改扩建工程施工期间的施工活动与互通式立交上的正常交通运行互相协调和互不干扰，维护道路交通安全和施工安全，是改扩建工程施工中的一项重要工作内容。

高速公路主线上的立交按交通功能分类可划分为分离式和互通式两大类。分离式立交仅将主线与相交道路立体分离，两者之间无匝道联系，交通流无法实现方向转换，其作用是保证高速公路和相交道路上直行车的畅通，但它们上面的车辆无法在此进行转向运行。

高速公路主线上的互通式立交可分为全互通式立交、部分互通式立交以及环形立交三种。全互通式立交是能够满足全部转向交通要求的、各个交通流向之间无任何交通冲突点的立交，如三路交叉中的单喇叭形立交、四路交叉中的半苜蓿叶形立交以及全苜蓿叶形立交。

单喇叭形互通立交改建施工一般要求保持单喇叭形不变，改建方案均是在满足规范要求的条件下，充分利用原有匝道，向外侧加宽与原匝道线形拟合。改扩建期间车辆利用原有匝道及临时施工便道上下高速公路。

半苜蓿叶形立交改扩建分为两种情况，一种是改建前后保持半苜蓿叶形不变，改扩建施工期间在满足规范要求的条件下，可以充分利用原有匝道，向外侧加宽与原匝道线形拟合，车辆利用原匝道上下高速公路。第二种情况是将原有半苜蓿叶形改建为单喇叭形，此种情况需要新建匝道，在扩建部分桥梁、路基路面及新建匝道施工期间，车辆可在原有路面行驶，待扩建部分完工后将车辆移至扩建部分行驶，再施工老路部分桥梁。

全苜蓿叶形互通立交改扩建时，在满足规范要求的条件下，可以充分利用原有匝道，向外侧加宽与原匝道线形拟合。对于需拆除重建的部分匝道，可暂时封闭原有匝道。施工期间在上下游互通式立交对需转向车辆进行适当分流，相交高速公路主线车辆保持正常行驶。

由于立交的特殊性，在施工期间交通组织比较复杂，应根据实际工程制订具体的交通组织方案。如当一条高速公路上有连续几处立交均需要改扩建时，为了把施工对路网运行的影响降到最低，立交改扩建应该间隔安排施工工期。车辆在高速公路互通立交进出高速公路的位置，交通流向复杂，为了保证互通式立交匝道的改扩建工程施工和行车安全，施工期间，应充分利用交通标志、标线等交通设施的指引，以及交通管理人员的管理，引导车辆正常通行。

3.分离式立交改扩建施工作业

分离式立交桥改扩建施工对交通影响较大，是桥梁工程中需要重点进行保通交通组织设计的部分。根据不同的改扩建方案，提出以下交通组织方案：

(1)被交道路设置临时便道维持通行，适用于被交道路交通量大、改扩建工程对主线影响较小的桥梁。

(2)主线和被交道路均设置临时便道维持通行，如图 6-5 所示，适用于被交道路交通量大、改扩建工程对主线影响也较大的桥梁。

(3)利用分离式立交桥边孔，设置主线临时便道维持通行，分段改扩建被交道桥，适应于被交道桥梁长、可以分段改扩建的桥梁。

(4)先移位新建再拆除老桥或先增设半幅再改建半幅，适用于桥梁位置调整或扩大规模的特殊情况。

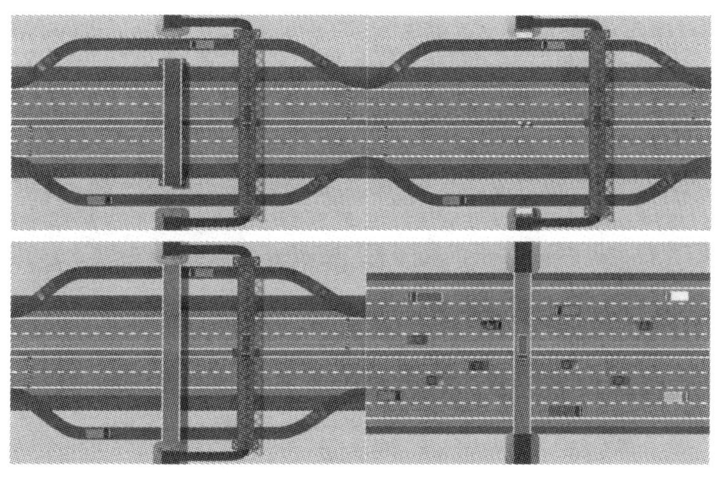

图 6-5　主线和被交道路均设置临时便道示意图

4.桥梁拼装的安全防护

对于高速公路桥梁的拼装作业，或者是流量比较大时的桥面铺装等作业时，应加强对施工作业区内人员和机械的安全防护，尤其是当桥梁坡度较大时应在工作区设置竖向可移动式护栏、水马或者水泥隔离墩，如图 6-6 所示。

图 6-6　高速公路桥梁拼装施工

第三节　视距不良路段施工作业区安全保障技术

弯道路段是山区公路养护作业控制区的特殊路段，弯道路段多为视距不良路段，因此，弯道路段养护作业控制区应加强提示和警示。弯道路段养护作业控制区分为急弯路段、反向弯道路段、回头弯道路段、连续弯道路段。主要安全隐患一般是驾驶员不能提前了解前方道路状况，不易发现施工作业区的存在或不易判断作业区占用的区域，容易与受施工影响而换车道行驶的车辆发生碰撞事故，或与施工机械、作业人员发生碰撞。可综合采用以下措施：

(1)在视距不良路段起点提前设置急弯警告标志、施工作业区标志、道路封闭标志或车道封闭标志、施画橙色施工作业区标线。

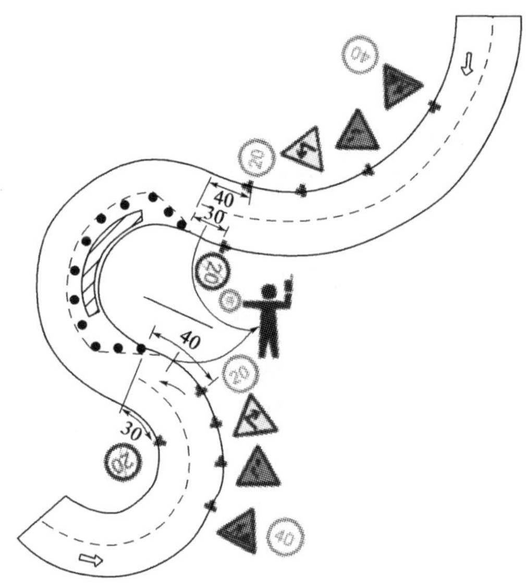

图 6-7　视距不良路段的安全设施布设(单位：m)

(2)在视距不良路段起点设置发光太阳能闪烁箭头，可以通过 LED 的发光和频闪提高识认性，尤其是在夜间十分醒目，可以给驾驶员较强的视觉刺激。

(3)路段设置线形诱导标或其他视线诱导设施。

(4)缓冲区末端停驻大型车辆并安装车载式防撞垫，作业区设置移动式护栏，加强防护作用。

(5)施工作业人员应穿着反光服，佩戴具有反光效果的、坚硬的帽子。

(6)作业区两侧应设置专职的人员组织、管理交通。

视距不良路段施工作业的安全保障措施通常如图 6-7 所示。

第四节　路侧险要路段施工作业区安全保障技术

位于路侧险要路段的养护施工作业区存在的主要安全隐患一般是车辆冲出路外的事故。为防类似事故发生，应首先合理设置标志、标线等设施，加强诱导，控制车速使车辆保持在车道内行驶；其次加强防护，减轻事故严重程度。对于如下典型路侧险要路段应根据其险要程度采取适当的安全保障技术：

1.傍山沿河路段

傍山、沿河（谷）路段是山区公路养护作业控制区的特殊路段。傍山路段应注意落石和路侧净空，沿河（谷）路段应注意保护车辆，防止车辆驶出车道。首先合理设置标志、标线等设施，加强诱导，控制车速使车辆保持在车道内行驶。其次，加强防护，减轻事故严重程度。可综合采取以下措施：

（1）根据路侧危险程度和历史事故资料设置移动式安全护栏，并适当提高防护等级。

（2）设置“超速危险”等警告标志。

（3）设置视线诱导设施。

（4）根据历史事故数据设置强制减速设施。

傍山、沿河（谷）路段养护作业控制区布置应遵循以下原则：

（1）在警告区中必须设置傍山险路标志和堤坝路标志。如图6-8所示。

a)

b)

图6-8　路段傍山标志

（2）若非养护作业车道（路肩）处在傍山一侧，则在非养护作业车道（路肩）的工作区附近必须设置至少一块车辆慢行标志，可根据道路实际情况和工作区长度，增设车辆慢行标志。

（3）若非养护作业车道（路肩）处在沿河（谷）一侧，则在非养护作业车道（路肩）的工作区附近必须设置至少一块车辆慢行标志，可根据道路实际情况和工作区长度，增设车辆慢行标志，也可沿非养护作业车道（路肩）设置锥形交通路标或防撞墙。

2.其他路段

（1）在山体滑坡、塌方、泥石流、雪崩等路段进行养护作业时，应设专人观察险情。

（2）在高路堤路肩、陡边坡等路段进行养护作业时，应采取防滑防坠落措施，并注意防备危岩、浮石滚落。

（3）穿村镇路段是山区公路养护作业控制区的特殊路段，穿村镇路段交通流构成复杂，机动车与非机动车混合行驶，且行人和出入口较多，应加强对出入口车辆的管理。穿村镇路段养护作业控制区布置应遵循以下原则：

①在警告区中必须设置村庄标志。

②在非养护作业车道(路肩)一侧，必须设置旗手。可根据道路实际情况和工作区长度，决定旗手人数。旗手应确保控制区内行人和非机动车的安全，指挥控制区内岔路机动车和非机动车的进出。

第五节　长纵坡路段施工作业区安全保障技术

位于长纵坡路段的养护施工作业区存在的另一主要安全隐患是车辆占道行驶造成与对向下坡车辆发生对撞事故。应重点以重复警示和安全防护为主要措施进行处治，提醒下坡方向驾驶员控制车速。

位于长纵坡路段的养护施工作业区存在的主要安全隐患一般是车速过快或连续制动导致车辆制动失效，易造成与车辆、施工机械或作业人员的碰撞事故。可综合采用以下措施：

(1)设置下陡坡警告标志，或设置连续下坡告示牌标志，根据情况可以辅助标志标明连续下坡长度，或使用告示牌，说明“前方连续下坡××m，超速危险”。

(2)设置限速标志、减速丘等减速设施和视线诱导设施。

(3)缓冲区末端停驻大型车辆并安装车载式防撞垫，作业区设置移动式护栏，加强防护作用。经过对施工作业已有做法和经验的总结，在作业区路段上设置多层防撞沙袋是一项较为有效的防护措施。这些沙袋分别设置在养护作业内，局部需要作业的路段前 10～20m 范围，如图 6-9 所示。

a)

b)

图 6-9　路段中的防护沙袋

防护沙袋的规格为横向 4 条沙袋布置占一个行车道宽度(也可以因地制宜、就地取材)。对于在连续长下坡路段布置防护沙袋，缓冲区需连续设置 4 道沙袋进行防护，对于工作区可根据连续长下坡所处工作地点的危险程度，选择 3 道或 2 道布设防护沙袋。

(4)经过对养护施工路段的调查，在连续长下坡路段施工作业，养护作业人员具有一定的安全防护技术是很重要的。对于保障施工作业人员的安全有两个方面来加强保护，一方面是对养护作业人员配置安全监视人员，监视过往车辆对施工作业人员的危险性，达到及时通知，安全撤离，这方面技术通过设置安全监视人员，经过反复的联系即可掌握。另外一方面是开发用于对车辆行驶状态进行报警的系统，比如对于车辆行驶速度进行报警，当车辆的行驶速度超过一定安全速度时，该装置即报警，使施工作业人员提前有个安全警觉。

现以连续长下坡路段养护作业施工为例，说明各种设施布设的相对位置，互相位置如图6-10所示。首先在警告区最初位置设置前方施工警告标志，分为1 500m和1 000m预告，然后设置警告区限速、车道变窄、500m施工作业预告，车道封闭、注意棋手、作业区限速、禁止超车等标志。在过渡区设置线形诱导标志，缓冲区设置车道封闭标志、作业区内可进一步补充设置施工作业区标志及限速标志。重点是设置具有一定防护等级的防护设施，如移动式安全护栏等，对失控车辆进行拦截，保障施工作业区内施工机械和作业人员的安全。

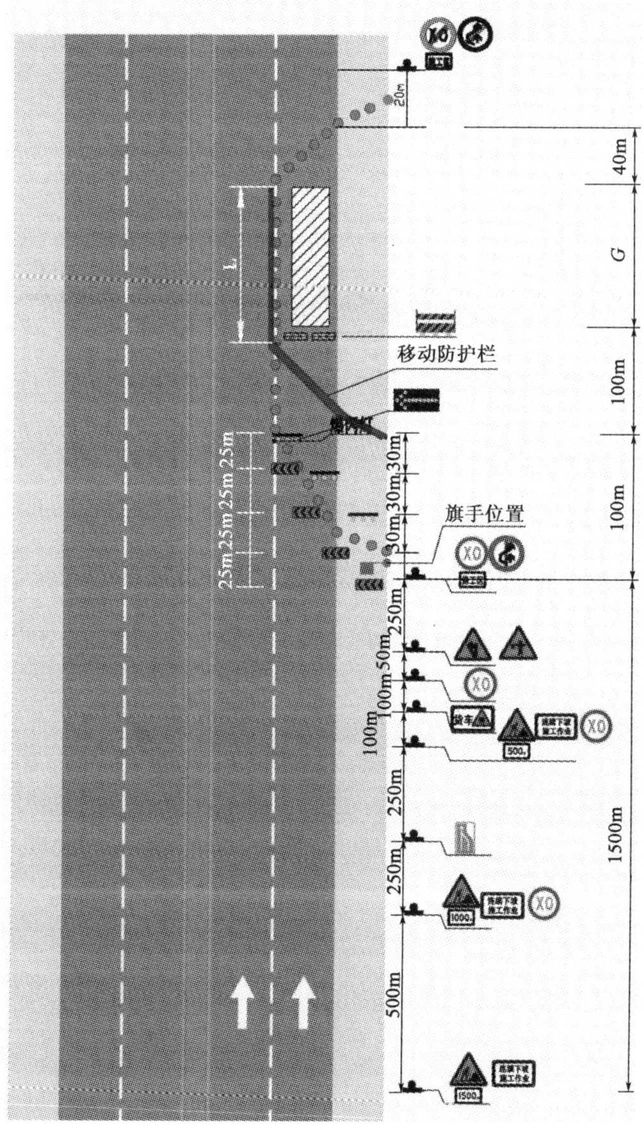

图6-10　长纵坡路段施工作业区交通组织设计

第七章　夜间施工作业区交通安全保障技术

道路施工作业不仅造成了通行效率和交通安全问题，同时也带来一系列能源、环境和社会问题。大量的道路修复工作，加之道路提升机动性和安全性的需求使得很多道路施工被迫在夜间进行。随着我国经济的发展，交通越来越繁忙，夜间施工作业的比重将越来越大。作业区内车辆通常是紧邻工作区高速行驶，加之夜间视线不良的影响，无疑加剧了驾驶人、施工作业人员，也包括行人在施工作业区范围内的事故风险。如何保障夜间施工作业区的安全意义重大，本章重点从国内外已有的研究和应用成果中提炼出夜间施工作业区的交通安全保障技术。

第一节　夜间施工作业区安全现状

目前国内对于夜间施工作业区的安全研究较少，本书着重从国外已开展的相关研究进行阐述。

Sullivan 在 1989 年利用加利福尼亚城市高速公路的 7 个路段的历史交通数据对事故率和夜间施工活动之间关系进行了研究。发现夜间施工的事故率比白天施工高 87%，而且施工期间车道关闭时的事故率比不关闭车道高 75%。

加利福尼亚州交通部曾经就夜间施工作业的安全状况对州交通安全部门进行了问卷调查，共发出问卷 50 份，得到 28 份有效问卷，问卷有效率为 56%。其中有 5 份问卷显示他们未曾有过夜间施工作业区驾驶的经验。在余下的 23 份问卷中，当被问到他们是否在夜间使用了典型的施工作业区控制时，17 份问卷(74%)回答的“是”。有关问卷调查统计的关于夜间施工作业区主要问题及主要的解决方法见表 7-1。

夜间施工作业区交通控制的主要问题及解决方案(交通安全部门)　　表 7-1

问　　题	问卷中有效反馈数
视认性差	12
驾驶员身体状况欠佳(包含疲劳、酒驾、醉驾等)	8
车速较高和交通量较低	6
作业人员照明条件不足	6
噪声的制约	3
作业人员疲劳	2
驾驶员对夜间施工作业区预计不足	1

续上表

问　　题	问卷中有效反馈数
眩光	1
解决方案	问卷中有效反馈数
提高施工作业人员的可视性	7
在渐变段使用防撞桶	6
制订详细的照明计划	6
使用警察	5
维修保养现有设施	5
使用带有特定信息的便携式可变信息标志	4
利用荧光橙色标志	3
对违法行为进行较高的罚款	2
要求采取降低噪声的措施	2
使用闪光指示灯	1
使用闪光限速/低速行驶的标志	1
施工作业处设置照明	1
安排运送材料	1
对旗手所处位置进行照明	1
提供缓冲车道	1
进行适当的分流	1
评估每个项目的变化	1
减小渠化设施的间距	1
作业车辆上使用琥珀旋转灯和双闪光灯	1
要求车辆使用警告标志和反光胶带	1
注意避免眩光	1
准备备用照明	1
在第二渠化设施需要用 A 型闪光灯	1
在独立的标志上需要用 B 型闪光灯	1

上述问卷调查中显示，光线不足是最常被提及的问题。其次是驾驶员身体状况欠佳，共有 8 份问卷显示了此种情况，其中 4 位是醉后或在酒后影响下进行驾驶的，另 4 位是驾驶疲劳引起的。问卷反馈的解决方案中，提及最多的是改善作业人员的视认性(包括作业人员穿着可视性好的衣服)，其次是在施工作业区渐变段使用声音提示和制定详细的照明计划。总而言之，在问卷调查得到的反馈解决方案中大家关注的焦点集中在提高夜间的视认性上。

加利福尼亚州交通部曾经就夜间施工作业的安全状况对施工作业区驻地工程师进行了问卷调查，共发出问卷 45 份，得到 18 份有效问卷，问卷有效率为 40%。有关问卷调查统计的关于夜间施工作业区主要问题及主要的解决方法见表 7-2。

夜间施工作业区交通控制的主要问题及解决方案(作业区驻地工程师)　　表 7-2

问　　题	问卷中有效反馈数
视认性差	5
较高的平均车速	5
驾驶员注意力不集中	4
照明不合适	4
交通控制设施的维修	3
复杂的交织混合区	2
眩光	2
驾驶员缺少警觉性(疲劳)	1
驾驶员醉驾	1
带有牵引器的拖车	1
驾驶员不遵守交通标志	1
夜间施工不在预料之中	1
安全的设置施工作业区	1
缺乏反光的工作服	1
不合适的车辆照明	1
承包作业人员疲劳	1
晚上难以更换作业项目	1
可用资源的缺失	1
不可靠的媒体发布信息	1
解决方案	问卷中有效反馈数
在靠近施工作业区利用州警车控制车速	7
规定照明要求	3
使用防撞桶	3
使用更大更重的交通锥	1
定期对夜间施工进行检查	1
在标志上使用闪光灯提醒驾驶员注意	1
使用一个额外的便携式可变信息标志	1
确保作业承包人有合适的、休息良好的、理智的员工	1
使作业承包人意识到夜间施工作业的问题	1

上述针对作业区驻地工程师的问卷调查中显示,能见度和较高的平均车速是影响夜间施工作业区安全最主要的因素。其次是驾驶员的注意力不集中和照明条件欠佳。问卷反馈的解决方案中,作业区驻地工程师人为通过采用交通警察控制车速是提高夜间施工作业区安全的最有效的方法。他们建议让交通警察每周两次在主要的施工作业区执勤。

美国对运输机构的一份问卷调查显示，至少 28 个州的运输部门选择夜间进行施工作业和维修养护作业，夜间施工作业的比例在增大。施工作业时间的分布见图 7-1。

调查显示，影响夜间施工作业的主要因素有：

(1)照明不足。

(2)施工作业前的社会告知工作不完善。

(3)车道封闭时间减少，暴露于危险条件的时间增加。

(4)车道关闭的比例。

(5)施工作业的类型。

(6)车道关闭的长度。

(7)所使用的交通控制设施的类型。

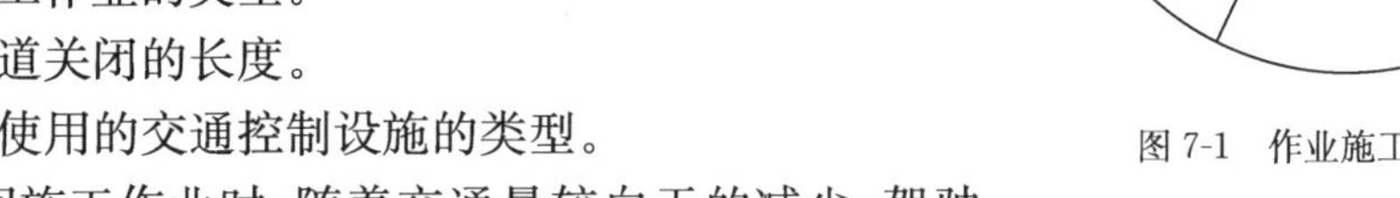

图 7-1　作业施工时间分布

在夜间施工作业时，随着交通量较白天的减少，驾驶员通过施工作业区时不自觉地想加速通过，与此同时行人的警觉意识却减少了，危险就出现了，夜间施工作业区的安全状况不容乐观。

第二节　夜间公路施工作业区的照明

为提高施工作业的可见度和安全性，规定在夜间养护作业现场应设置照明设施，其照明的照度应满足施工作业要求，并覆盖整个作业区域。同时，规定进行施工作业的人员必须穿着带有反光标志的橘红色工作装，管理人员必须穿着带有反光标志的橘红色背心，作业控制区必须设安置施工警告灯，所设置交通标志必须具有反光功能。为了提高夜间交通标志的可见度，建议选用逆反射性能更高的反光膜材料。临时定点及移动养护作业不得在夜间进行等。

美国对夜间施工作业区照明研究较多，比较典型的研究主要有：

(1)2004 年颁布的 NCHRP 报告 498《夜间道路作业照明指南》介绍了佛罗里达大学的相关研究成果。指南认为夜间照明是必不可少的，施工作业区的照明需要进行科学的设计。指南还对夜间施工作业区的视认性、照明设备、布设方式、照明系统设计、系统运行和维护、费用造价等技术指标进行了考虑。

(2)2001 年伊利诺伊州交通厅支持了一项夜间作业照明需求的研究，目的是为了形成夜间施工的标准规范。结论表明，规范对照明的要求类似于职业安全和健康组织的相关建议。工程承包人必须提交由专业工程师所制订的详细的照明方案，包括每一个施工作业区照明设备的布设、照明设计的计算和照明的均匀性标准。规范中特别强调的一点是无论是设计、安装和实际操作必须严格避免眩光的产生，因为眩光对交通安全产生重大的影响。伊利诺伊州的这个规范在想法上是好的，但实用性不强。原因就在于讨论和审定这个照明方案通常需要 30 天的时间，这时可能一些项目已经接近尾声了。

(3)弗吉尼亚州交通厅从施工方和驾驶者两个方面出发对夜间施工作业区的交通控制进行了研究。从调研各交通机构目前夜间施工的实际作法和经验出发，发现存在的问题现状并确定可能的解决方法和技术。因为夜间施工的道路大多数是交通量比较大的多车道公路和城市主干道，因此研究重点也就落在此类道路上。通过调研发现存在的主要安全隐患有能见度不高、交通量小而速度快、工作光线不足、噪声大、交通组织复杂、工人疲劳、眩光等。推荐的解决方法主要有提高工人的可视性、在过渡段放置防撞桶、制订详细的照明方案、警察执法、利用特殊的可变信息板等。

(4)Arditi,D、Shi,J、Ayrancioglu,M、Lee，D-E 等人在对伊利诺伊州事故资料分析以及问卷调查的基础上，对夜间施工环境下工作区安全的保证措施进行了探讨，并对不同光线和天气条件下施工人员穿着不同性能的高可视性服装的效果进行了调研，研究明确了夜间穿着高可视服装的必要性。

上述研究成果中，其中《夜间道路作业照明指南》成果较为系统，本书着重介绍《夜间道路作业照明指南》中对施工作业区照明的设置要求，供参考。

1)照明照度的设置要求

《夜间道路作业照明指南》中将夜间施工作业分为三类，针对每类工作给出了夜间施工作业照明照度的最低设置要求。

(1)第一类：最低照度 54lx。

(2)第二类：最低照度为 108lx。

(3)第三类最低照度为 216lx。

其中第一类典型工作和构筑物主要包括：路基开挖、填实、路面清洁、园林绿化、路堤养护等。第二类典型工作和构筑物主要包括：交通隔离、沥青路面铺装、表面处理、防水密封、人行道施工、护栏和隔离栅、路面标记、交通标志、排水系统和设施、其他混凝土结构等；第三类典型工作和构筑物包括：交通信号灯、公路照明系统等。

图 7-2 是泛光灯照明在公路夜间施工中的应用图示。

图 7-2 泛光灯照明在公路夜间施工中的应用

2)防止产生眩光的相关设置要求

为了避免施工作业区的照明设置不当产生的眩光，《夜间道路作业照明指南》中的规定如下：

(1)光源选择

①选择垂直和水平光束传播。

②尽量减少光泄漏。

③考虑使用截光型灯具。

(2)安装高度(图 7-3)

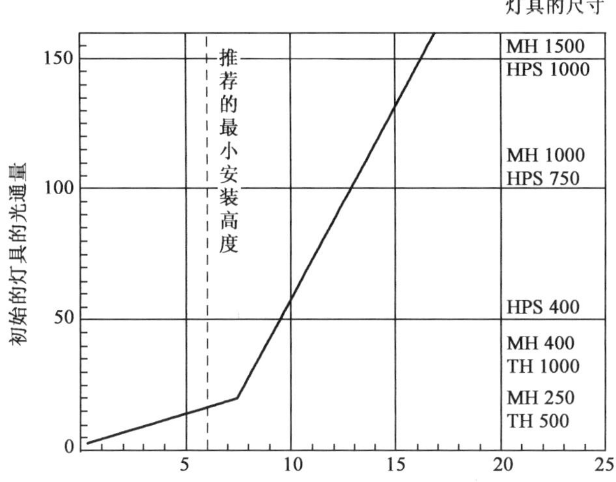

图 7-3　建议的安装高度和光源之间的关系图

注:①初始的灯具的光通量的值为 1 000 的倍数;

②HPS 表示高压钠灯;MH 为高压气体放电灯。

(3)安装位置要求

照明光束轴与正常视线之间夹角控制在 45°～90°之间。

(4)光源校准

①主光束轴和最低点间的角小于 60°。

②垂直方向大于 72°的光强度要小于 20 000 烛光(发光强度)。

推荐的不同照度水平下的每平方米的瓦特数见图 7-4。

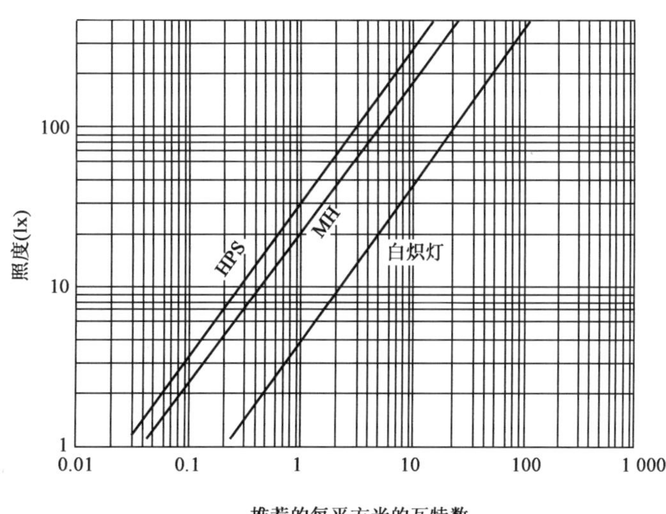

图 7-4　推荐的不同照度水平下的每平方米的瓦特数

注:HPS 表示高压钠灯;MH 为高压气体放电灯。

(5)所需配套的五金件

所需配套的五金件,有①百叶窗,②防护罩,③屏幕,④栅栏,等。

我国就夜间施工作业区工作照明并没有特殊的规定,且不说在工作中并未考虑眩光对驾驶员的影响问题,就是对照明的亮度和均匀性等指标也没有明确的要求,夜间施工作业区的照明一般是由施工单位自己决定的。照明设置合理的示例如图 7-5 所示。

我国公路养护作业控制区通常使用三种类型的照明设施:照明灯,警告灯和稳定发光的电灯。图 7-5 为照明设置合理的示例。照明设施用来作为反光标志、路栏或渠化设施的补充。当警告灯作为渠化的补充时,其最大间隔应该与渠化设施的间隔要求一致。

在白天维修施工中,在维修车辆上安装高可见度、高闪烁和振荡频率的闪光灯作为闪光警告灯。虽然车辆危险警告灯可以作为高可见度、高闪烁和振荡频率的闪光灯的补充,但不能用来替代它们。

(1)照明灯(图 7-6)

公共设施夜间施工、维护或公路施工,通常在夜间车流量低时进行。大的建设工程有时采用两班轮班制,需要在夜间施工。当进行夜间施工时,照明灯要用于施工区域、过街设施和其他区域的照明。在夜间暂停施工时,需保持工作区的照明设施,不可撤离。

图 7-5 照明设置合理示例

图 7-6 夜间照明灯

照明灯布置时,面向工作区布置,以免对过往车辆造成眩光。照明灯需满足一定的照明要求,要求灯光照射半径需达到 30m 以上。

(2)警告灯

警告灯是便携的发黄光的定向透镜。警告灯有重量轻的优点,使其成为标志和渠化设施的反射器,可以有效的引起驾驶者的注意。

当使用警告灯时,应该将其安装在标志或渠化设施上,这样,当有车辆撞上时,不会穿破挡风玻璃。

警告灯的最大设置间隔与渠化设施所要求的最大间隔相同。警告灯使用时可以采取稳定发光的形式,也可以采用闪光模式。

此处提到的警告灯为稳定发光的警告灯,具有闪光作用的警告灯不用于照明,因为闪光警告灯较多会影响驾驶员视线。

(3)稳定发光的电灯

稳定发光的电灯是一系列低功率黄色电灯，可以代替稳定发光的警告灯。

第三节　夜间施工作业区安全保障技术

与白天施工不同，夜间施工作业的能见度较低，因交通量较小，车速保持在较高的水平，而且夜间多疲劳驾驶，以上问题对夜间养护作业的安全性提出了更高的要求。

一、一般原则

夜间施工作业时，作业人员安全是首要的考虑因素，这就要求安全设施必须对行驶车辆有强有效的施工提示，这就要求夜间公路养护安全设施满足以下要求：

(1)标志及设施具有较高的反光性(图 7-7、图 7-8)

首先要求警告区的警示标志字体及图形具有明显的反光性，使车辆在进入警告区前了解到前方施工信息；其次要求锥形交通路标及线形诱导标具有明显的反光性，正确引导车辆的行驶路径；再次要求作业人员必须身着反光服，配备反光帽及反光手套；此外，还要求作业车辆和机械设备贴有反光条，保证驾驶员发现作业车辆和机械。

图 7-7　高效反光材料交通锥形桶在公路施工中的应用

图 7-8　夜间施工作业中使用的反光标志、标牌

(2)工作区有足够的照明设施

夜间视距较短，要求在工作区有足够数量及亮度的照明设施，一则方便作业人员施工，二则保证行驶车辆清楚看到作业人员及机械设备的位置，提早闪避。

照明灯布置时，面向工作区布置，以免对过往车辆造成眩光。照明灯需满足一定的照明要求，要求灯光照射半径需达到 30m 以上。

(3)有足够数量的闪光警示灯

要求在警告区和工作区前端分别设置具有明显视觉效果的闪光警示灯，警告区的闪光警示灯可与施工警告标志同位置布设(图 7-9)。工作区前的闪光警示灯架设在护栏上，即采用附设施工警示灯的护栏，为保证作业人员安全，至少需在以上两处布设。

(4)有必要的语音提示

在远离居民区的路段养护作业时，还可以通过声音来提示行驶车辆，可安排专人在警告区用喇叭告知前方施工信息，也可用有规律的警示音或录音提示。

(5)注意事项

①长期养护作业和跨夜短期养护作业应按照夜间养护施工的控制方法执行。

②临时作业和移动作业不允许在夜间施工。

③夜间应急抢修工程按照短期夜间作业布置。

④夜间施工作业时,需有旗手,夜间作业暂停时,可不设置旗手。

a)

b)

c)

图 7-9 附加灯光的安全设施

二、提高交通安全设施的可视性

以下方法可提高夜间施工作业区交通安全设施可视性:

(1)在过渡区使用防撞桶代替安全锥。防撞桶因为其质量和体积都比安全锥大,且醒目,反光效果好,在夜间较容易引起驾驶员的注意。

(2)使用两个安全锥堆叠在一起或增加安全锥的重量使它们能在其位置上固定,而不至于被风吹倒或被移动物刮倒。

(3)确保所有的标志和渠化设施都处于良好状态,且处于正确的位置。应设置至少一名工作人员专门负责养护维修标志和渠化设施,并经常性地驾车巡视施工作业区。

(4)封闭路段位置的设置应考虑道路线形对视距影响最小。

对于所有由于道路线形而引起视距受限的施工作业区,都应将施工作业区向上游方向移动来提高过渡段和闪光箭头标志的可视性。

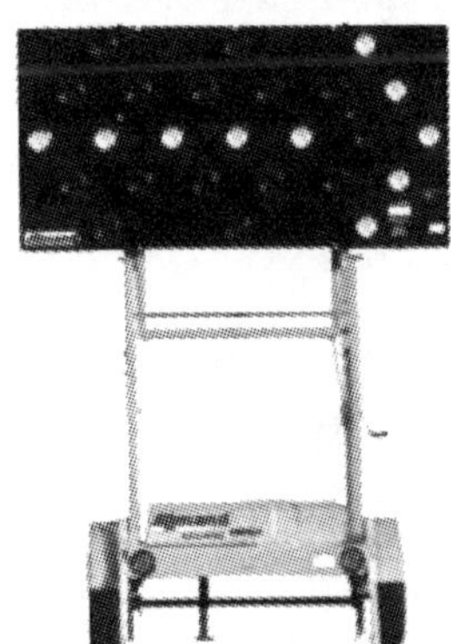

图 7-10 闪光箭头

闪光箭头(图 7-10)的主要用途就是使用合适的箭头引导车流从封闭车道过渡到正常车道。闪光箭头是点阵式交通信号灯,可以组合使用或排列使用。在白天和夜间均需使用。闪光箭头可以显示方向,也可以不显示方向。

闪光箭头可以安装在卡车或拖车后面。用两种闪光箭头,闪光箭头和序列箭头。这两种箭头都有三种应用模式:①左箭头,②右箭头,③无箭头,用 4 个或更多的灯给出警告。

通常一次只有一种箭头闪烁。序列箭头有多组箭头作为一组闪烁,引导车辆向左或向右。

对于闪光箭头的更小的尺寸，应该考虑灯光的密度和安装的高度，以确保闪光箭头足够醒目，尤其是车道封闭时。

三、提高工作人员的可视性

(1)服装中的反光材料应该至少在305m范围内可见。反光服装在设计方面应注意：穿着服装的人的全部身体运动都应能被清楚的识别，包括手臂和腿的运动。应在四肢和关节处(膝、肘)增加反光材料，如图7-11所示。

(2)佩戴具有反光效果的安全帽。

(3)闪烁光源接近工作人员或把闪烁光源镶入工作服中去，这种方法仍不能使整个身体运动都可见。

a)

b)

图7-11　施工作业人员身着反光服，可视性好

四、提高施工车辆的可视性

(1)施工作业区内巡查车辆及其他官方车辆上部必须安装旋转警告光源。

(2)所有的工作车辆、巡查车辆在停止或缓慢移动到开放车道或临近开放车道时都应安装危险警告灯(图7-12)。

(3)当车辆以正常速度行驶时或远离交通处于被保护的位置时，应关闭警告光源；当慢行、停车或退出开放车道时应开启警告光源。不必要的警告光源射入交通流中或其周边会吸引驾驶员的注意并降低驾驶员对光源的信赖度，应避免这种情况的发生。

(4)考虑过往车辆的危险性，所有在行车道或靠近行车道的施工车辆、缓冲车辆和屏蔽车辆必须装置黄闪灯。这些车辆至少也应该装有4向闪光灯(紧急情况)和360°旋转黄灯。当车辆在施工区域影响到交通时，需设置360°旋转黄灯和4向闪光灯(图7-13)。

五、降低速度及提升司机注意力

(1)建议在夜间施工作业区设置警车(警察)来控制速度，见图7-14。有效的做法是：安放警车作为一个警告设施，同时，让警察巡查施工作业区，看是否有超速或违规驾驶现象。

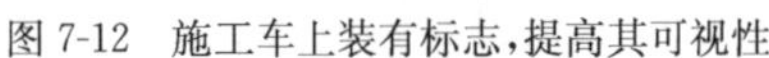

图 7-12　施工车上装有标志，提高其可视性

图 7-13　车辆闪光灯示意图

a)

b)

图 7-14　警察控制施工区车速

(2)警示频闪灯(图 7-15)，是为使驾驶员在较远的距离内引起注意，较好地起到警示作用。驾驶员看到警示频闪灯后，通常会检查或降低车辆速度。在施工区内沿路设置警示频闪灯，在较远的距离内引起驾驶员和行人的注意，及时采取避让措施。

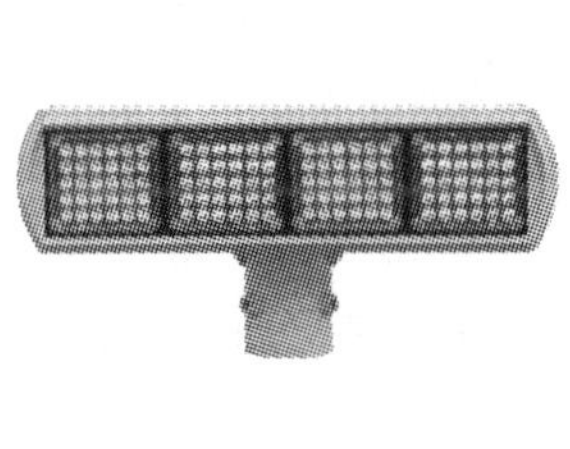

a)

b)

图 7-15　警示频闪灯

(3)设置移动式可变信息板和雷达测速器作为有效的速度控制装置。

(4)利用便携式道路交通标志(图 7-16)为驾驶员提供更多的关于施工作业区的信息，提升驾驶员的注意力。

a)

b)

图 7-16　便携式道路交通标志

六、降低工作光源产生的眩光

当人们从明亮环境走到黑暗处或者从暗处走到明处，就会经历一个原来看得清，突然看不清，经过一段时间才由看不清东西到逐渐又看得清的变化过程，这个过程即视觉适应过程，见图 7-17。

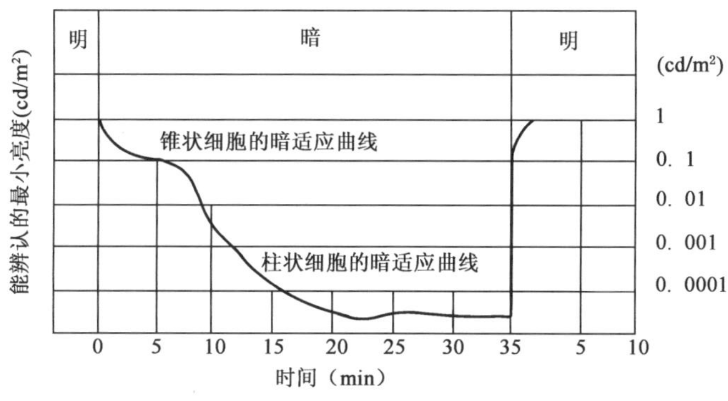

图 7-17　人眼的适应过程曲线图

视觉适应由锥状细胞和杆状细胞共同作用，夜间驾驶员行车会常常遇到照明不均匀的情况，如从市内到市郊，照明条件好的路段到照明条件差的路段。适应的亮度差越大则需要适应的时间就越长。暗适应过程比明适应所需的时间要长，人从暗室中走到明亮的环境下，刚开始感到眩目，周围景物一片白，约 1 min 后明适应过程就完成了，感光阈值较高的锥状细胞开始履行视觉功能。而暗适应一般要 5～15 min，安全适应要 30 min，产生暗适应的原因是由于杆状细胞分布在黄斑的外侧，因而为了让尽可能多的杆状细胞参加工作，眼睛必须要把瞳孔张开，而要把瞳孔张开需要一个较长的调整反馈过程。暗适应时间是评价夜视力即黑暗环境条件下人眼辨别物体细节能力的指标。当汽车在道路上行驶遇到明暗急剧变化时如不能立即适应，容易发生视觉障碍，危及行车安全。

眩光对视觉功能的影响主要是由眩光源发出的光线在眼球内散射而造成的。不同的屈光介质在这方面起到的作用不同。Vos 和 Bouman 根据 Stiles-Crawford 效应来区别角膜(形同镜片，负责 70%的聚光力）和晶状体部分（负责剩余的 30%的聚光力）与眼底的能量损失比例。其结果是屈光介质透明的正常成年人，角膜和晶状体的散射量占总散射量的 70%。角膜散射的测量是将眩光光束从角膜入射，通过测量虹膜（根据光刺激眼睛的程度扩张与收缩瞳孔，控制进入的光量）上物像边界的亮度的降低量，将角膜散射从其他几种因素中区分开来。研究表明光经过角膜的损失占眼内散射总量的 30%，从而可以推断出晶状体造成了大约 40%的眼内散射量。另有研究证明因为虹膜和巩膜（眼白，支撑眼珠）会造成眼内散射虹膜颜色的不同，也会导致散射量不同。蓝眼睛的白种人最高，棕黑色眼人种最低，褐色白种人居中。图 7-18 为人眼剖面图。

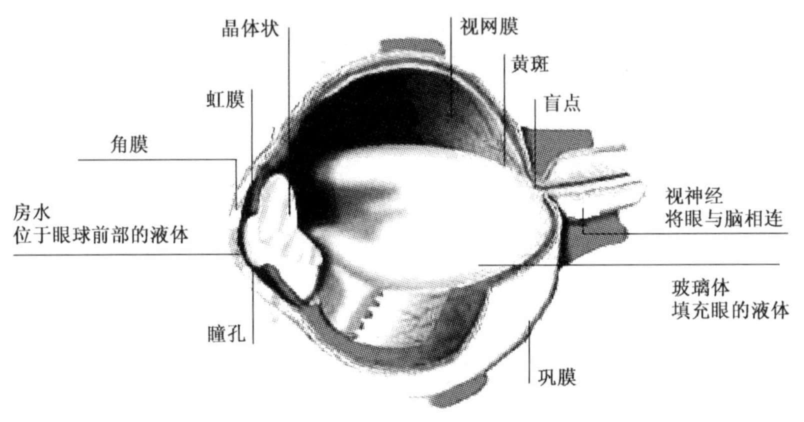

图 7-18　人眼剖面图

当光源发出的光线直接进入人的眼球，就会因为眼球屈光介质的散射作用而形成散射光，它叠落在视看目标上也会形成一种视感，就好像在视场上覆盖了一层明亮的帷幕，就是所谓的覆盖照明，因为它就会在视场范围内形成一片成面的亮度，即等效光幕亮度。这个光幕亮度的存在改变了眼睛的视看条件，从而对眼睛的视觉功能产生影响。眼睛的适应能力、眩光源的位置、光源亮度等都与眩光对视功能的影响程度有影响，眩光的影响还与人个体的年龄和健康情况差别等有关。

图 7-19 模拟了驾驶人员夜间在公路上的视看场景，驾驶人员根据行人身上的反射光线在其视网膜上的成像来判断行人的运动状态并决定采取相应的驾驶行为。但当眩光源同样在驾驶人员的视网膜上形成一个亮度时，就会因为视看条件的改变而影响到其所作的判断。

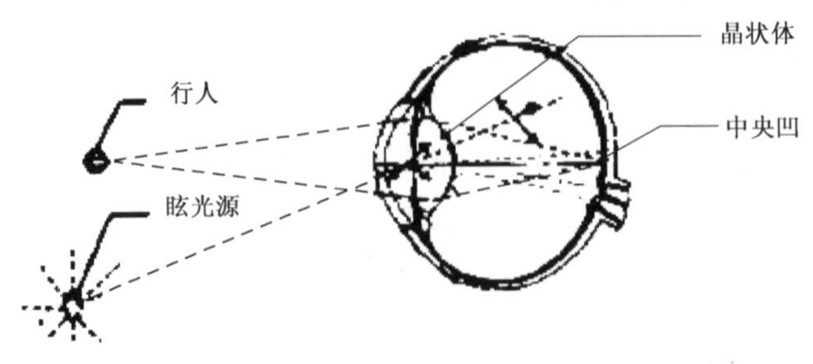

图 7-19　失能眩光对驾驶人员视看的影响

施工作业区光源的眩光会令人感到不适并打扰驾驶员。眩光可能是由于未延伸灯杆到适当的高度或未向下对准光源使其限制在施工作业区内而造成的。图 7-20 为光源产生暗光的图示,图 7-21 为车灯产生眩光的图示。

a)

b)

图 7-20　光源产生的眩光

(1)适当的安放和排列光源使它们对准施工领域可降低眩光。

(2)也可增设眩光屏。

七、其他技术保障措施

(1)临时交通控制信号灯(图 7-22)能控制驾驶者通过交通控制区的活动和其他临时交通控制的情况。除信号灯外,还需要对讲机或其他联络设备,以便控制区两端及时调整控制灯通行信号。

图 7-21　车灯产生的眩光

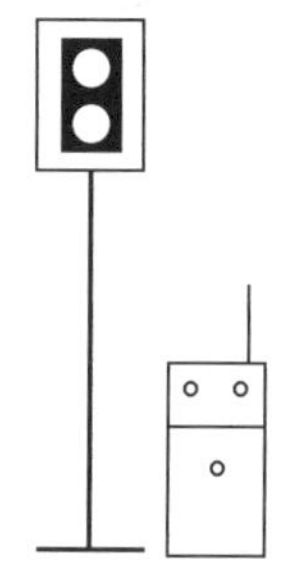

图 7-22　临时车道控制信号设施示意图

公路养护作业控制区使用临时交通控制信号灯的典型工况为:车道封闭后,双向交替通行的工况。该工况还可以用停标志和让行标志来控制。

(2)车载式防撞垫图 7-23 可用来降低与后方车辆撞击的损失程度,具体介绍参见第四章。

(3)如果条件允许,应在开放车道和封闭车道之间设置缓冲车道。

(4)在施工作业区增设安全管理人员,加强施工作业区的管理(图 7-24)。

a)

b)

图 7-23　车载式防撞垫

a)

b)

图 7-24　增设施工作业区现场管理人员

第八章　新技术在施工作业区交通管理中的应用

随着科技的发展，创新技术在交通运输领域的应用越来越深入和广泛。ITS技术作为新技术的典型代表自20世纪90年代以来在发达国家得到了广泛的应用和很大发展，实践也证明ITS技术在改善交通运输状况方面卓有成效。为了提高道路施工作业区的安全性和通行效率，人们开始考虑将ITS为代表的创新技术引入到这一领域。美国在国家ITS体系结构4.0（National ITS Architecture Version 4.0）中专门增加了养护维修及道路建设工作子系统，提出了ITS在这一领域的发展框架，主要可以应用在作业区的交通监控和管理，为出行者提供信息、事件管理、提高安全性、作业区设计等方面技术。在美国密执安州等几个地区的应用实践结果表明，ITS技术在减少事故、降低延误、减少费用方面确实起到了积极的作用。可以相信，随着以后ITS技术的日益成熟，其在道路施工作业区交通管理中的应用必将更加广泛。欧洲很多国家也把一些创新的技术措施成功地应用到施工作业区当中，数据分析结果表明，这些技术措施在提高施工作业区安全性方面很有帮助。本章将介绍国内外一些典型创新技术措施在施工作业区交通管理中的应用。

第一节　美国ITS技术在施工作业区中的应用

目前，美国已经有一些被测试过并且非常成熟的ITS系统，这些系统能为施工作业区提供实时的交通控制策略，如ADAPTIER，TIPS，CHIPS以及PTMS等。ADAPTIER是在联邦公路局和马里兰州公路局的支持下由Scientex公司开发的一个系统，该系统起初应用在一个桥的改造项目中，能为出行者提供速度、延误以及路径选择等实时的交通信息。TIPS系统可以提前预测经过高速公路施工区所需的时间，该系统是有辛辛那提大学和俄亥俄州大学共同开发的。PTMS则是由明尼苏达交通厅支持开发的便携式交通管理系统，该系统同样可以给接近和经过施工区的出行者提供实时的交通信息。

一、自适应的排队警告系统

密歇根大学交通研究所的Sullivan等人在美国联邦公路局的资助下进行了“施工区ITS”项目的研究，目的是为了调查可能的措施降低施工区的事故危险。2005年，Sullivan等人开发出了“智能桶”自适应的排队警告系统。系统布设和基本原理如图8-1所示。该系统的核心就是所谓的“智能桶”，桶里面装有非常便宜的速度检测器和简单、实用的信号系统，以及和中心控制器通讯用的相关设备。该系统可以检测施工控制区内车辆的速度，并根据算法判断交通流状态，进而进行相应的信号显示来通知施工作业区上游和施工作业区内驾驶员施工区内的排队情况，从而实时调节车辆的运行。研究着眼于两个关键的技术：一是价格低廉、有效的速度检测器；二是简单且实用的信号系统。通过比较主动式红外探测器、被动式红外探测器和磁感应检测器，最后选择了精度比较高、耗电又比较小的被动式红外传感器技术来检测车速。试验结果表明，驾驶员认为该适应系统比较静态的信号控制而言非常有帮助，能够显著地改变他们的驾驶行为，从而增进交通安全。

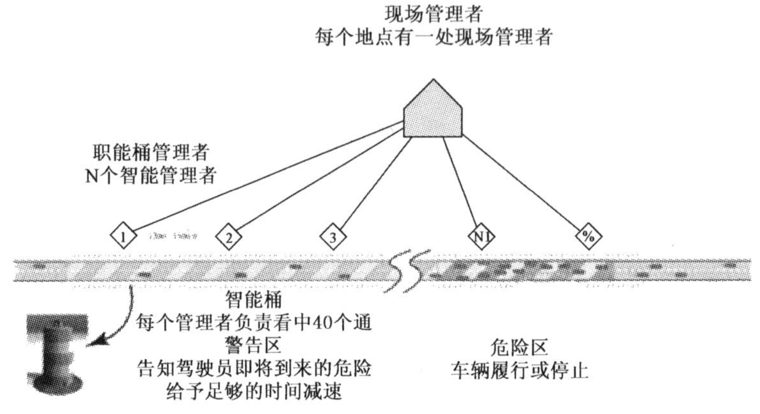

图 8-1　施工区安全 ITS 警告系统基本原理图

二、施工作业区车道汇合控制

国外对高速公路作业区的车道汇合控制研究比较深入，无论是从静态控制到动态控制，还是从常规方法到智能化技术，特别是近年来随着 ITS 的发展，作业区的车道汇合控制有了较大的突破。1999 年，Andrzej P. Tarko 通过使用一系列 VMS 对动态提前汇合控制系统进行了研究，结果表明，对提高驾驶员的安全性和减少作业区的延误，有较好的效果。2004 年，Tapan Datta 在密歇根的一个三车道汇合为两车道的作业区设置了动态提前汇合控制系统，通过现场采集的数据，采用延误、侵略性驾驶行为、平均行程速度对系统进行评价，结果发现，系统对降低侵略性驾驶员行为和作业区的延误效果明显。2004 年，Eric Meyer 通过建立区域车道延迟汇合系统(CALM)对车道提前汇合、延迟汇合和事件模式三种方式进行评价，利用速度指标作为决策阈值，通过比较发现，延迟汇合和提前汇合的车道分布模式差别不大。此外，动态延迟控制系统的布设位置的交通流特性对系统性能有很大影响，在入口匝道附近设置控制效果不显著。2006 年，Kyeong-Pyo Kang 通过采用通行能力、流量分布和排队长度指标，对动态车道延迟汇合控制系统对于作业区运行效率的改善性能进行了评价，评价结果表明，相对于常规车道汇合控制，动态车道延迟汇合控制可以增大作业区的通行能力，但是如果不能和已有的静态标志组合，会导致交通冲突增加。同年，Patric T. McCoy 对作业区车道汇合的 4 种控制方式，即静态提前汇合控制、静态延迟汇合控制、动态提前汇合控制和动态延迟汇合控制进行了比较分析，发现静态汇合控制方式在非拥挤的情况下效果较好，但在拥挤的情况下会导致事故风险增大。动态汇合控制方式(特别是动态延迟汇合控制)在拥挤的情况下可以增强作业区的安全性和汇合效率，但是在运行速度较高的自由流情况下，驾驶员在汇合点会产生疑惑，容易导致事故的发生。

可以说，车道汇合控制策略近几年大体上经历了静态提前汇合控制（Static Early Merge controls，SEM）、静态延迟汇合控制（Static Late Merge controls，SLM）、动态提前汇合控制（Dynamic Early Merge controls，DEM）、动态延迟汇合控制（Dynamic Late Merge controls，DLM）四个发展阶段。SEM 和 DEM 只有在不拥挤的交通条件下才能改善作业区的性能，并且系统不能适应交通状况的实时变化；SLM 和 DLM 可以改善拥挤情况下交通运行效率，但是同时会增加汇合点的冲突和事故数。

2007 年美国辛辛那提大学的魏恒教授提出了一种非传统的施工作业区交通控制策略。该控制方法是动态延迟控制和上游过渡区角端合流控制的集成，命名为动态合流匝道交通控制系统（DMM－Tracs），其系统构架如图 8-2 所示。文献介绍了组成部分、通信技术、运行机制等方面。该系统的控制策略随着实时检测的信息不同而调整变化，有助于减少潜在的强制合流冲突。VISSIM 仿真验证了这一系统的有效性，同时仿真系统也给出了控制策略中流量的合理阈值。

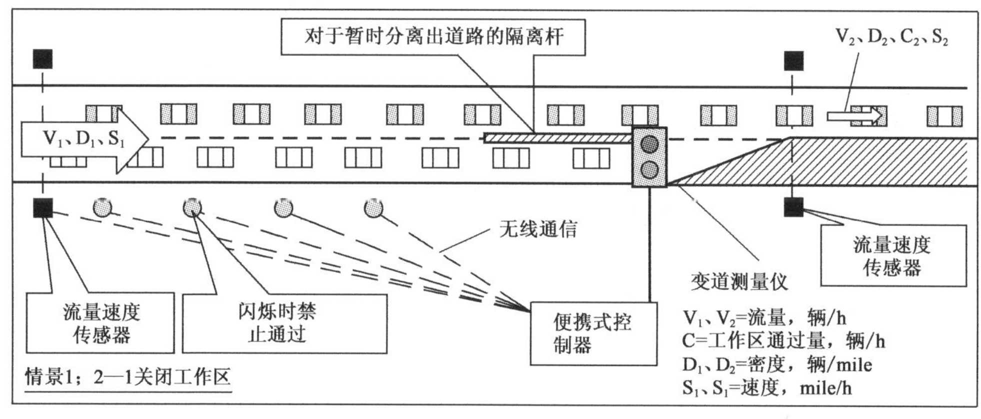

图 8-2　DMM-Tracs 施工区控制系统

MacDonald，C 在其研究中介绍了具有声音警示功能的后视摄像机（图 8-3）。该仪器安装在施工车辆上，能够起到减少设备操作人员盲区的作用，从而避免与地面工作人员或其他物体发生碰撞。对于进行建设和养护作业的承包商来讲，是一种提高工作区安全性的方法。此外，有效的信息交流也很重要，例如：收音广播能使驾驶员获得实时的施工信息。

图 8-3　后视摄像机

第二节　欧洲创新技术在施工作业区中的应用

一、采用发光二极管技术的预先警告牌拖车

根据欧洲其他国家的经验，以及德国对巴登符腾堡州的试验数据分析表明，在预先警告牌上采用发光二极管技术动态表现施工作业区车道组织管理能够使所显示的建议（如车道变换

图 8-4 采用发光二极管技术的预先警告牌
[照片出处:HORIZONT (2006)]

或限速)获得更高的接受度。

运用发光二极管技术的预先警告拖车作为试点已被用于多个高速公路养护段,如图 8-4 所示。该设施很像中国的移动式标志车,但其与车辆是分离的,且显示的内容更为丰富,尺寸更大。在该试验中对并线过程的改善、向前行驶至瓶颈地带和潜在危害等有效性方面做了调查。德国的试验结果表明,与标准预先警告牌相比,其优点主要体现为三个方面:一是操作简单,架设时仅要求简单的操作,可以减少对施工作业人员的潜在危害。二是效果优于标准预先警告牌。采用发光二极管的动态显示使车道组织管理(比如像减少车道或转移交通)在交通参与者中的接受度大幅度提高。动态显示能够增强交通参与者的认识、理解或接受换道以及把路肩停车带当作车道使用,从而更灵活和迅速地执行,因此几乎看不到在使用静态显示板(标准预先警告牌)时经常出现的紧急制动或车速猛减现象。三是可辨识性好,夜间使用更有利于现场施工作业人员和交通参与者。

发光二极管嵌入深度较大,预先警告牌拖车显示内容的可辨识性受到由此产生的小视角的限制,即从第三条车道看过去,显示内容的可辨性比在其他车道上差一些,且从视野中消失得也早于其他车道,所以在使用过程中,应该将警告牌拖车转向通行车道方向一定的角度。

德国的《道路施工作业区安全保障规范》(RSA 1995)在施工作业区安全设施布设的标准图中仅规定了使用静态的预先警告牌。因此发光二极管技术基础上的动态标志牌既非道路交通规则也非 RSA 的组成部分。根据现行规范,发光二极管预先警告牌只能作为静态预先警告牌的辅助使用。

二、施工作业区事故预警系统

施工作业区的事故预警系统,主要是向驾驶员和施工作业人员对即将可能发生的碰撞事故通过声音信号或者视觉信号进行提前告之,使得驾驶员能够调整自己危险的驾驶行为,施工作业人员在有限的时间内最大程度地规避伤害。

事故预警系统已在德国、法国、奥地利和瑞士的多个高速公路养护段试用。该系统通常由安全开关板和事故预警器(图 8-5)两部分组成(有的系统将两部分都集成在一辆可移动挡板上,利用激光作为开关探测器。安全开关板设置于可移动挡板(移动式标志车)前方 100m 处的行车道上并被钢丝绳固定。当车辆轧过安全开关板时会触发可移动挡板上的报警器(预先警告器,声音或闪光灯)。当车速为 80km/h 时,在车辆可能撞上可移动挡板之前,作业人员还有 4s 左右的时间脱离危险区。安全开关板从行车道边缘放起,该系统仅可用于固定短期作业现场。

事故预警系统作为提醒作业人员和驾驶员的一个新型装置目前仅能在固定短期作业现场

使用，也许可将事故预警系统需要的开关板集成到减速丘上，达到既能向驾驶员发出触觉警告，又能向作业人员发出声音或视觉警告的目的。事故预警系统在固定短期作业现场和停车带或右侧车道封闭时主要用于提高短期作业现场的安全，评估表明，通过用声音发出警告驾驶人的有降低30%事故的潜力，这个比例在驾驶员听收音机或打电话时会下降。此外通过声音信号也可以向短期作业现场外围的作业人员和移动标志车内作业人员发出警告。由于相撞之前的剩余时间可能较短，强烈建议施工标志车内乘员放弃下车打算，而应该绷紧肌肉组织，保持稳定坐姿并系好安全带，降低受伤害程度。

部分国家高速公路管理局的事故预警系统中应用激光探测器代替了安全开关板作为报警触发器。激光探测器可安装在移动式挡板（图8-6）、保护车辆的旁边，或在施工作业现场边道路范围内的任意一处。事故预先警告系统可采集作业现场接近区域的车辆，该系统可监测车速和加速度，根据一定的决策算法计算相撞的概率。当车辆与移动式挡板的距离过近时，便会发出声音报警信号（信号喇叭）或视觉报警信号（闪光标志灯），间距越小报警信号显示越频繁。人员警告系统的主要目的在于警告处于危险区域的人员，但不能阻止驶近的车辆撞上障碍物，如像移动式标志车或者护栏。

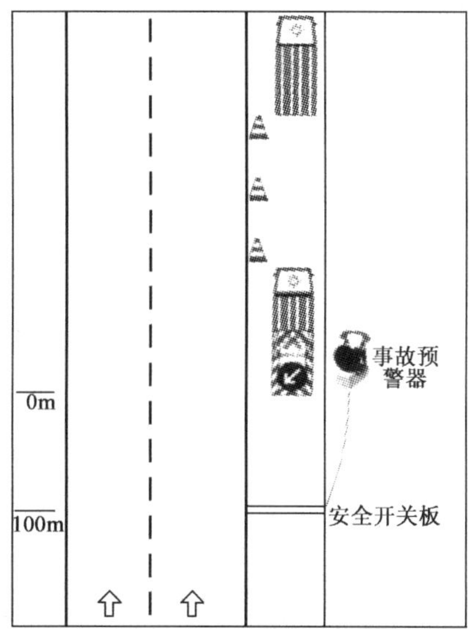

图8-5　施工作业区事故预警系统[图片出处：BERGHAUS－NEWS (2006)]

图8-6　安装在移动式挡板旁的激光探测器[照片出处：NISSEN(2006)]

在德国联邦高速公路A61上的固定作业现场对该类事故预先警告系统进行了测试，研究重点是直线和弯道上该系统的检测性能。测试表明，在联邦高速公路上，即使在弯道上也有足够的视线能够无限制地利用该系统，在所有试验情况下对大货车的识别率几乎达到100%，因此大货车的采集处于优先地位。小客车的采集意义不大，因小客车相撞事故的影响比大货车小得多，且小客车驾驶员大多有意识地与障碍物接近，因而会造成报警。未来深开发的版本也可在移动短期作业现场使用，通过在驾驶室内的遥控对激光探测器进行校准，从而降低了在建立保护时发生危险的风险。由于频繁报警会使道路养护作业人员的注意力放松和认可度下降，发出危险警告信号的决定必须有一定的可靠性。

三、移动式动态架空预警标志

通过使用移动动态显示系统可以改善交通流和提高交通安全。通过可变的文字变换显示可使交通参与者更好地了解信息，给出交通控制建议并对预期的交通状况做出提示。移动式车道信号装置(图 8-7)已在荷兰使用多年，只要不存在固定的门架式标志牌，在交通量超过1 100辆/h 的单向两车道高速公路和所有单向三车道高速公路上，建立短期施工作业区时均应采用移动式架空信号装置的动态预警系统。

图 8-7　移动式车道信号控制系统(荷兰)[照片出处：HYTRANS (2006)]

荷兰的施工作业区安全设施布设标准图中始终规定至少使用两个相距 300～600m 的移动式架空信号装置的动态预警系统，这种移动式信号装置的安装和投入运行仅需要一名工人。STEINAUER 等(2004)研究认为，这种措施有助于提高施工作业区等特殊情况下的行车安全。

德国的联邦高速公路由于交通负荷大，尤其是重型车辆多，右侧车道上交通标志的视线受到限制，以至于左侧车道上的驾驶员往往无法看到或迟迟才能看到这些交通标志。因此架空信号装置的使用同样获得了很大的安全收益。在联邦高速公路 A61 上使用了这种移动式车道信号装置。应用表明，驾驶人尤其在接近作业现场的区域能够及时减速。与传统的保护措施相比，作业现场范围内的最大允许车速平均降低约 6km/h。由于交通标志的可辨性还有助于提高驾驶人及时进行必要的换道。

图 8-8　装有架空信号装置的预先警告系统(奥地利)[SCHWARZ (2006)]

奥地利公路的施工作业区也使用了装有架空信号装置的移动式动态预先警告系统(图 8-8)。与荷兰的移动式车道信号装置相比，架空信号装置的悬臂仅伸及第一条车道的上方，这种架空信号装置相对较轻和紧凑的结构形式也适合移动使用。

SCHWARZ 于 2006 年，在奥地利进行了一次使用移动式动态架空信号装置的现场试验。该试验的重点是公路施工作业区有/无架空信号装置对车辆行为的影响，此外还包括架空信号装置本身的可视性，尤其是当大货车比例较大时大货车和小客车驾驶员对显示板的可视性。分析得出了如下结论：

当使用移动式动态架空信号装置时，观察到的大货车驾驶员中绝大部分在架空信号装置前方 150～200m 处开车换车道，而架空信号装置的悬臂关闭收起时换道则迟得多。架空信号装置悬臂打开和收起时均未发现对小客车驾驶员的换道行为产生影响，而障碍物(路栏或预先警告拖车)的发现对换道行为影响更大。因此超过 60%的小客车驾驶人驶入架空信号装置前方的临界区域(<150m)之后，才根据拉链原理从施工车道换到开放车道上，当车辆较少时，在邻近过渡区换车道的比例更大。

预先警告拖车的架空信号装置停放在路肩停车带上，悬臂在 4.8m 的高度伸至右侧车道约 2/3 处。鉴于悬臂的高度，即使预先警告拖车被右侧车道上的大货车遮挡，在 60m 的间距内中间和左侧车道上的小客车驾驶员也能看到悬臂。但当车辆在右侧车道上排成长龙时，悬臂的视线在很大程度上受到前面行驶的大货车的限制。架空信号装置在天气条件差时或在坡顶上更有优势。总之，移动式动态预警系统(架空信号装置)有助于提高驾驶人的注意力，在移动和固定施工作业区使用均有好处。因此，在使用该装置时可以放弃补充标志牌的设置，比如像中间隔离带上的小闪光箭头。

四、施工作业区车速监控

欧洲国家在公路施工作业现场也均有限速的规定。当有车道封闭时通常将车速降低到 70～90km/h 之间，仅瑞士在短期作业现场允许 100km/h 的车速。比利时在允许车流转移范围内减速到 50km/h，在短期作业现场又提速到 70km/h。在芬兰施工作业区最大允许车速从 120km/h 降低到 50km/h。

SPACEK 等(2005)研究了瑞士作业现场(长期作业现场)前方过渡区的不同交通组织要素与作业区交通流的特征之间的关联。研究认为固定式雷达监控车速，可以使交通运行过程均匀化，有利于提高安全性。尤其在通往作业现场的过渡区用此方法可明显降低车速。作为预防措施，雷达装置使用过程中应设置在容易被看到的位置，并应用公告牌公布。从该研究中可看出，使车速明显降低的并不一定是容易看到的雷达测速装置，而有可能是测速公告。该研究中还提到了苏黎世警察局的车速监控对施工作业现场交通安全的积极作用。

EHRINGER (2006) 报道了在奥地利特别危险路段和施工作业现场实施的分段车速监控。为此计算出各种车辆的平均车速，车牌在超速时被自动采集。安装前后的对比表明，通过在维也纳 Kaisersmuehl 隧道安装的所谓“分段控制装置”平均车速可降低约 10km/h，投入运行之后由于车速的降低，事故的严重程度明显减轻。根据 ASFINAG (2006)，与雷达测速仪相比，用“分段控制装置”可监控整个路段，因此可以系统地阻止车辆过快通过施工作业区和在雷达测速仪前紧急制动。

车速监控在欧洲一些长期固定的施工作业区上有很好地应用。不过在短期施工作业现场采用速度监控在技术上花费太大。可以在短期施工作业区设置速度显示板(图 8-9)，通过速度显示板可以向驾驶人提示当前车速。该办法与车速抽检相结合可对短期施工作业现场的车速产生持续的影响。此外，这种手段也会给施工作业人员带来更高的安全感。

五、施工作业区附近左侧车道的临时禁行

移动和固定施工作业区附近左侧车道的临时禁行(图 8-10 和图 8-11),可以协调作业现场的车速,由此可以达到施工作业区通行能力的提高和事故发生概率的降低。该措施可用于单向两条车道右侧车道封闭的施工作业区,在三车道的单向道路上这种做法同样可行,但该研究未对此进行更深入地探讨(KLEIN,2004)。

图 8-9　车速显示板[照片出处:SIERZEGA (2006)]

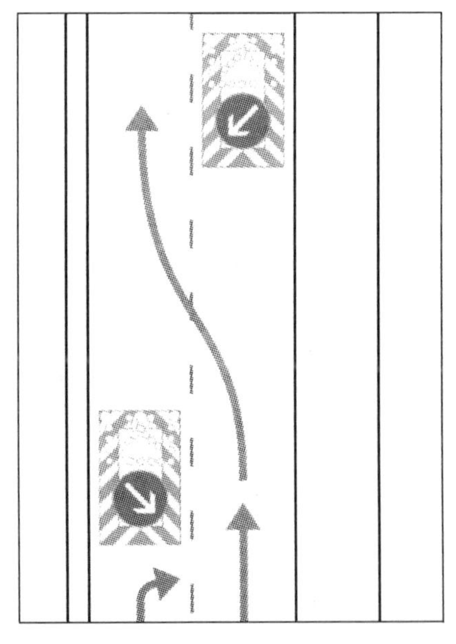

图 8-10　移动施工作业区附近左侧车道的临时禁行[KLEIN 等(2004)]

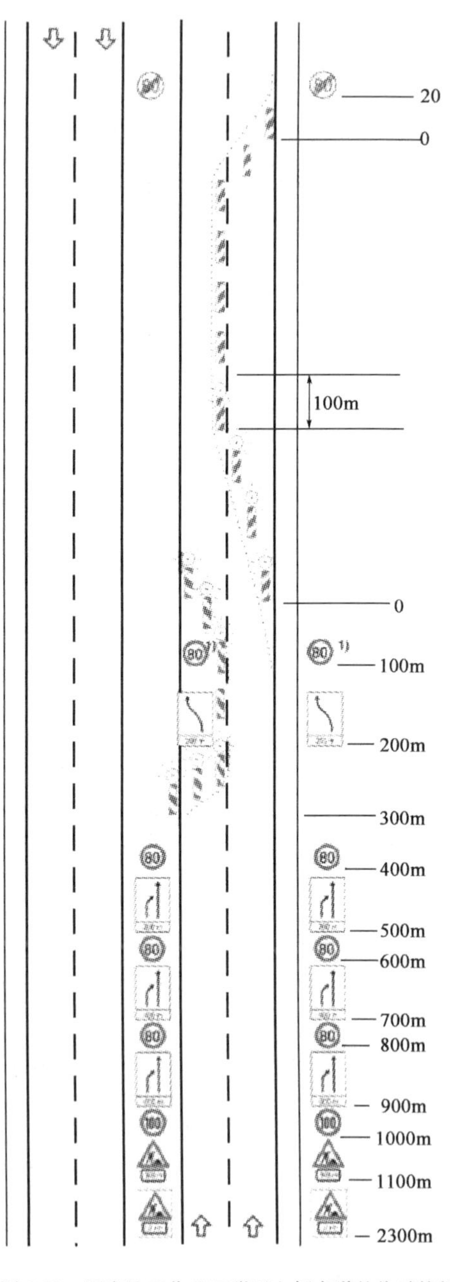

图 8-11　固定施工作业区附近左侧车道的临时禁行

德国所有高速公路中约 75%为双向四车道，通常都会采取这种在施工区渐变段前方，公路施工作业区所在车道的旁边车道提前封闭小段道路，使车辆先并入施工作业区所在车道，再转弯到施工作业区旁边车道。这样看似多余，但车辆经过 S 型曲线后再驶入施工作业区，使其速度在施工区起始段得到有效控制。一般情况下固定施工作业区还配合使用限速(建议最高允许限速在 100km/h 以内)标志梯级过渡的设置方式，并且间距为 200m 重复设置，以引起驾驶员足够的重视。该空间布局方式不仅在德国，在欧洲其他国家，如英国，也得到广泛的应用。

施工作业区附近左侧车道临时禁行的作用体现在如下几个方面：①驾驶人可更好地理解和识别施工作业区通行路线。②通过偏移，道路的容量能得以提高并使车速均匀化。③该措施可减少驾驶人在警告区和过渡区的驾驶错误，尤其是当重车比例大时。原因在于大车密集时，左侧车道上的驾驶人往往看不到停在行车道右侧的预先警告拖车；与前车间距过小导致反应时间过长，但前车看到右侧车道上的预先警告拖车不得不避开时，后车容易因躲避不及时而导致追尾。此外，通过在左侧车道上临时禁行区放置标志板还可以起到作业区前部地带两侧都有预先警告的作用。

第三节　我国施工作业区新技术使用情况

在本书的第一章中已经介绍了我国施工作业区的管理现状和存在的问题，以及产生这些问题的原因。与发达国家相比，我们国家在施工作业区安全保障技术方面研究的滞后是全方位的，受制于相关标准规范的不完备、安全管理落后、安保资金不足等，已有的研究还主要集中在速度管理、交通组织、标志标线和防护设施开发等传统安全保障技术方面，与上述方面相比，施工作业区创新技术的研究和使用方面更显落后。

1. *理论研究方面*

哈尔滨工业大学的裴玉龙教授等人为降低车道关闭带来的影响，结合 ITS 技术设计了高速公路作业区的智能车道汇合控制系统(ILMCS)。ILMCS 是在充分考虑动态提前汇合控制(DEM)和动态延迟汇合控制(DLM)优缺点的基础上，利用智能化交通信息检测手段，获得道路上的实时交通状态，从而根据道路交通状况的实时变化动态选择不同的控制方案。该系统的控制策略主要包括 DEM 和 DLM 两种方案。

DEM 通过使用一系列“××车道禁止通行/当灯光闪烁时”的可变信息板(Variable Message Sign，VMS)和静态提醒标志在作业区前设置一段禁行区，在作业区上游的最后一块 VMS 处设置“向左(右)汇合”发光标志鼓励驾驶员提前进行汇合。VMS 附近安装交通检测器对道路交通密度和拥挤状况进行实时检测，当检测到交通拥挤时，迅速向上游 VMS 传送激发信号，使上游“禁止通行”VMS 处于激活状态，该系统的组成如图 8-12 所示。DLM 通过使用一系列“两边车道均可通行/当灯光闪烁时”的 VMS 设置在作业区前的一段距离，在作业区上游的第一块 VMS 处设置“向左(右)汇合”的发光标志鼓励驾驶员延迟进行汇合，通过安装的检测器检测道路拥挤状况，以此来逐级触发上游的 VMS 信号，从而增加作业区的通行能力。该系统的组成如图 8-13 所示。

ILMCS 通过检测系统实时检测道路交通状况，并与系统的决策阈值进行比较，当交通参数的变化值超过某个阈值时(如交通拥挤状态的临界值)，系统触发 DLM，在作业区前的上游路段显示“两边车道均可通行/当灯光闪烁时”的信息，以尽快疏散拥挤车流。当交通参数的变化值在正常范围内，道路交通处于非拥挤状态时，系统触发 DEM，在作业区前的上游路段显示“××车道禁止通行/当灯光闪烁时”的信息，以保证车辆的安全通行。ILMCS 的工作流程如图 8-14 所示。

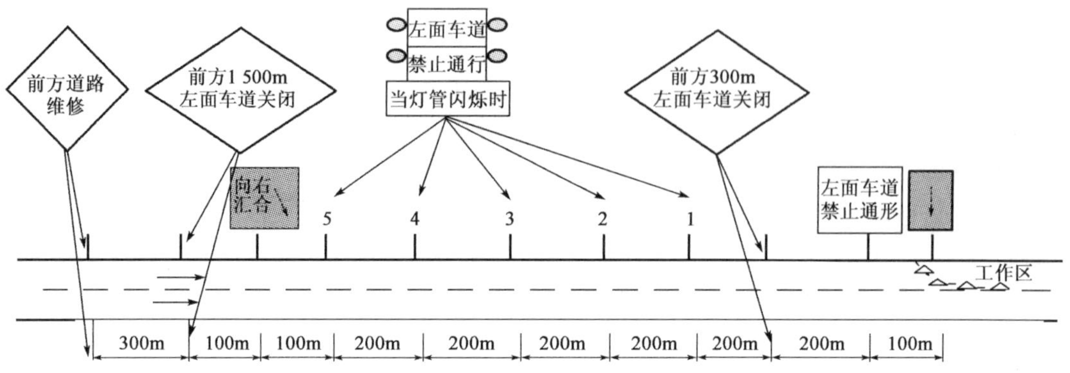

图 8-12　DEM 工作方案示意

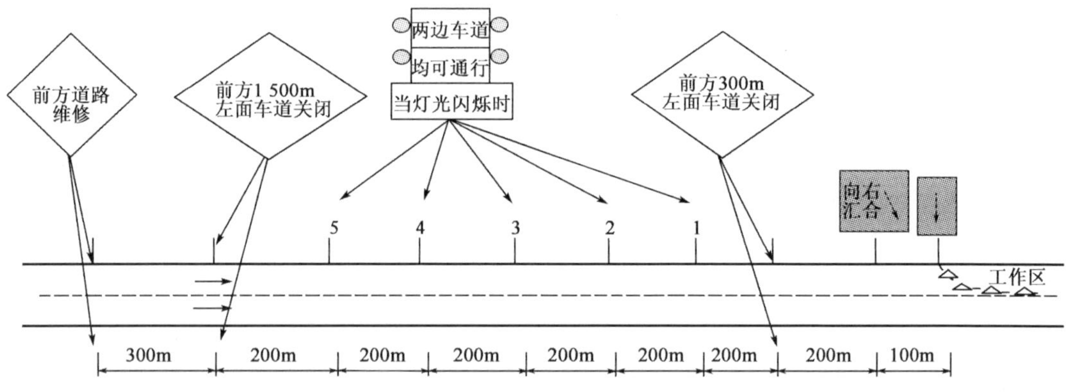

图 8-13　DLM 工作方案示意

通过模拟的方法对系统的性能进行了比较分析，结果表明：智能汇合控制相比于静态汇合控制、动态提前汇合控制和动态延迟汇合控制，性能更为优越，特别是在改善高速公路作业区的安全性和通行能力方面。目前该系统并未真正地应用到高速公路施工作业区上，性能评价仍停留在理论层面上，实际应用中的效果如何有待进一步的检验。

2. 预警系统研究方面

交通部公路科学研究院在承担“云南山区高速公路养护作业区安全保障技术研究”咨询项目时，针对连续长下坡路段施工作业中多起恶性交通事故，指出了养护作业人员安全防护的重要性。关于保障施工作业人员安全有两个方面来加强保护，一方面是对养护作业人员配置安全监视人员，监视过往车辆对施工作业人员的危险性，达到及时通知，安全撤离，这方面技术通过设置安全监视人员，经过反复的练习即可掌握。另外一方面是开发用于对车辆行驶状态进行报警的系统，当车辆的行驶速度超过一定安全速度，该装置即报警，使施工作业人员能够提前躲避冲入作业区的失控车辆。养护作业区车辆行驶速度监控报警系统使用示意图见图 8-15。目前该系统还未真正投入使用。

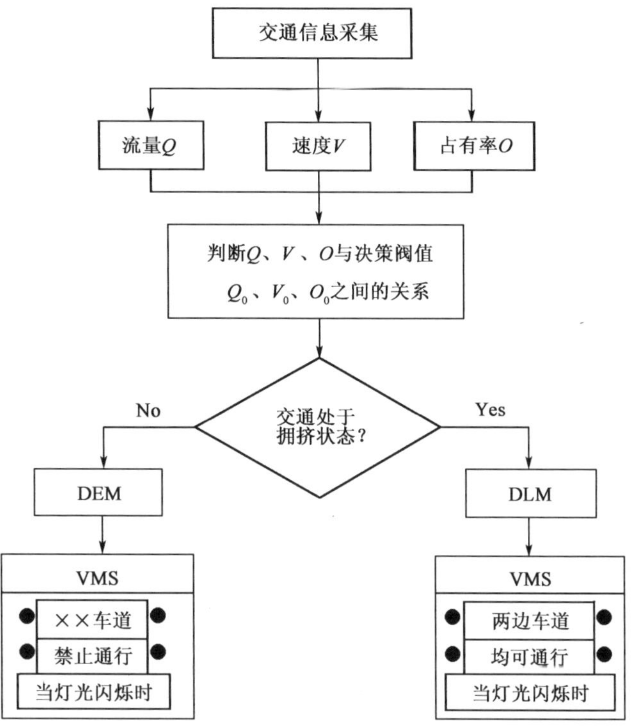

图 8-14　ILMCS 的工作原理

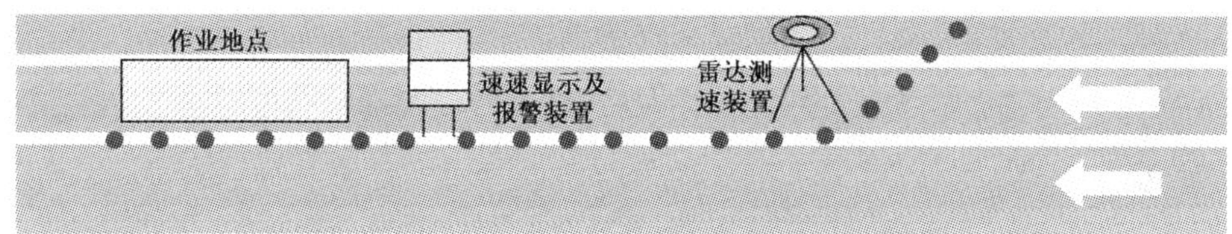

图 8-15　养护施工作业区速度监控报警系统使用示意图

3. 新产品、新设施方面

随着生产交通安全产品公司的逐渐增多，国内一些公司已经将产品的开发从原来传统的标志标线材料、钢护栏、安全锥、路栏等逐渐转移到太阳能警示灯、移动式显示屏和可变信息标志等新产品和设施的开发和代理上面来，这也就为我国公路施工安全设施的应用带来方便。目前一些专业化程度较高的养护公司和高速公路养护段，在公路的养护和大中修过程中已经在尝试使用移动式显示屏和可变信息标志等新产品设施(图 8-16)。初步调研表明，新的产品设施与静态信息标志相比警示作用更好，有助于施工作业区安全状况的改善。

公路施工作业区的交通管理并不是一个独立的部分，它是交通管理研究的一个组成部分，因此交通方面的很多新技术、新成果都能应用到养护作业区的交通管理中来。ITS 技术是创新技术在交通管理中应用的一个方面，美国在其 ITS 框架体系中专门将作业区交通管理增列为一个子系统，并在密执安州等地陆续开展了 ITS 技术的实践应用工作。目前我国在 ITS 技术的研究与应用方面还不成熟，创新技术的应用主要还集中在交通安全设施、养护设备和养护

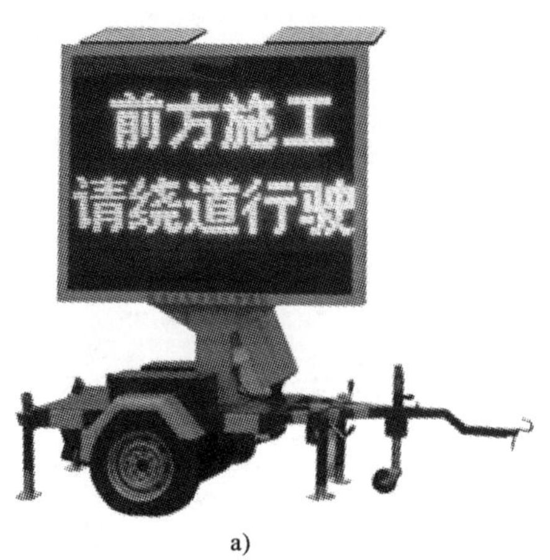

a)

b)

图 8-16 移动式显示屏和可变信息标志

技术等方面,施工作业区交通管理方面的 ITS 技术的研究与应用基本上还是空白。如何将创新技术和我国公路施工作业区的交通管理结合起来,还有待于在实践中进一步研究和深化。

附录 A　不改变交通流方向条件下的交通组织案例

以下图例适用附录 A～附录 D。

一、路外作业交通组织方案

路外作业指不占用车辆行驶所需的路面来施工，主要包括中央分隔带内和路基边沟边坡作业等。

1. 中央分隔带内作业交通组织方案

利用中央分隔带作业交通组织方案如图 A-1 所示，该方案适用于高速公路，设计速度为 120km/h，施工限速为 80km/h。

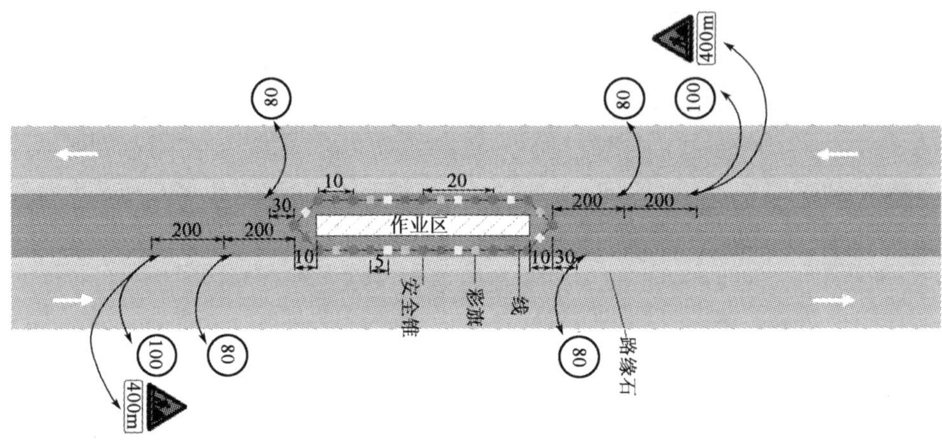

图 A-1 中央分隔带内作业交通组织方案示例图(单位:m)

2. 边沟边坡作业交通组织方案

边沟边坡作业交通组织方案如图 A-2 所示，施工条件为：设计速度为 120km/h，施工区限速为 80km/h 的高速公路。

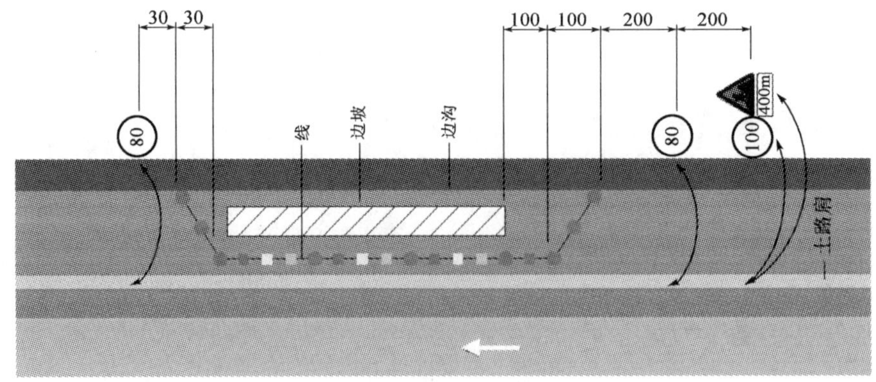

图 A-2 边沟边坡作业交通组织方案(单位:m)

二、路肩作业交通组织方案

1. 路肩短期和移动作业交通组织方案

路肩短期移动式作业交通组织方案如图 A-3 所示，施工条件为：设计速度为 60km/h 的公路,施工限速 40km/h。施工时间较短,属于移动式施工作业方式。

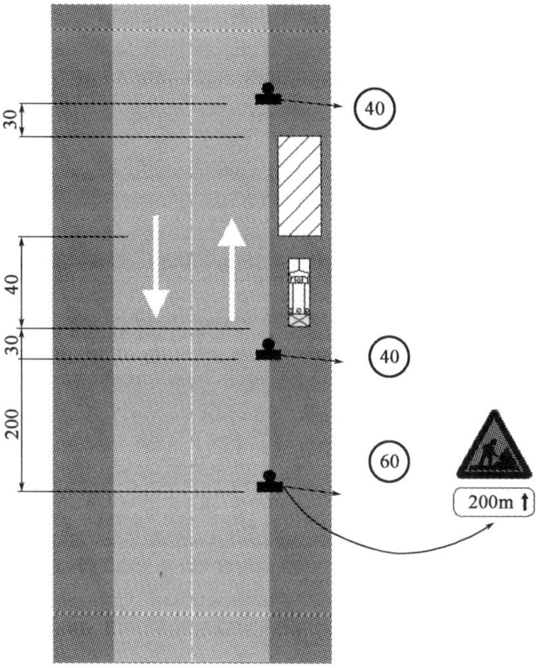

图 A-3 路肩短期移动作业交通组织方案(单位:m)

路肩短时封闭式施工组织方案如图 A-4 所示,施工条件为:设计速度为 100km/h 的公路,施工区限速为 70 km/h,施工作业区上游来车小于 3500 辆/h,干燥的沥青混凝土路面,路肩宽 1.75m。

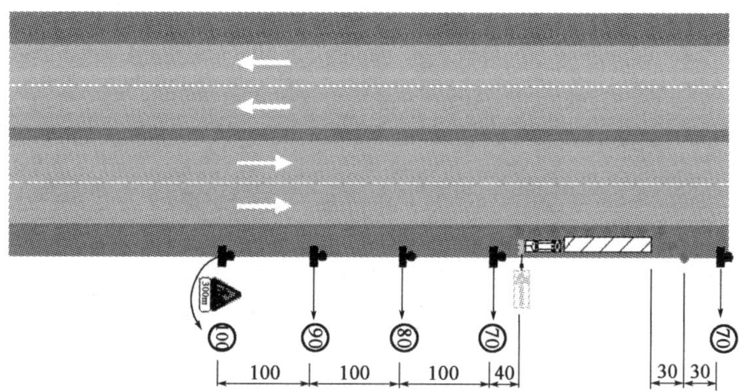

图 A-4 路肩短时封闭作业交通组织方案(单位:m)

2. 少量侵入车行道的路肩作业交通组织方案

少量侵入车行道的路肩作业交通组织方案如图 A-5 所示,施工条件为:设计速度为 100km/h 的公路,施工区限速为 60km/h,干燥的沥青混凝土路面,施工作业区上游来车小于 3500 辆/h,路肩宽度小于 3m,外侧车道宽度大于 3m。

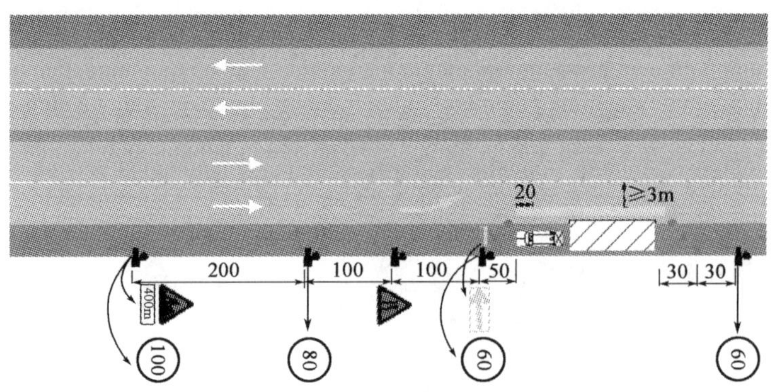

图 A-5　少量侵入车行道的路肩作业交通组织方案(单位:m)

三、单向两车道公路内侧车道封闭作业交通组织方案

单向两车道公路内侧车道封闭作业交通组织方案如图 A-6 所示,施工条件为:设计速度为 120 km/h,施工区限速为 60 km/h 的公路,封闭车道宽 3.75 m,干燥的沥青混凝土路面。

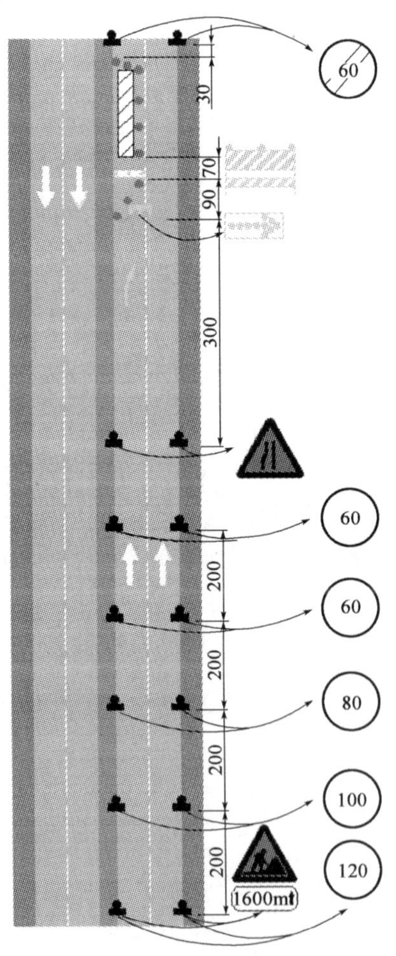

图 A-6　单向两车道公路内侧车道封闭作业交通组织方案(单位:m)

四、单向两车道公路外侧车道封闭作业交通组织方案

单向两车道公路外侧车道封闭作业交通组织方案如图 A-7 所示，施工条件为：设计速度为 120 km/h，施工区限速为 60 km/h 的公路，干燥的沥青混凝土路面。

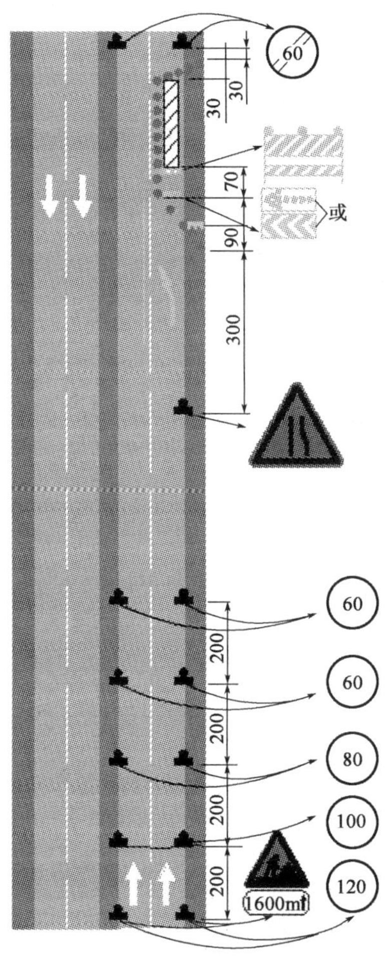

图 A-7 单向两车道公路外侧车道封闭作业交通组织方案(单位：m)

五、单向三车道公路封闭两车道作业的交通组织方案

单向三车道公路封闭部分车道作业的交通组织方案如图 A-8 所示，施工条件为：适用于设计速度为 120km/h，施工区限速为 60km/h 的公路，被关闭的车道宽度不超过 3.75m。

六、单向四车道公路封闭三车道作业的交通组织方案

单向四车道公路封闭部分车道作业的交通组织方案如图 A-9 所示，施工条件为：设计速度为 120 km/h，施工区限速为 60 km/h 的公路。被关闭的车道宽度不超过 3.75 m。干燥的沥青混凝土路面。

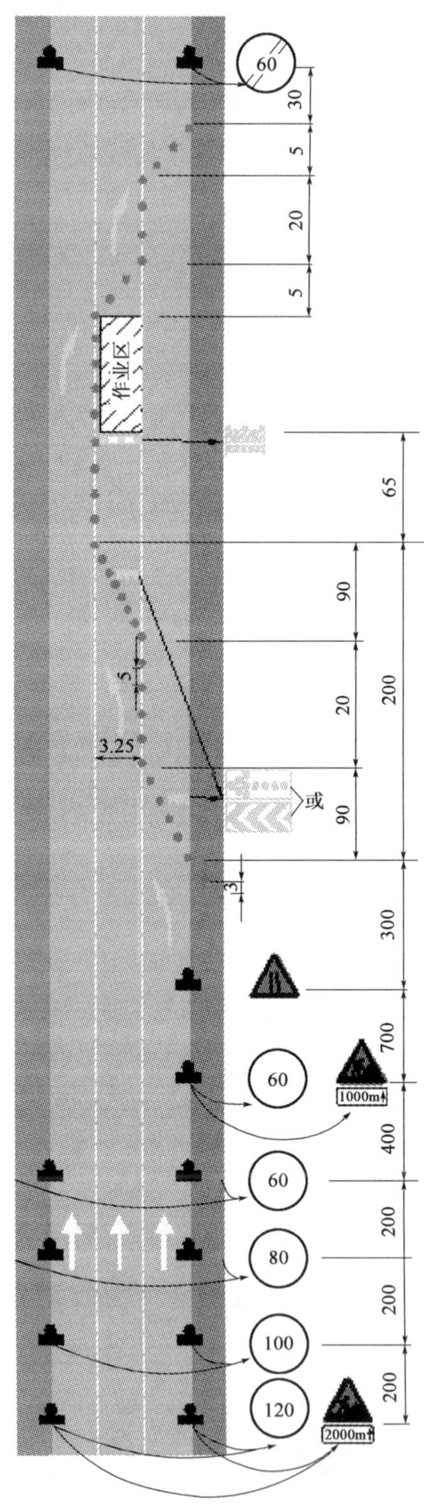

图 A-8 单向三车道公路封闭两车道作业的交通组织方案(单位:m)

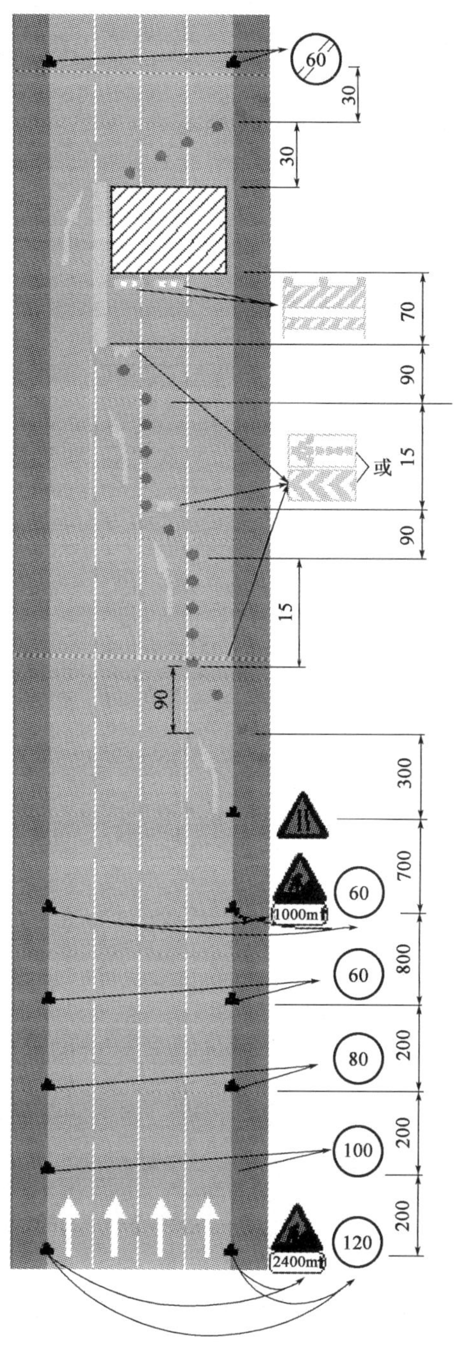

图 A-9　单向四车道公路封闭三车道作业的交通组织方案(单位:m)

附录 B　改变交通流方向条件下的交通组织案例

一、改变交通流方向的双向两车道作业的交通组织方案

改变交通流方向的双向两车道作业的交通组织方案如图 B-1 所示，施工条件为：设计速度为 60 km/h，施工区限速为 20 km/h 的双向双车道公路，因施工封闭一车道的情况。

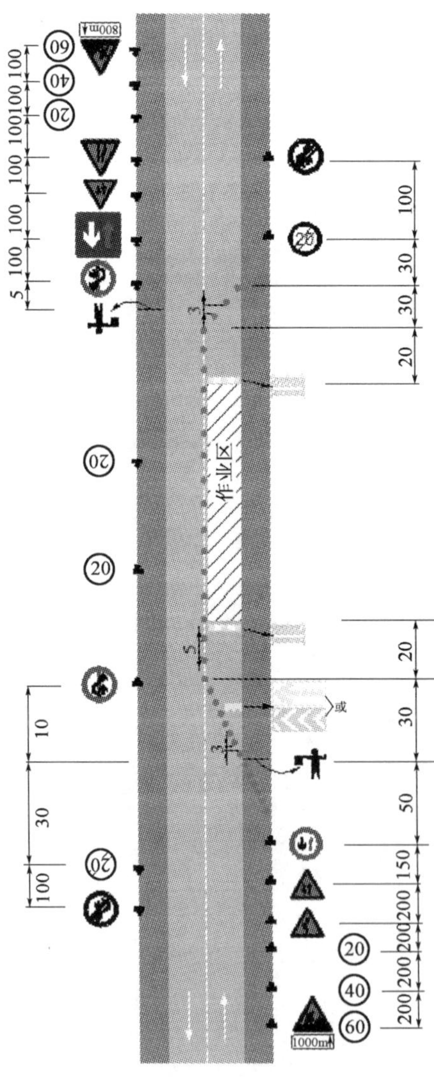

图 B-1　改变交通流方向的双向两车道作业的交通组织方案(单位：m)

二、改变交通流方向的单向两车道作业的交通组织方案

改变交通流方向的单向两车道作业的交通组织方案如图 B-2 所示，施工条件为：速度为 120 km/h，施工限速为 60 km/h 的双向四车道有中央分隔带的公路，封闭半幅施工。

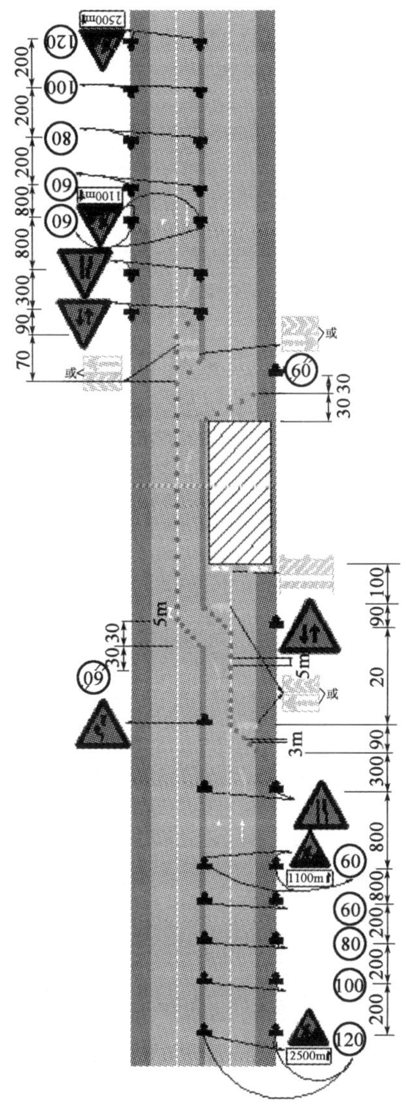

图 B-2　改变交通流方向的单向两车道作业的交通组织方案(单位：m)

三、改变交通流方向的单向三车道作业的交通组织方案

改变交通流方向的单向三车道作业的交通组织方案如图 B-3 所示，施工条件为：有中央分隔带的双向六车道公路，设计速度为 120 km/h，施工区限速为 60 km/h。被关闭的车道宽度不超过 3.75m。

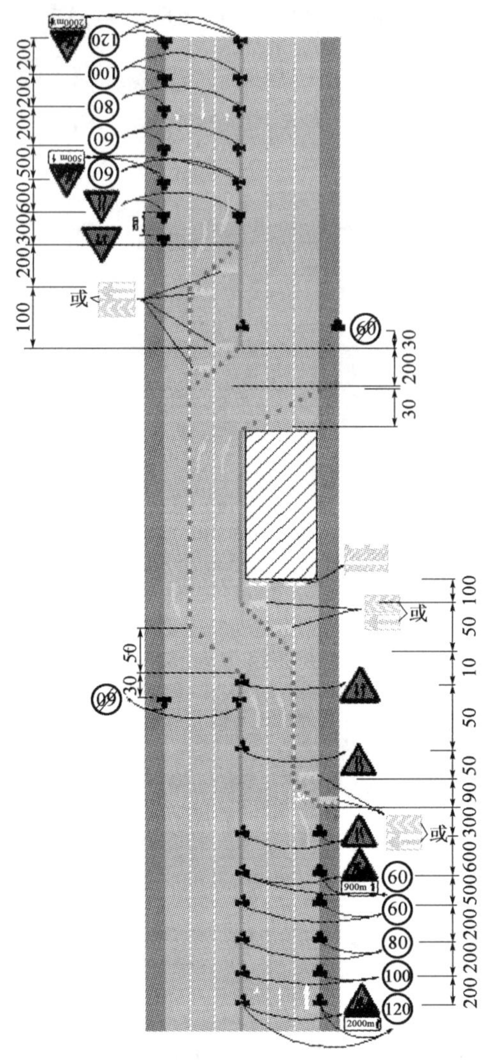

图 B-3　改变交通流方向的单向三车道作业的交通组织方案(单位:m)

四、改变交通流方向的单向四车道作业的交通组织方案

改变交通流方向的单向四车道作业的交通组织方案如图 B-4 所示,施工条件为:双向八车道公路,设计速度为 120 km/h,施工区限速为 60 km/h。

五、改变交通流方向的山区三级公路施工作业的交通组织方案

改变交通流方向的山区三级公路施工作业的交通组织采用在上一个弯道处提醒驾驶员前方施工,对于图 B-5 所示的双向两车道公路封闭一个车道的情况,在施工作业区两边设置旗手,旗手须经过专业训练方可上岗,旗手一手持对讲机,方便与同事取得联系,获得前方交通状况,一手持停车让行标志指挥交通。

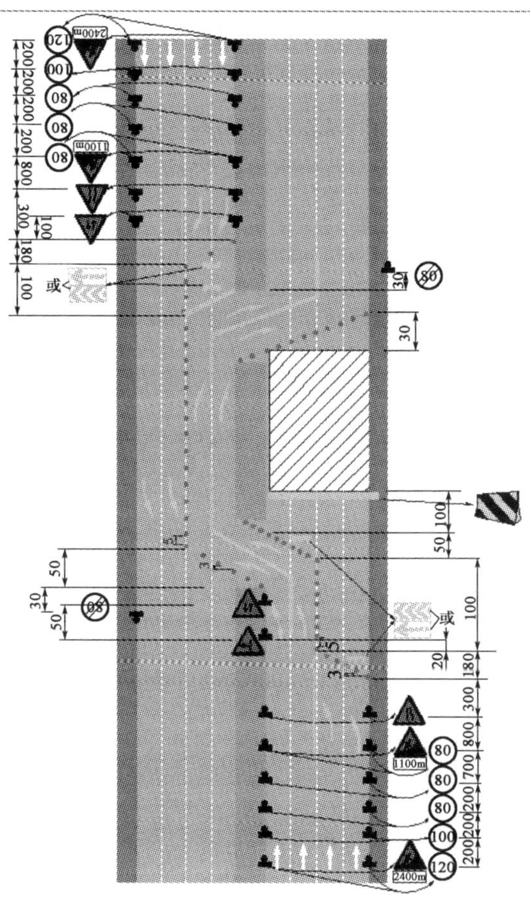

图 B-4　改变交通流方向的单向四车道作业的交通组织方案(单位:m)

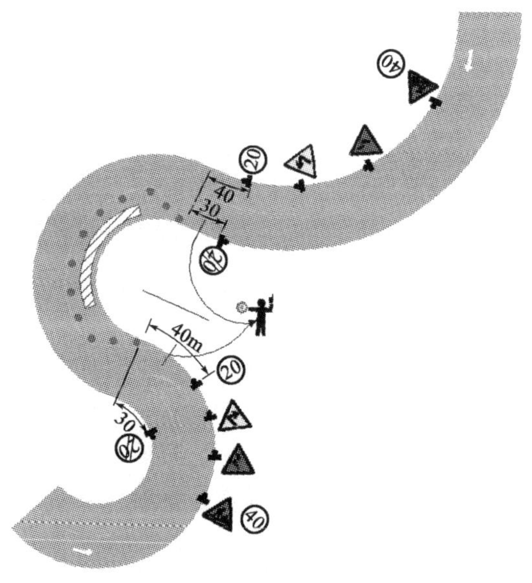

图 B-5　改变交通流方向的山区三级公路施工作业的交通组织方案(单位:m)

附录C　便道通行和路网分流条件下的交通组织案例

一、基于路网分流公路施工作业的交通组织方案

基于路网运行效率最佳的高速公路、国省道断绝交通作业的交通组织方案示例如图C-1所示，因道路施工而分流部分交通的情况应合理诱导车辆，提前通过网络、报纸、广播等媒体发布道路封闭的消息，并在封闭路段上游设置指路标志、可变信息标志等协助驾驶员顺利出行。

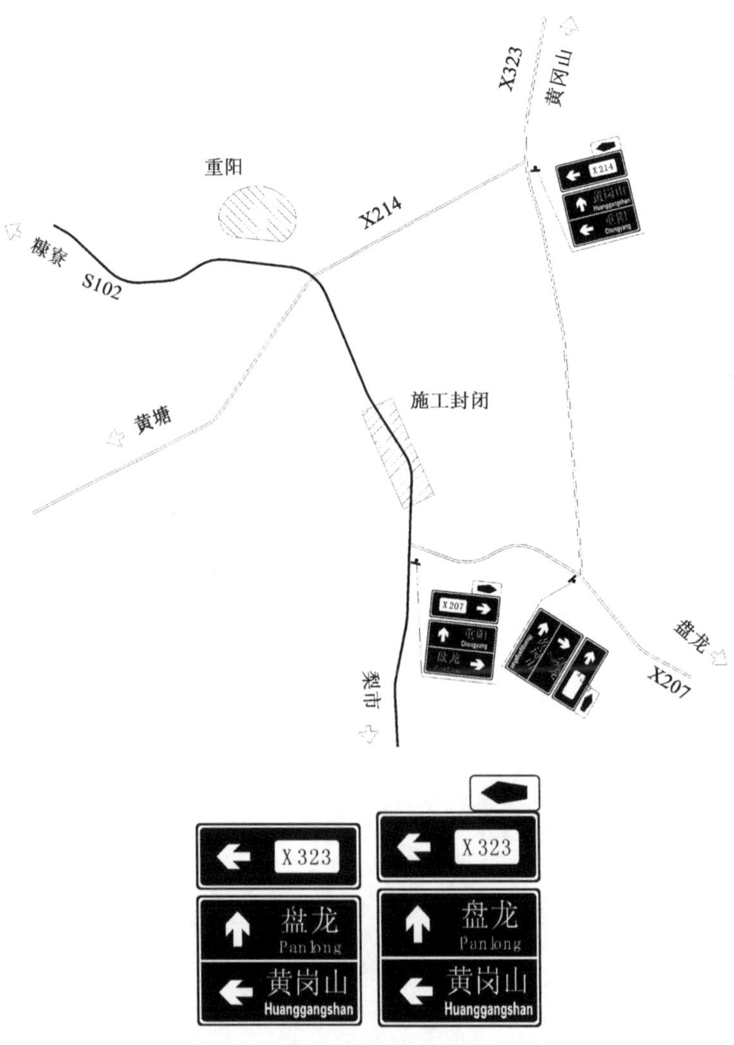

图C-1　基于路网运行效率最佳的公路施工分流的交通组织方案

二、便道通行条件下的交通组织方案

便道通行条件下的交通组织方案适用于封闭道路施工，在附近适当的位置修筑临时便道供车辆通行，示例如图 C-2 所示，双向两车道公路的设计速度为 60 km/h，施工区限速为 20 km/h。

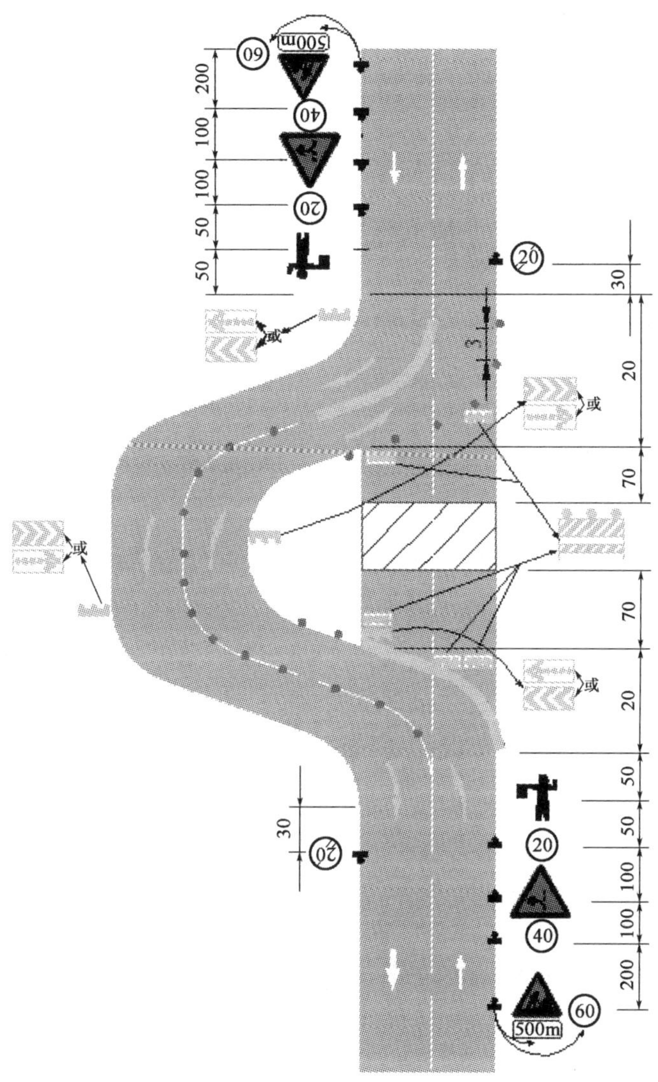

图 C-2　便道通行条件下的交通组织方案(单位:m)

附录D　其他情况的交通组织案例

一、高速公路收费站施工作业的交通组织方案

高速公路收费站施工作业的交通组织方案示例如图D-1所示，高速公路匝道处收费站改扩建采用建临时便道，分块施工的方法进行施工组织，图中粗线所示为临时便道，箭头所指方向为施工期间车流行驶路线。虚线代表原收费站，实线代表新建收费站。其中，便道通行情况下的交通组织方式参见附录C中的(二)。

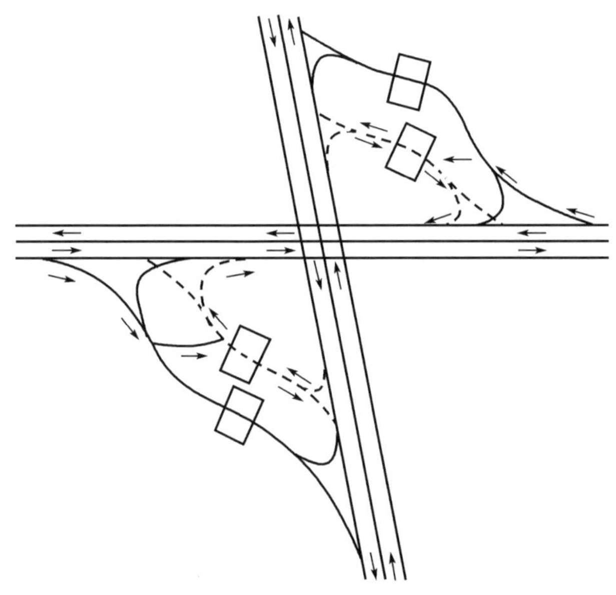

图D-1　高速公路收费站施工作业的交通组织方案

二、高速公路出入口附近施工作业的交通组织方案

高速公路出入口附近施工作业，通常可采取封闭出入口，使车流通过临近的其他出入口驶出或驶入高速公路，采用提前设置指路标志、可变信息板来提醒驾驶员，并可同时采取新闻、报章杂志、网络等媒体来通知驾驶员。具体的交通组织方式参见附录C中的(一)。

三、高速公路匝道施工作业的交通组织方案

高速公路匝道施工作业的交通组织方案示例如图D-2所示，其中，主干道设计速度为120km/h，由于匝道施工，主干道限速60km/h。匝道在不施工时限速40km/h，施工时限速20km/h。

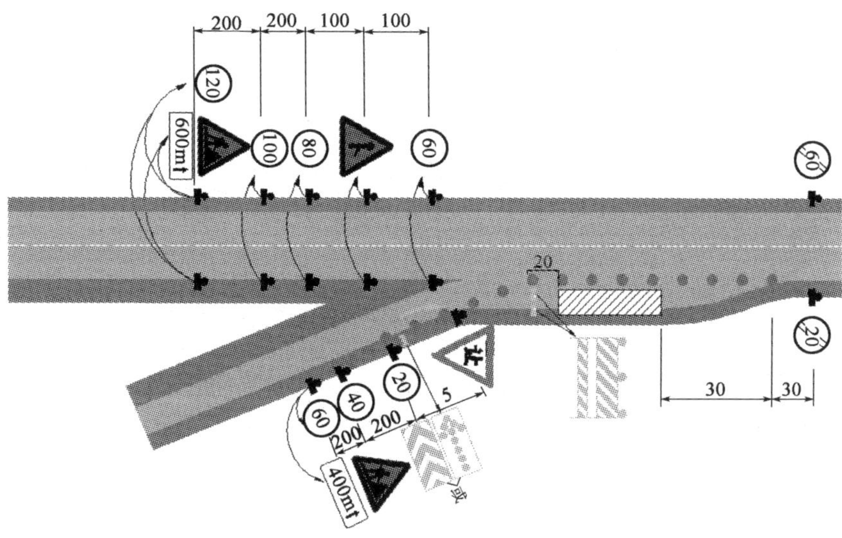

图 D-2 高速公路匝道施工作业的交通组织方案(单位:m)

四、平面交叉口入口车道施工作业的交通组织方案

平面交叉口入口车道施工作业的交通组织方案示例如图 D-3 所示，其中，路段设计速度为 80km/h，施工区限速为 20km/h，施工方向车道数大于 2。

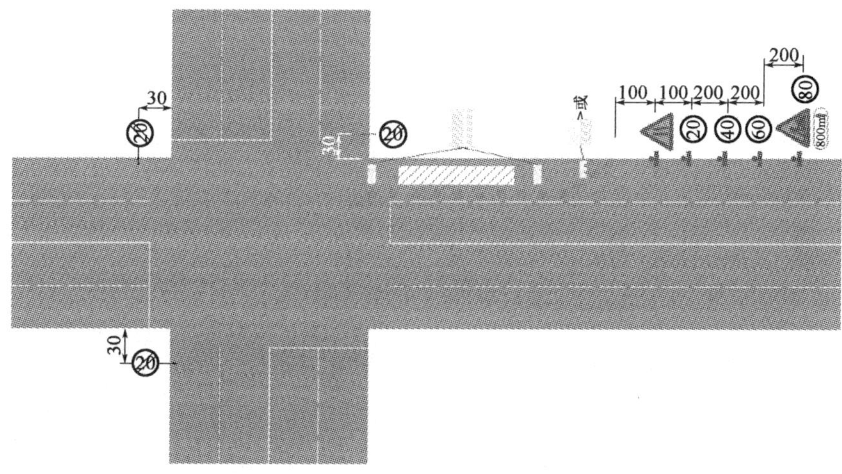

图 D-3 平面交叉口入口车道施工作业的交通组织方案(单位:m)

五、平面交叉口出口车道施工作业的交通组织方案

平面交叉口出口车道施工作业的交通组织方案示例如图 D-4 所示，其中，路段的设计速度为 80km/h，施工区限速为 20km/h，施工方向上的车道数大于 2。

六、平面交叉口内施工作业的交通组织方案

平面交叉口内施工作业的交通组织方案示例如图 D-5 所示，其中，路段设计速度为 80km/h，

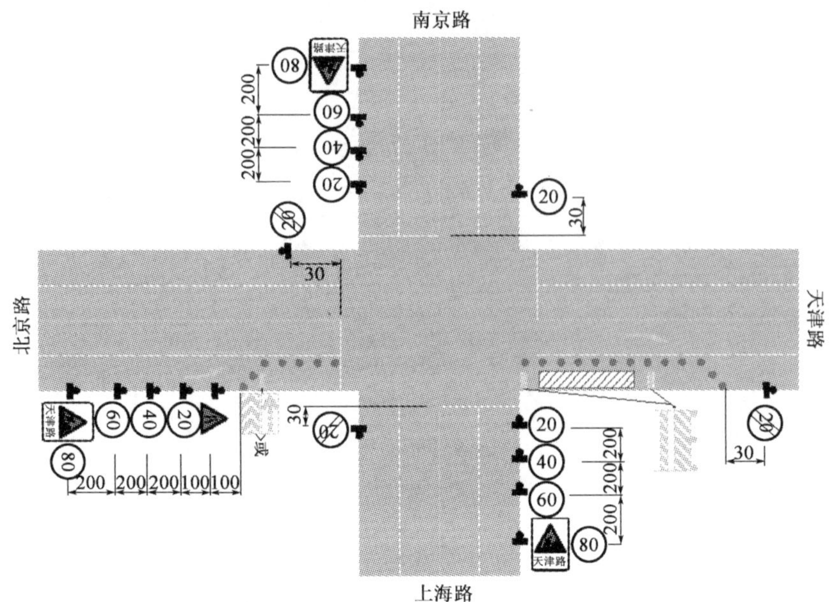

图 D-4　平面交叉口出口车道施工作业的交通组织方案(单位:m)

施工区限速为 20km/h,单方向高峰小时流量大于单车道通行能力的值不超过 730 辆。

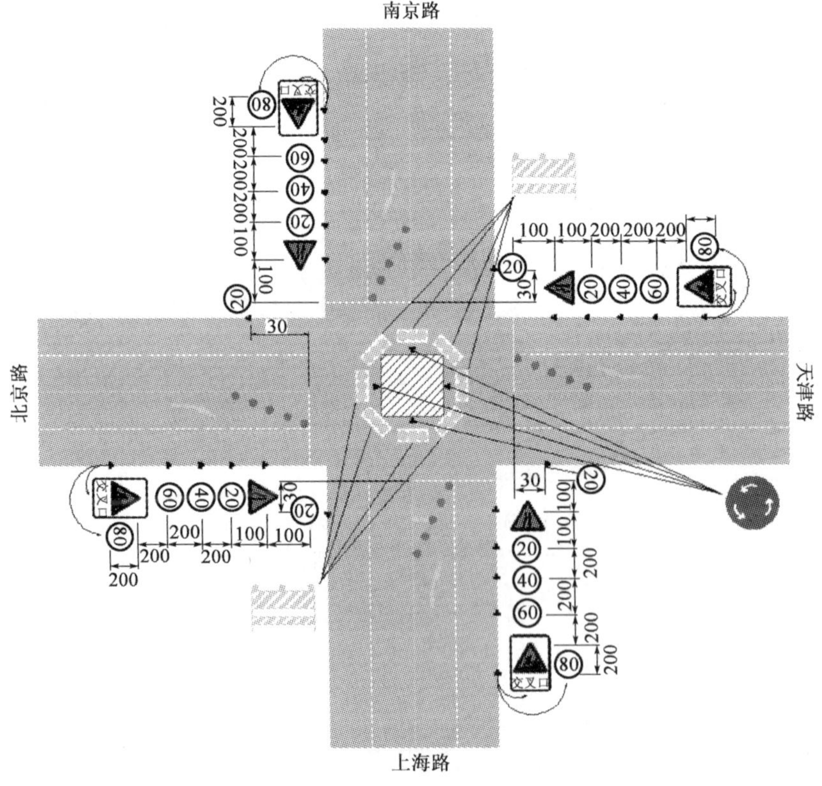

图 D-5　平面交叉口内施工作业的交通组织方案(单位:m)

七、隧道施工作业的交通组织方案

隧道施工作业主要考虑照明和隧道内净空不足的问题，施工人员必须穿着反光服，隔离设施应采用反光材料，且固定间距应设置照明设施，对于边施工边通车的隧道路段在夜间应尽量避免眩光的出现。考虑到施工机械占用隧道内净空的，应在隧道洞口设置车辆限宽限高标志和限速标志。

单洞双向交通工作区在隧道内封闭半幅路的交通组织方案示例如图 D-6 所示。

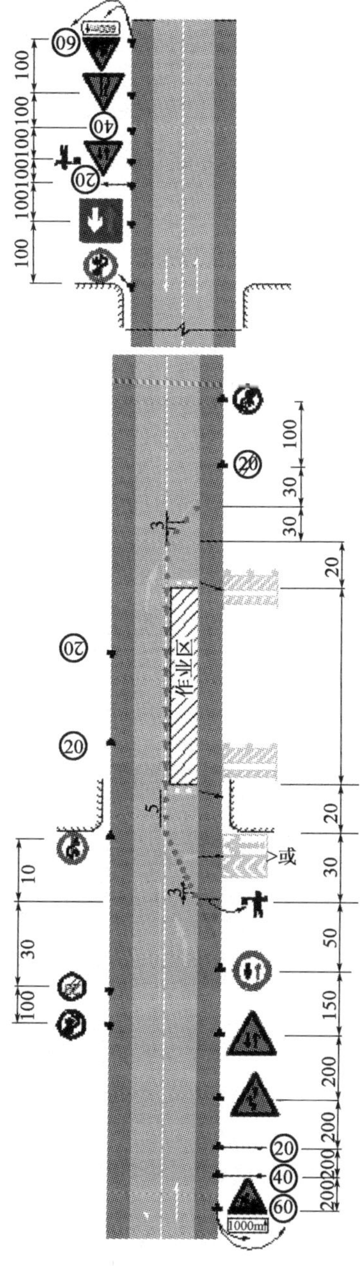

图 D-6　单洞双向交通工作区在隧道内封闭半幅路的交通组织方案(单位:m)

双洞双向交通工作区在隧道内封闭一车道的交通组织方案示例如图 D-7 所示。

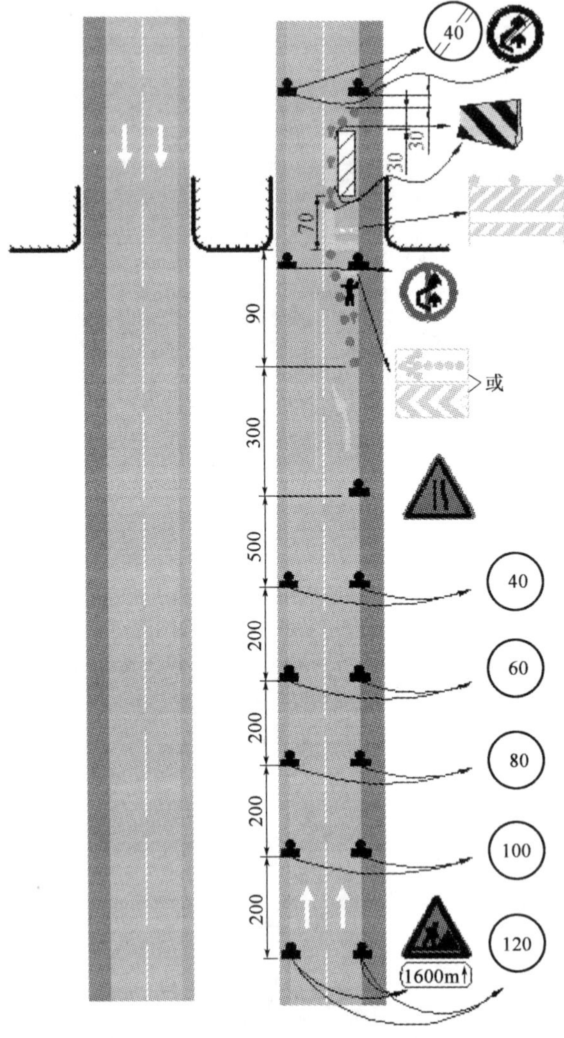

图 D-7 双洞双向交通工作区在隧道内封闭一车道的交通组织方案(单位:m)

参 考 文 献

[1] 中华人民共和国国家标准. GB 5768—2009 道路交通标志与标线. 北京:中国标准出版社, 2009.

[2] 中华人民共和国行业标准. JTG D82—2009 公路交通标志和标线设置规范. 北京:人民交通出版社,2009.

[3] 中华人民共和国交通部. JTG H30—2004 公路养护安全作业规程. 北京: 人民交通出版社, 2004.

[4] 中华人民共和国交通部. JTG B01—2003 公路工程技术标准. 北京:人民交通出版社, 2004.

[5] 中华人民共和国公共安全行业标准. GA 182—1998 道路作业交通安全标志. 北京:中国标准出版社,1998.

[6] 中华人民共和国公共安全行业标准. GA/T 415—2003 锥形交通路标. 北京:中国标准出版社,2003.

[7] 中华人民共和国行业标准. JT/T 595—2004 锥形交通路标. 北京:人民交通出版社, 2004.

[8] 陈宽民,严宝杰. 道路通行能力分析. 北京:人民交通出版社,2003.

[9] 荣建. 高速公路基本路段通行能力研究. 北京工业大学建筑工程学院.

[10] 常成利,周刚. 高速公路路段通行能力分析方法的探讨与实践. 公路交通科技,2003(4): 68-72.

[11] 隽志才,曹鹏,等. 基于认知心理学的驾驶员交通标志视认性理论分析. 中国安全科学学报. 2005,15(8):8-11.

[12] 权华. 交通标志在交通管理中的应用. 甘肃科技. 2004,20(9):193-194.

[13] 巴布可夫. 道路条件与交通安全. 景天然. 同济大学出版社. 1990:285-291.

[14] 石茂清. 道路交通安全设施设计研究. 西南交通大学硕士学位论文. 2005:9-11.

[15] 王亚军. 高速条件下驾驶员视觉特性变化对安全行车的影响. 汽车运用. 1995(1): 27-29.

[16] 赵炳强. 驾驶员动态视觉特征及其影响. 公路交通科技. 1998,15(5):38-40.

[17] 许程洁. 基于事故理论的建筑施工项目安全管理研究. 哈尔滨工业大学,2008.

[18] 方东平,黄新宇,Jimmie Hinze. 工程建设安全管理. 北京:中国水利水电出版社,知识产权出版社,2005:30.

[19] 姚锦宝,战家旺. 基于事故致因理论的施工项目安全性评价研究. 安全与环境工程, 2007,14(l):89-94.

[20] 夏礼秀. 大流量高速公路养护安全施工交通组织实践探讨. 公路交通科技(应用技术版),2010,64(4):19-22.

[21] 王卓甫等. 工程项目管理——理论、方法与应用. 北京:中国水利水电出版社,2007:189.

[22] 王开凤. 山区高速公路施工安全评价及预警研究. 武汉:武汉理工大学,2009.

[23] 田水承. 第三类危险源辨识与控制研究. 北京:北京理工大学,2001.

[24] 赵挺生. 公路工程建设安全管理. 北京:中国建筑工业出版社,2010.

[25] 王福成,陈宝智. 安全工程概论. 北京:煤炭工业出版社,2002.

[26] Highway Capacity Manual 2000,Washington D C:TRB,National Research Council,2000.

[27] Steven Chien,Paul Schonfeld. Optimal Work Zone Lengths for Four-Lane Highways. Journal of Transportation Engineering / March/April 2001.

[28] T H Maze, et al. Capacity of Freeway Work Zone Lane Closures. Mid-Continent Transportation Symposium 2000 Proceedings.

[29] "九五"科技攻关课题《公路通行能力研究》研究报告. 交通部公路科学研究所, 2000.

[30] Highway Capacity Manual 1985, Washington D C: TRB, National Research Council, 1985.

[31] Yi Jiang. Traffic Capacity, Speed and Queue-Discharge Rate of Indiana's Four-Lane Freeway Work Zones. TRB Annual Meeting 2005.

[32] Manual on Uniform Traffic Control Devices for streets and highways (2003 edition). Federal Highway Administration, U. S. Department of Transportation, 2003.

[33] 曹瑾鑫,杨新苗,钱劭武,等. 工作区渐变段设置标准探讨. 交通标准化,2006(4):23-26.

[34] 刘清霞,聂永成,周建,等. 高速公路扩建工程施工区路段布局研究. 公路交通科技,2008,25(9):323-326.

[35] Krammes R A, G O Lopez. Updated Capacity Values for Short-Term Freeway Work Zone Lane Closures. In Transportation Research Record 1442, TRB, National Research Council, Washington D. C. ,1994, pp. 49-56.

[36] Dudek C L Notes on Work Zone Capacity and Level of Service. Texas Transportation Institute, Texas A&M University, College Station, Tex. ,1984.

[37] Dudek C L, S H Richards, J L Buffington. Improvements and New Concepts for Traffic Control in Work Zones, Volume I: Four-Lane Divided Highways. Report FHWA-RD-85-034. Federal Highway Administration, U. S. Department of Transportation, 1985.

[38] 张雨化. 道路勘测设计. 北京:人民交通出版社,1997.

[39] B H Cottrell. Improving Night Workzone Control. Virginia Transportation Reseach Council.

[40] Stephanie G Pratt David E Fosbroke, Suzanne M Marsh. Building Safer Highway Work Zones: Measures to Prevent Worker Injuries From Vehicles and Equipment. DHHS (NIOSH) PUBLICATION.

[41] Meeting the Customer's Needs for Mobility and Safety During Construction and Maintenance Operations. FHWA HPQ-98-1.

[42] Rule on Work Zone safety and mobility (23 CFR 630 Subpart J): Developing and Implementing Transportation Management Plans for Work Zones. FHWA December 2005.

[43] Work Zone Operations Best Practices Guidebook. FWHA-OP-00-010, Federal Highway Administration (FHWA), April 2000.

[44] 周茂松,吴兵. 公路养护施工区的长度优化方法. 公路,2007(5):200-203.
[45] 邹宇. 双车道公路养护作业区的长度优化方法. 广东科技, 2006,154 (6):62-63.
[46] Best Practices for Work Zone Traffic Control on Highways,Streets and Bridges. The Dallas Area Road Construction Work Zone Task Force.
[47] 冯超铭. 高速公路施工作业区的安全管理,广东交通职业技术学院学报,2004(3):40-42.
[48] 吴新开,吴兵. 高速公路养护维修作业区行车速度控制方法探讨. 公路,2007(7):132-137.
[49] 周茂松,吴兵. 美国道路作业区交通管理研究与启示. 中外公路,2005,25 (1):116-119.
[50] 田晋跃,江瑞龄,陈燎. 高速公路养护作业交通冲突模型. 现代交通技术,2005(2).
[51] 陈瑜. 高速公路作业区安全分析及交通组织管理方法研究,硕士学位论文,哈尔滨工业大学,2006.
[52] California Department of Transportation. Chapter 5 Manual of Traffic Controls 1996 (Revision 2) [S]. State of California. 2000.
[53] 彭建华,苏东亮. 美国国家公路施工区安全计划(NHWZSP)介绍及启示. 中外公路. 2007, 27(6):381-581.
[54] 宋学文. 高速公路扩建期交通组织优化研究. 武汉理工大学博士学位论文. 2008.
[55] 王森. 安新高速公路改扩建工程交通组织研究. 公路,2006 (10):135-137.
[56] 郝学臣,孙雪菲,荆玉才,等. 高速公路非占用路面施工作业的交通控制. 山东交通科技,2003(1):87-88.
[57] 张丰焰,周伟,王元庆,等. 高速公路改扩建工程交通组织设计探讨. 公路,2006 (1):109-113.
[58] 韩熠,李杰. 高速公路改扩建工程施工交通组织研究. 公路交通科技(应用技术版),2007. 8:184-187.
[59] 李永义. 高速公路施工路段交通组织方案设计与评价研究. 东南大学硕士学位论文,2006.
[60] 肖健. 高速公路路面养护工程交通组织方案的探讨. 交通标准化,2006,8:186-188.
[61] 张建龙. 高速公路改建工程保通方案研究. 湖南大学土木工程学院硕士论文,2007. 05.
[62] 冯道祥. 连霍高速公路郑州段改建工程保通方案研究. 东南大学硕士学位论文. 2006.
[63] 李淑庆,瞿春涛,单传平,等. 基于交通仿真软件的交通组织方案评价研究. 交通与计算机,2007,25(4):26-28.
[64] 王剑,张生瑞,李华. 基于系统最优的高速公路改扩建交通分流模型. 长安大学学报(自然科学版). 2008,28(5): 95-98.
[65] 熊辉,史其信. 基于延误最小的道路养护策略优化. 土木工程学报,2004 37(2): 97-100.
[66] 王宏伟,贾日学,王彦卿,等. 沪宁高速公路安全体系和中分带开口护栏研究. 现代交通技术,2006 年第 5 期:95-98.
[67] Final report of Evaluation of Construction Work Zone Operational Issues: Capacity, Queue, and Delay (Report No. ITRC FR 00/01-4). Illinois Transportatioin Research

Center, December,2003.

[68] Evaluation of work zone speed reduction measures. Center for Transportation Research and Education,Iowa State University. April 2000.

[69] Work Zone traffic management synthesis: selection and application of flashing arrow panels. Publication No. FHWA-TS-89-034. US Department of Transportation, July 1989.

[70] Rule on Work Zone safety and mobility (23 CFR 630 Subpart J): Implementing the rule on Work Zone safety and mobility. FHWA September 2005.

[71] NCHRP Report 350: Recommended procedures for the safety performance evaluation of highway features. TRB National Research Council, Washington, D. C. 1993.

[72] Safety at street works and road works - a code of practice. Department for Transport, Local Government and the Regions. Juanuary 2001.

[73] Cottrell B H. Final report of improving night work zone traffic control. Viginia Transportation Research Council. Charlottesville, Virginia, August 1999.

[74] Virginia work area protection manual - Standard and guidelines for temporary traffic control. Virginia Department of Transportation, January 2003.

[75] Work zone traffic control guidelines. Washington State Department of Transportation. May 2000.

[76] Chien Steven and Schonfeld Paul. OPTIMAL WORK ZONE LENGTHS FOR FOUR-LANE HIGHWAYS. Journal of Transportation Engineering, Vol. 127, No. 2, March/April, 2001.

[77] RSA Handbuch, Sicherung von Arbeitsstellen an Strassen, Kirschbaum Verlag GmbH, Fachverlag fuer Verkehr und Technik.

[78] Speed control through work zones: technique evaluation and implementation guidelines. US. Department of Transportation, Federal Highway Administration. Publication No. FHWA-IP-87-4. February 1987.

[79] Work Zone Safety ITS: smart barrel for an adaptive queue-warning system. Transportation research institute of the University of Michigan. February 2005.

[80] Eric D. H. , Frank R. W. , James J. C. Speed Management Strategies for Rural Temporary Work Zones. Proceedings of the Canadian Multidisciplinary Road Safety Conference XIII; June 8-11, 2003. Banff, Alberta.

[81] 李硕,谌志强. 高速公路加宽扩建中临时交通标志设计. 交通科技, 2006 (5):86-87.

[82] Andrew G Beacher, Mechael D Fontaine, Nicholas J Garber. Evaluation of the Late Merge Work Zone Traffic Control Strategy. Virginia Transportation Research Council, Final Report, 2004.

[83] 谢来发,雷茂锦,等. 美国道路交通标志与标线. 北京:人民交通出版社,2009.

[84] Federal Highway Administration. United States Department of Transportation Standard Highway Signs, 2004.

[85] Candrzej P Tarko, Daniel Shamo, Jason Wasson. Indiana Lane Merge System for Work Zones on Rural Freeways. Journal of Transportation Engineering, 1999, 125 (5).

[86] Tapan Datta, Kerrie Schattler, Puskar Kar, Arpita Guha. Development and Evaluation of an Advanced Dynamic Lane Merge Traffic Control System for 3 to 2 Lane Transition Areas in Work Zones. Michigan Department of Transportation, Research Report RC-1451, 2004.

[87] Eric Meyer. Construction Area Late Merge (CALM) System. FHWA Pooled Fund Study, 2004.

[88] Kyeong-Pyo Kang, Gang-Len Chang, Jawad Paracha. Dynamic Late Merge Control at Highway Work Zones: Evaluation, Observations, and Suggestions. TRB 2006 Annual Meeting CD-ROM, 2006, 1-28.

[89] 裴玉龙,代磊磊. 高速公路作业区智能车道汇合控制系统研究. 公路,2007(8):144-149.

[90] 徐强,等. 高速公路改扩建工程交通组织. 北京:人民交通出版社, 2001.